사랑하는 내 아이를 위해
자, 모두 파이팅!

맛있는 요리를 만드는 레시피가 있는 것처럼 웃음, 힐링, 성장을 만드는 레시피도 있을까요?
레시피팩토리는 모호함으로 가득한 이 세상에서 당신의 작은 행복을 위한 간결한 레시피가 되겠습니다.

이유식 끝나자마자 시작하는

15~50개월
기본 유아식

기본 전략만 있다면
누구나 유아식을 잘 할 수 있답니다

저를 엄마라는 멋진 존재로 만들어 준 두 아이,
예훈이, 예준이. 태어난 게 엊그제 같은데 어느새
훌쩍 커서 6살, 3살이 되었네요. 모습도, 성격도
심지어 먹는 취향까지 너무 다른 녀석들을 볼 때면
기특하기도 하고, 신기하기도 한 요즘입니다.

이유식이 끝나고 유아식을 시작하던 때가
떠오릅니다. 영양, 건강 요리 전문가라는
직업 덕분인지, 이유식이라는 큰 산을 넘었다는
안도감 때문인지 유아식을 조금은 쉽게 여겼던 것
같아요. 하지만, 정말 녹록지 않더군요.
저를 시험에 들게 한 또 다른 관문이었습니다.

장바구니에서 나는 바나나 냄새까지 알아차릴 정도로
예민한 첫째는 유아식 초기에 음식을 거부하고,
비교적 무난하다 싶던 둘째는 18개월이 지나자마자
종횡무진 밥상을 돌아다니고. 누군가 하루 일과 중
무엇이 가장 힘들었니?라고 제게 묻는다면
'애들 밥 먹이기'라고 0.1초 만에 대답할 정도였지요.

매일 전쟁 같은 육아, 전투 같은 식사 시간이었지만
포기하지 않았습니다. 그 덕분일까요?
이젠 "5분 후에 밥 먹자" 라는 말 한마디에
점잖게 식탁에 앉아 기다릴 줄 아는 신사가 되었고,
별 다섯 개!라며 요리에 별점을 주기도 하며,
다음 끼니에는 뭐가 먹고 싶은지 주문도 하지요.
또 외식할 때면 퍼즐을 맞추며 놀다가도
식사에 집중해서 한 그릇씩 뚝딱까지.

주위에선 부러움 가득한 눈빛으로 묻습니다.
애들이 어쩜 이렇게 잘 먹어? 라고요.

유아식의 세계는 부모와 아이, 모두가 온전히
새로운 일에 도전하는 큰 숙제를 맞닥뜨린 거나
마찬가지입니다. 그렇기에 저 또한 고민이 많았지요.

워킹맘으로 살면서 일하고, 밥을 챙겨 먹인다는
것이 얼마나 버겁고 부담스러운 일인지 알고요.
그래서 아이가 맛있게 잘 먹는 것을
가장 우선순위로 뒀지만 더불어 유아식을 만드는
엄마도 편하고, 행복할 수 있어야 한다고 느꼈고,
그 전략을 찾아 실천했답니다.

바쁜 아침에는 10분이면 만드는 한 그릇을 차렸어요.
아침이라고 무조건 밥을 고집하지 않고
어떤 날은 떡을 굽고, 또 하루는 죽을 만들기도
하면서요. 대신 떡에 단백질 가득한 달걀을
입혀 굽거나, 죽에는 냉장고 속 채소와 고기를
듬뿍 넣었지요.

아이의 주도적인 식습관을 키우기 위해 식판식도
물론했습니다. 먹는데도, 만드는 데도 시간이 걸리는
식판식인 만큼 마음의 여유가 있는 저녁에 주로
말이지요. 식판의 비어 있는 칸을 모두 다른 요리로
채워야 한다는 압박감에서 벗어나기 위해 여러 방법을
고민했어요. 미리 반찬을 만들어 담기도 하고,
냉장고 속 채소를 간단하게 익히거나 그것도 마땅치
않을 때는 생채소나 과일, 낫또 등을 더하면서요.

주말이면 '어른 요리'에 호기심을 가지는 아이들을 위해
피자, 파스타 같은 외식 메뉴도 만들어줬습니다.
평소 편식하는 재료를 완전 갈거나 잘게 다져서 숨기고,
피자 반죽을 놀이처럼 함께 하면서요. 아이들은
이런 과정 하나하나를 신기해하면서 편식하던
채소와도 친해지게 되었고, 요리를 즐길 줄 아는
아이로 성장했답니다.

이러한 나름의 전략이 쌓이면서 저는 유아식
잘 차리는 엄마가 되었고, 저희 두 아들도
편식 없이 잘 먹는 아이로 큰 것이라 자부합니다.

유명 SNS에서 보이는 멋들어진 상차림,
형형색색의 식판만이 정답은 아닙니다.
우리 아이들이 유아식을 시작으로
계절의 식재료를 탐색할 줄 알고,
엄마의 집밥 냄새를 기억할 수 있으면 된 것이지요.

많은 분들의 유아식에 도움을 줄 수 있었으면 하는
마음으로 〈이유식 끝나자마자 시작하는
15~50개월 기본 유아식〉 책을 오랜 시간 준비했습니다.
부디 유아식의 출발선에 선 많은 엄마들에게 든든한
무기이자, 힘이 되는 친구가 될 수 있기를 바랍니다.

마지막으로 언제나 빛나는 나의 훈이와 준이,
늘 따뜻한 쉼이 되어주는 여보,
매일 맛있는 밥으로 저희를 키워주신
두 어머니에게 감사의 인사를 드리며.
세상의 모든 엄마들을 응원합니다.

저자 이지연

14 ----- 영양 전략

32 ----- 식사 준비 전략

40 ----- 조리 전략

chapter 3 ———— 편식 재료를 꼭꼭 숨긴 한 그릇 밥

chapter 4 ———— 주말을 위한 특별한 별식

✔ 알아두면 좋은 정보

유아식을 따라 하기 전에 먼저 읽어주세요!

**상황에 맞게 쉽게 찾을 수 있는
챕터 & 카테고리**

10분 한 그릇 아침 식사부터
점심과 저녁을 위한 식판식 구성.
주말을 위한 별식, 간식까지.
책을 넘기면서 상황에 맞는 요리를
바로 찾아볼 수 있도록 적어뒀습니다.
또한 재료별로, 조리법별로 나눈
카테고리도 각각의 색으로 담았어요.
더 쉽고 빠르게 유아식을 선택하세요.

**유아식에 대한 저자 에피소드
& 조리 정보**

저자가 직접 아이들에게 먹이면서
일어난 에피소드부터 조리 정보까지
다양하게 적었습니다.

상태를 확인할 수 있는 요리 사진

요리의 상태, 소스나 양념의 양.
농도 등을 확인할 수 있도록
레시피 그대로 만들어 완성 사진을
촬영했습니다. 아이들의 호기심을
끌기 위해 요리를 예쁘게 담는
아이디어까지 사진으로 표현했으니
참고해서 만들어보세요.

필독! 유아식 전략

알아두면 좋은 식재료나 영양 정보 등
다양한 유아식 전략으로 담았습니다.
전략만 잘 알아도 성공은 가까워지는 법!
꼼꼼하게 확인하세요.

편식 재료를 꼭꼭 숨긴 **한그릇밥** 카레

편식쟁이 새우 카레

아이들이 싫어하는 채소를 완전히 갈아서 더한 편식쟁이를 위한 카레입니다.
양파와 당근은 미리 충분히 볶은 후 갈아주세요. 그래야 채소 특유의 단맛을 완전히 끌어낼 수 있고,
별도의 단맛을 내는 양념을 더할 필요가 없지요. 씹는 즐거움을 느끼게 하기 위해
새우는 큼직하게 넣었는데요, 이 또한 편식 정도, 월령에 따라 채소처럼 다져도 됩니다.

✓ **필독! 유아식 전략**
어른들이 먹는 카레가루에는 생각보다 꽤 많은 향신료가
들어 있어요. 유기농 매장에서 판매하는 아이용 카레가루를
사용하면 더 순하게, 부드럽게 먹일 수 있답니다.

298

10

조리 시간, 인분수, 재료 분량까지

어른과 함께 먹을 때를 위해
간 더하는 법

따라 하기 쉬운 풍성한 과정 사진

다양한 깨알 팁

조리 시간, 인분수, 재료 분량까지

- 요리를 만드는데 걸리는 조리 시간을 적었어요. 단, 조리 실력, 주방 조건 등에 따라 차이가 날 수 있습니다.
- 아이 기준의 인분수를 적되, 넉넉하게 만들어 함께 먹기 좋은 요리에는 어른 + 아이 인분수로 표기했습니다.
- 누가 따라 만들어도 똑같은 맛을 낼 수 있도록 계량도구(계량컵, 계량스푼, 전자저울)을 사용했어요.
  *계량 배우기 49쪽
- 재료는 정확한 맛을 내기 위해 계량 단위로 소개하였으며, 가능한 선에서 눈대중, 손대중과 함께 담았습니다.
- 대체 가능한 재료를 적었어요.
- 재료 중량은 대부분 손질 후의 무게입니다. 불리기 전, 손질 전의 무게가 필요한 경우 함께 표기했어요.

어른과 함께 먹을 때를 위해 간 더하는 법

유아식은 간만 조금 다르게 하면 대부분 어른이 함께 먹을 수 있어요. 가능한 요리에는 어른을 위한 간 조절하는 방법을 소개합니다.

따라 하기 쉬운 풍성한 과정 사진

만드는 흐름을 한눈에 알아볼 수 있도록 각 과정을 사진으로 자세히 실었습니다.

다양한 깨알 팁

대체 재료부터 재료 손질이나 구입법, 큰 월령이나 어른을 위한 양념 바꾸기, 냉동 보관하기 등 다양한 팁을 담았습니다.

🕐 **30~40분**
🍽 **5~6인분**

- 냉동 생새우살 8마리(160g)
- 양파 1개(200g)
- 당근 1/3개(70g)
- 브로콜리 1/2개(100g)
- 카레가루 1봉(100g)
- 물 2컵(400ml)
- 우유 1과 1/2컵(300ml)
- 현미유 1큰술
- 어른이 함께 먹을 경우 아이가 먹을 분량을 덜어둔 후 소금으로 간을 더하세요.

1 양파, 당근은 작게 채 썬다. 브로콜리, 해동한 새우살은 아이 한입 크기로 썬다.
  *브로콜리 손질 43쪽
  *아이의 월령, 편식 여부에 따라 크기를 조절하세요.

2 큰 냄비에 현미유, 양파, 당근을 넣고 투명해질 때까지 중약 불에서 3~4분간 볶는다.

3 물, 우유를 넣고 핸드블렌더로 곱게 간다.

4 카레가루를 넣고 센 불에서 4~5분간 저어가며 끓인다.

5 새우, 브로콜리를 넣고 저어가며 5분간 끓인다.
  *아이의 월령, 편식 여부에 따라 새우, 브로콜리를 넣고 한번 더 곱게 갈아도 돼요.

Tip

재료 대체하기
양파, 당근은 동량(270g)의 파프리카, 양배추로, 브로콜리로, 새우는 동량(약 250g)의 삶은 콩이나 감자로 대체해도 돼요. 시간이 부족하다면 냉동 채소 큐브(46쪽)를 사용하세요.

냉동 보관하기
한 김 식힌 후 한번 먹을 분량씩 밀폐용기에 담아 냉동(2주). 해동 없이 냄비나 전자레인지에서 데우면 됩니다.

299

11

기본 유아식
전략 가이드

잘 할 수 있을까, 실수하면 어쩌지…
떨리고 걱정되던 이유식이 끝났습니다.

이유식이 막 끝난 지금부터는
우리 아이의 식습관, 성장의 기초를 다지는 '유아식'이 시작됩니다.
이맘때면 재료에 대한 거부 의사도 생기고, 어른이 먹는 것에
호기심도 왕성해지면서 매 식사시간이 전쟁일지 모릅니다.

하지만, 이 또한 전략적으로 한다면 어려울 것 없습니다.
이유식이 끝나고 유아식의 시작에 선 부모님들에게
유아식의 영양, 식사 준비, 조리의 핵심 전략을 짚어드릴게요.

영양 전략

유아식은 이유식보다 영양을 더 골고루, 다양하게 챙겨줘야 해요.
그렇다면 과연 어떻게 먹이는 것이 다양한 걸까요? 다양하게 먹이려면
무엇을 알아야 할까요? 영양 전략에서는 유아기 아이에게 꼭 필요한 대표 영양소,
각 영양소가 풍부한 식재료, 그리고 얼마큼 먹여야 하는지에 대해 알려드립니다.

1   균형 잡힌 식단을 위해 알아두세요,
5가지 대표 영양소

2   아는 만큼 잘 먹일 수 있어요,
대표 영양소별 식재료

3   모자라도, 지나쳐도 안 돼요,
적정 식사 분량

14

균형 잡힌 식단을 위해 알아두세요,
5가지 대표 영양소

탄수화물, 단백질, 지방, 비타민, 미네랄, 5가지 대표 영양소와 꼭 알아야할 나트륨에 대해 소개합니다

① 탄수화물

· 매 끼니 탄수화물은 빠지지 않도록 챙겨주세요!

아이들의 몸과 뇌를 움직이는 가장 중요한 에너지 공급원, 탄수화물입니다. 주식이 되는
밥, 빵, 국수, 떡, 감자, 고구마 등에 많죠. 에너지가 많이 필요한 아이들이 탄수화물을
충분히 섭취하지 못하게 되면 우리 몸의 근육이나 뼈를 만드는 데에 쓰여야 할 단백질이
에너지를 내는 쪽으로 사용되면서 성장 불량이 될 수 있습니다. 그뿐만 아니라 탄수화물 중
당질과 식이섬유는 장 건강을 결정짓는 유익균의 먹이가 되기에 꼭 충분히 섭취해야 한답니다.
특히 아침 식사를 거르게 되면 집중력을 꾀하는 두뇌나 활동에 필요한 포도당이 정상적으로
공급되지 않아 아이의 생활에 지장을 줄 수 있으므로 간단하게라도 꼭 챙기도록 하세요.

· 탄수화물은 영양가가 높은 것으로 바르게 선택해 먹어요

당이 사슬처럼 연결된 탄수화물은 그 형태에 따라 당이 열 개 이상 연결된 다당류, 두 개씩 짝 지어진
이당류, 하나로 구성된 단당류와 같은 다양한 형태로 존재합니다. 우리가 탄수화물을 섭취하면
소화 후 가장 작은 단당류 형태인 포도당으로 분해되어 제 역할을 하는데요.
단순한 탄수화물일수록 더 빨리 분해되고 소화 흡수되어 혈당을 빨리 올리게 됩니다.
따라서 아이의 소화력이 점차 올라간다면 소화 흡수가 오래 걸리는, 크기가 크고 복잡한 형태의
복합 탄수화물을 서서히 추가해보세요. 복합 탄수화물은 도정을 덜한 현미, 잡곡빵,
통밀 파스타에 풍부하며 식이섬유, 비타민B, 무기질 또한 많이 함유하고 있어 영양학적으로도
그 가치가 높습니다. 현미를 서서히 추가하고 잡곡빵을 식사에 활용하는 것도 좋은 방법입니다.

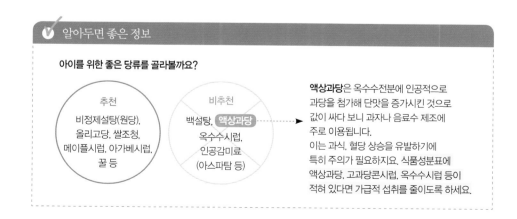

✔ 알아두면 좋은 정보

아이를 위한 좋은 당류를 골라볼까요?

추천
비정제설탕(원당),
올리고당, 쌀조청,
메이플시럽, 아가베시럽,
꿀 등

비추천
백설탕 **액상과당**
옥수수시럽,
인공감미료
(아스파탐 등)

액상과당은 옥수수전분에 인공적으로
과당을 첨가해 단맛을 증가시킨 것으로
값이 싸다 보니 과자나 음료수 제조에
주로 이용됩니다.
이는 과식, 혈당 상승을 유발하기에
특히 주의가 필요하지요. 식품성분표에
액상과당, 고과당콘시럽, 옥수수시럽 등이
적혀 있다면 가급적 섭취를 줄이도록 하세요.

② 단백질

동물성, 식물성 단백질, 모두 골고루 챙기세요

단백질은 근육, 피부, 뼈, 손톱 등 신체 조직을 구성하는 성분으로 아이들의 성장과 생리적 기능을 위해
반드시 필요합니다. 특히 급격한 성장이 이루어지는 영유아기에는 단백질 섭취량이 신체 조직 형성 및
성장 속도에 직접적인 영향을 줄 수 있답니다. 쉽게 말해 단백질은 집을 지을 때
벽돌, 시멘트, 유리와 같은 재료의 역할을 하는 것이니 얼마나 중요한지 이해가 되죠?
이러한 단백질은 아미노산이 모여 만들어집니다. 20개의 아미노산 중 몸에서 만들어지지 않아
반드시 음식으로 섭취해야 하는 것을 '필수 아미노산'이라 부르는데 이러한 필수 아미노산이 모두 들어있어야
양질의 단백질이지요. 달걀, 생선, 닭고기와 돼지고기, 쇠고기가 필수 아미노산이 들어있는
대표 동물성 단백질이에요. 하지만 적색육(붉은 고기)에는 포화지방 또한 많이 들어있는 단점이 있지요.
반면 두부, 콩과 같은 식물성 단백질에는 필수 아미노산이 일부 부족하지만 포화지방이 비교적 적습니다.
이러한 이유 때문에 동물성, 식물성 모두를 골고루 먹도록 식단에 배치하는 것이 중요합니다.

동물성 단백질		**식물성 단백질**	
필수 아미노산 ↑	+	필수 아미노산 ↓	→ 골고루 섭취가 중요!
포화지방 ↑		포화지방 ↓	

단백질 섭취시 지방에 주의하세요

현명한 단백질 섭취 방법 중 하나는 바로 지방에 주의하는 것입니다. 24개월이 지나고부터는
특히 고기와 유제품의 포화지방 섭취량을 서서히 줄여나가는 것이 필요해요.
즉, 지방이 겹겹이 들어간, 마블링이 풍부한 투뿔 한우가 아닌, 지방이 비교적 적은
닭고기와 생선으로, 붉은 고기는 살코기 위주로 섭취하게 해주세요. 또한 고기뿐 아니라
지방이 적고 영양가가 풍부한 두부, 콩 등을 다양하게 접할 수 있게 합니다.
단, 단백질을 과도하게 섭취할 경우 신장에 부담을 줄 수 있으니 주의가 필요해요.

✔ 알아두면 좋은 정보

단백질, 어떻게 섭취하는 게 좋을까요?
동물성 단백질, 식물성 단백질은 저마다 부족한 부분이
있어요. 따라서 두 가지를 골고루 섭취해서 단백질의
양과 질을 모두 높일 수 있도록 해야 합니다.

→ 서로 부족한 단백질을 채운 메뉴의 예
곡류 + 콩류(두부) = 순한 마파두부덮밥(290쪽)
곡류 + 콩류 = 밥알 단호박죽(58쪽), 콩밥(82쪽)
견과류 + 채소류 = 견과류 시금치무침(140쪽)
견과류 + 콩류(두유) = 견과류 두유 까르보나라(334쪽)

동물성
단백질
↓ 보충   ↓ 보충
라이신 부족   메타오닌 부족
곡류   콩류
견과류   채소류
← 보충 →

- 단백질이 풍부한 생선이지만 섭취량을 지키는 것이 중요해요

유아 및 10세 이하 어린이에게 추천하는 생선 종류로는 일반어류(고등어, 갈치, 꽁치, 대구, 멸치, 명태, 민어, 삼치, 조기 등) 및 통조림 참치 등 다양해요. 단, 섭취량은 성인보다 적은 양을 권합니다. 메틸수은이 특히 많은 다랑어류(참치, 황새치 등) 생선은 아래를 참고해 양을 조절하도록 하세요.

[연령별 섭취량]

일반어류 및 통조림 참치	1 ~ 2세	3 ~ 6세	7 ~ 10세
권고량 (g/주)	100g	150g	250g
1회 제공량 (g/회)	15g	30g	45g
횟수 (회/주)	6회	5회	5회

다랑어류(참치, 황새치 등)	1 ~ 2세	3 ~ 6세	7 ~ 10세
권고량 (g/주)	25g	40g	65g
1회 제공량 (g/회)	15g	30g	45g
횟수 (회/주)	섭취 제한	1회	1회

* 출처 : 식품의약품안전처, 생선안전섭취가이드(2017)

[손대중량으로 보는 3~6세 생선 1회 제공량]

삼치 30g

참치 30g

통조림 참치 30g

③ 지방

- **나쁘기만 하다고요? 성장기 아이에게는 필수입니다**

  흔히들 '지방 = 뚱뚱'으로 생각하지만, 아이들에게 지방은 주요한 에너지 공급원일 뿐 아니라
  여러 가지 호르몬, 담즙 등을 만들고 몸을 구성하는 필수 영양소 중 하나예요.
  지방은 지용성 비타민의 흡수를 돕고 같은 양이더라도 단백질이나 탄수화물보다
  두 배 이상의 열량을 내기에 매우 효율적인 에너지원이기도 하지요. 일상의 식사나 음식에서
  충분히 섭취할 수 있기 때문에 따로 추가할 필요는 없습니다. 양질의 치즈, 견과류와 같이
  단백질이 풍부한 지방질 식품을 간식이나 음식 토핑으로 활용하는 정도면 OK!
  단, 견과류의 경우 그 모양새와 단단함 때문에 질식 위험이 있어 작게 부수거나,
  곱게 다지는 등 주의가 필요합니다.

- **포화지방, 트랜스지방 주의보**

  비만과 동맥경화 등을 유발하는 포화지방과 트랜스지방이 나쁘다는 것은 누구나 아는 상식입니다.
  물론 아기 때부터 심장질환, 동맥경화를 걱정할 필요는 없지만 어릴 적의 잘못된 식생활은
  성인 때까지 지속될 가능성이 높고, 소아비만의 원인이 되기 때문에 조심하는 것이 좋지요.
  어른들과 식사 형태가 비슷한 유아식에서는 포화지방이 많은 삼겹살, 소시지, 햄이나 생크림을 무심코
  섭취할 수 있기에 주의가 필요합니다. 또한 식물성기름의 보존성을 높이기 위해 포화지방산으로
  만드는 과정에서 생겨난 '트랜스지방' 역시 마가린, 도넛, 과자 등에 많으므로 부모의 관찰이 무엇보다
  중요하지요. 시중에 파는 치킨이나 과자 역시 산화된 기름이 많아 피하고, 집에서도 튀김보다는
  기름을 적게 사용하는 구이, 찜과 같은 조리법, 에어프라이어를 적극 활용해 보세요.

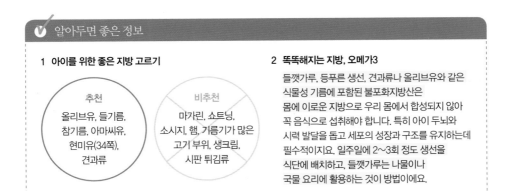

✔ 알아두면 좋은 정보

1 아이를 위한 좋은 지방 고르기

추천

올리브유, 들기름,
참기름, 아마씨유,
현미유(34쪽),
견과류

비추천

마가린, 쇼트닝,
소시지, 햄, 기름기가 많은
고기 부위, 생크림,
시판 튀김류

2 똑똑해지는 지방, 오메가3

들깻가루, 등푸른 생선, 견과류나 올리브유와 같은
식물성 기름에 포함된 불포화지방산은
몸에 이로운 지방으로 우리 몸에서 합성되지 않아
꼭 음식으로 섭취해야 합니다. 특히 아이 두뇌와
시력 발달을 돕고 세포의 성장과 구조를 유지하는데
필수적이지요. 일주일에 2~3회 정도 생선을
식단에 배치하고, 들깻가루는 나물이나
국물 요리에 활용하는 것이 방법이에요.

우리 몸이 올바르게 작용하도록 도와주는 물질

3대 영양소(탄수화물, 지방, 단백질)는 아니지만 중요한 보조 역할을 하는 비타민. 여러 결핍증을 예방하는 업무도 맡고 있기에 부족할 경우 성장이나 신진대사에 문제를 유발할 수 있어요. 대부분 체내에서 합성되지 않아 음식을 통해 공급해야 하는데요, 식이섬유가 풍부한 채소, 과일에 많다 보니 장 건강에도 긍정적인 영향을 끼친답니다. 비타민은 크게 지용성 비타민(A, D, E, K)과 수용성 비타민(B, C)으로 나뉘어요.

지용성 비타민 vs 수용성 비타민

기름에 잘 녹는 지용성 비타민은 기름과 조리 시 흡수율이 높아져요. 지용성 비타민 중 하나인 베타카로틴이 풍부한 당근과 토마토를 예로 들면, 기름에 볶거나 올리브유, 들기름 등을 뿌려 먹는 것이 좋지요. 대표적인 수용성 비타민은 엽산과 비타민C. 물에 잘 녹아 물에 데칠 시 영양소가 빠져나갈 수 있어요. 때문에 수용성 비타민 대표 재료인 시금치는 끓는 물에 살짝만 데쳐야 영양 손실을 최소화할 수 있습니다.

5가지 색깔의 채소와 과일을 기억해요!

종류도 많고 하는 일도 각양 각색인 비타민. 모든 비타민을 제대로 챙겨 먹기 힘들다면 두 가지만 기억해요. 첫째! 채소와 과일, 해조류에 풍부하다. 둘째! 빨강, 노랑, 초록, 보라, 흰색, 색깔별로 다채롭게 먹자! 채소나 과일의 색을 내는 성분인 파이토케미컬(Phytochemical)은 색마다 가진 영양이 다르므로 최소 두 가지 이상의 색을 가진 채소, 과일을 챙기는 것이 좋습니다.

[다섯 가지 색깔의 대표 식재료]

빨강	노랑	초록	보라	흰색
토마토	당근	시금치	가지	양파
사과	호박	브로콜리	포도	배
빨간파프리카	고구마	오이	블루베리	무
비트	노란파프리카	키위	자색고구마	도라지
딸기	귤	피망	적양배추	
	파인애플			

✔ 알아두면 좋은 정보

다양한 색깔의 비타민을 더 간편하고 손쉽게 챙기는 방법

- 채소를 그대로 익혀서 아이가 좋아하는 양념이나 소스와 곁들여주세요. → 재료 원물 익히기 275쪽
- 과일, 채소를 갈아 스무디로 즐기는 것도 좋지요. → 스무디 만들기 377쪽

⑤ 미네랄

- **칼슘과 철분, 두 가지는 꼭 기억하세요**

  주요 영양소의 대사를 원활하게 해 몸의 기능을 조절해 주는 미네랄은
  칼슘, 칼륨, 철분, 아연, 나트륨, 마그네슘 등 그 종류만 16가지입니다.
  이중 부족하기 쉬운 반면 건강한 골격 형성을 위한 기초공사에 필요한
  '칼슘', 몸에 산소를 공급하는 '철분', 두 가지는 꼭 기억하세요.

- **칼슘 섭취에 가장 효과적인 우유는 매일 섭취해요**

  다양한 칼슘 급원 식품 중 가장 효과적인 공급원은 바로 우유입니다.
  하루 2잔(약 400㎖) 정도 섭취하되, 유당불내증이 있거나
  우유를 싫어하는 아이의 경우 요거트나 치즈로 대체해 주세요.
  단, 요거트에는 많은 양의 당이 첨가되어 있기도 하므로
  무가당 요거트로 선택하는 것이 좋아요.

  > **우유 대신 다른 재료로
  > 칼슘을 챙기고 싶다면?**
  > 우유 100㎖ (칼슘 113mg)
  > = 떠먹는 플레인 요거트 100g
  > = 아기치즈 1장(18g)
  > * 출처 : 국가표준식품성분표
  > (9개정판)

- **철분 부족으로 생기는 유아 빈혈, 방심하면 안 돼요**

  태어나기 전, 엄마에게 받은 철분은 생후 4~6개월부터 점점 줄어들기
  시작합니다. 이유식뿐만 아니라 유아식으로 넘어가서도 식사 거부나
  영양불균형으로 알게 모르게도 철분이 부족하게 돼요. 이러한 경우
  쉽게 보채고 식욕이 줄며 빈혈이 심해지는 악순환이 반복된답니다.
  때문에 철분 섭취가 무엇보다 중요하지요. 철분은 크게 헴철과 비헴철로
  분류되는데, 동물성 식품에는 헴철이, 식물성 식품에는
  비헴철이 풍부하답니다. 헴철이 비교적 흡수율이 높은 편이므로
  붉은 고기를 통해 철분과 단백질을 함께 섭취할 수 있게 하면 좋습니다.

  **칼슘과 철분,
  하루에 얼마나 먹여야 할까?**

	칼슘	철분
1~2세	500mg	6mg
3~5세	600mg	6mg

구분	헴철	비헴철
많이 함유한 식품류	붉은 고기 (쇠고기, 돼지고기), 참치 등	시금치, 두부, 톳 등
체내 흡수율	15~25%	2~5%

✔ **알아두면 좋은 정보**

칼슘과 철분 섭취, 아침을 적극 활용하세요!
아침 식사로 가장 쉽게 생각할 수 있는 우유와 달걀이 바로
대표적인 칼슘과 철분 급원 식품이지요. 아래와 같은 방법을 활용하세요.

- 주먹밥에 달걀프라이와 우유를 곁들이기
- 빵에 달걀, 우유를 입혀 구운 후 치즈 올리기
- 과일을 더한 요거트에 삶은 달걀 곁들이기

- 유아식에서의 간 맞춤, 주의가 필요해요

실제로 24개월 미만에는 별다른 염분 섭취를 권장하지 않습니다.
즉, 간을 안 하는 것을 추천하지요. 하지만 영양 상담으로 만나는
많은 엄마들이 "우리 아이는 간을 안 하면 도무지 밥을 먹질 않아요",
"둘째라 간을 일찍 할 수밖에 없어요" 등의 이유로 음식의 간에 대한
고충을 토로하곤 합니다. 소금 즉, 나트륨은 왜 주의가 필요할까요?
나트륨은 우리 몸의 미네랄과 수분의 밸런스를 조절합니다.
이 나트륨은 신장을 거쳐 소변으로 빠져나가는데 신장 기능이 미숙한
아이들의 경우 배설이 원활하지 않아 특히 위험할 수 있습니다.
또한 닭고기, 달걀, 멸치, 시금치 등 아이들의 음식에 많이 등장하는
식재료 자체에도 꽤나 많은 나트륨이 함유되어 있기에 별도의 간까지
하게 되면 아이는 무리가 되는 양의 염분을 섭취하게 되는 것이지요.

- 집에서 차린 밥상이 저나트륨 유아식의 정답

집에서 만든 밥상은 저염식으로 만들 수 있다는 것.
그리고 그 덕분에 아이가 음식 본연의 맛을 잘 알게 된다는 장점이 있어요.
저나트륨 유아식, 몇 가지 방법만 알면 가능하답니다.

첫째, 빵, 국수, 파스타 대신 밥과 반찬을 곁들인 한식 밥상을 준비하세요.
밀가루 식품 속에는 놀라울 정도로 많은 염분이 들어있거든요.

둘째, 국물 요리는 간을 최소로, 국물의 양보다 건더기가 많도록 만들어요.

셋째, 나트륨 배출을 도와주는 것이 바로 칼륨!
칼륨이 풍부한 토마토, 고구마, 바나나 등과 다양한 채소와 과일을 식단에 더하세요.

넷째, 아이용 시판 저염 간장이나 된장 등의 양념류를 활용하는 것도 방법이지요.

다섯째, 외식과 가공식품을 줄이는 것입니다. 저 역시도 워킹맘인지라 비현실적이라는 것을 잘 압니다.
하지만 주말에는 외식을 하더라도 주중에는 최대한 직접 만든 식사를 아이에게 만들어주세요.

소금 1g(나트륨 400mg)에 해당하는 양념류

소금 1g(나트륨 400mg)
= 양조간장 1작은술
= 된장 2작은술
= 고추장 1큰술
= 토마토케첩 2큰술

* 출처 : 국가표준식품성분표
(9개정판)

시중에 판매하는 천일염,
함초소금에는 미네랄 성분이
일반 소금에 비해 많을지
모르지만 실제 나트륨 함량은
큰 차이가 없는 경우가 있어요.
구입 전, 나트륨 함량을
꼼꼼하게 따져보세요.

✔ **알아두면 좋은 정보**

1 주식 100g당 소금은 얼마나 들어 있을까요?
→ 쌀밥 < 모닝빵, 가래떡, 국수, 식빵

쌀밥	3mg
모닝빵	260mg
가래떡	261mg
국수	395mg
식빵	516mg

* 출처 : 국가표준식품성분표(9개정판)

2 소금, 설탕 대신 더할 수 있는 천연 맛내기 재료

짠맛 육수(48쪽), 참기름, 들기름, 무염버터,
밥새우, 표고가루, 멸치가루, 들깻가루, 카레가루 등

단맛 과일즙(배즙), 냉동 과일 큐브(46쪽),
냉동 양파 큐브(47쪽), 발사믹식초 등

아는 만큼 잘 먹일 수 있어요,
대표 영양소별 식재료

탄수화물이 풍부한 식재료

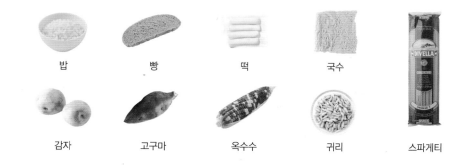

| 밥 | 빵 | 떡 | 국수 | 스파게티 |

| 감자 | 고구마 | 옥수수 | 귀리 |

단백질이 풍부한 식재료

동물성 단백질

| 쇠고기 | 돼지고기 | 닭고기 | 달걀 |

| 생선 | 새우 | 꽃게 | 오징어 | 조개류 |

식물성 단백질

| 두부 | 콩 & 낫또 | 견과류 | 두유 |

지방이 풍부한 식재료

| 견과류 | 들기름 | 참기름 | 버터 | 치즈 |

앞서 소개한 유아기 아이에게 꼭 필요한 대표 영양소가 풍부한 식재료를 소개합니다.
한눈에 확인해보세요.

비타민 & 식이섬유가 풍부한 식재료

당근	애호박	무	가지	양배추	브로콜리
파프리카	콩나물	시금치	부추	청경채	비타민
과일류	버섯	양파	미역	김	톳

칼슘이 풍부한 식재료

우유	요거트	치즈	멸치	두부	굴	케일

철분이 풍부한 식재료

쇠고기	돼지고기	연어	조개
달걀	두부	톳	시금치	브로콜리	비트

모자라도, 지나쳐도 안 돼요, 적정 식사 분량

유아식을 시작하면서부터 아이는 본인이 먹는 양을 스스로 결정하곤 합니다.
이제 엄마의 고민이 시작되지요. 우리 아이가 먹는 양이 너무 적거나 많은 건 아닌지,
또 특정 음식만 먹는 것은 아닐까 하고요. 얼마나, 어떻게 먹여야 하는지 적정 식사 분량을 알려드릴게요.

하루에 필요한 열량을 알아두세요

아이에게 하루에 필요한 열량을 계산하는 방법은 다음과 같습니다.

하루 필요 열량(kcal) = 1000 + 나이 × 100

• 열량만큼 먹이되, 영양소를 골고루 섭취할 수 있도록 해주세요.
• 아래 표를 통해 유아기 아이들의 하루 식사 구성 예시를 소개합니다.
  아래 식사 구성을 참고, 식사, 간식으로 적절히 나눠서 챙겨주세요.

[1~2세, 3~5세 하루 필요한 식사 구성]

연령		1~2세	3~5세	*한국영양학회(2015) 에너지필요추정량 기준
칼로리(kcal)		1000kcal	1400kcal	
				▼ 바꿔먹여도 돼요
곡물류	밥	1/3공기(70g) × 3회	2/3공기(140g) × 3회	국수 1/3그릇 | 빵 2/3쪽
	고구마	1/2개	1/2개	감자 1/2개 | 밤 3개 | 떡(절편) 2개
고기류	쇠고기	1토막(60g)	1토막(60g) × 2회	돼지고기 | 닭고기 | 생선 50g 등
	달걀	1개(50g)	1개(50g)	두부 2조각 | 콩 20g
채소 과일류	채소	1접시(70g) × 2회	1접시(70g) × 3회	익힌 채소 1/3컵
	과일	사과 1/2개 × 1회	사과 1/2개 × 2회	귤 1개 | 바나나 1/2개 | 딸기 10개
우유 유제품류	우유	1컵(200㎖) × 2회	1컵(200㎖) × 2회	치즈1장 | 요거트 1/2컵
기름류	조리유	2작은술	2작은술	버터 | 마요네즈 | 견과류 등

식사의 기본이 되는 곡물류(탄수화물), 고기류(단백질), 채소류(비타민)의 한 끼 적정 비율을 소개합니다.
하나의 그릇에 담는다고 가정할 경우, 아래의 비율을 기억하되 식사별 적정량은 26쪽에서 만나보세요.

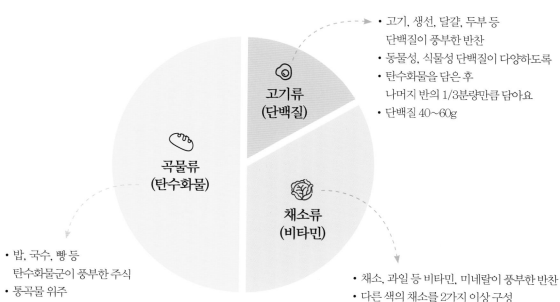

• 고기, 생선, 달걀, 두부 등
  단백질이 풍부한 반찬
• 동물성, 식물성 단백질이 다양하도록
• 탄수화물을 담은 후
  나머지 반의 1/3분량만큼 담아요
• 단백질 40~60g

• 밥, 국수, 빵 등
  탄수화물군이 풍부한 주식
• 통곡물 위주
• 그릇의 절반 정도를 채워요
• 밥(약 110~130g)
  = 식빵 1장 = 파스타 60g

• 채소, 과일 등 비타민, 미네랄이 풍부한 반찬
• 다른 색의 채소를 2가지 이상 구성
  (예: 당근, 시금치)
• 탄수화물을 담은 후
  나머지 반의 2/3분량 만큼 담아요
• 익힌 채소 = 50~70g

채소, 과일의 섭취를 더하려면?
채소와 과일을 다양하게,
함께 맛볼 수 있는
스무디(377쪽)를 곁들이세요.

✔ 알아두면 좋은 정보

1 식사에서 중요한 우유와 과일
• 칼슘 섭취의 급원이 되는 우유는 하루 2잔(총 400㎖) 섭취합니다.
  우유 대신 요거트, 치즈 등으로 대체해도 좋습니다.
• 과일은 하루에 50~100g 정도 섭취합니다.
  대략 바나나 1/2~1개, 사과 1/4개 정도입니다.

2 유아기의 간식은 선택이 아닌 필수
간식은 단순히 식사와 식사 간에 배를 채우는 역할이 아니라
영양 밸런스를 맞춰주는 '보조음식'입니다.
따라서 칼슘 섭취를 위한 유제품이나 주식에서 빠지기 쉬운
과일류, 간단하게 조리가 가능한 익힌 고구마나 삶은 달걀(41쪽) 등
하루 식사에 부족한 부분 위주로 챙겨주세요.

한 눈에 보는 식사별 적정량

아침
식사

블루베리 약간

떠먹는 플레인 요거트 1개

견과류 약간

식빵 1개

슬라이스 아기치즈 1장

바나나 2/3개

식판식
(점심, 저녁)

구운 삼치 1토막

익힌 당근 1/2줌

시금치나물 1/2줌

밥 2/3공기

들깨 버섯국 1/2~1/3컵(202쪽)

25쪽에서 소개한 기본적인 한 끼 식사 구성 비율을 참고, 3~5세의 식사별 적정량을 한눈에 볼 수 있도록 담아 보았습니다. 빵으로 구성된 간단 아침식사, 밥, 반찬, 국물 요리를 담는 식판식, 한 그릇, 간식까지. 참고해서 우리 아이 월령, 성별, 건강 상태 등에 따라 조절해 주세요.

한 그릇

백김치 1/2줌

아삭 채소 비빔국수 1그릇(344쪽)

간식

우유 1컵

토마토 1/3개

익힌 고구마 1/2개

Q&A

우리 아이 영양제, 어떻게 먹여야 할까요?

아이가 이것저것 다 잘 먹는다면 더없이 고맙겠지만 그렇지 않은 경우가 사실 더 많지요.
식사 시간마다 전쟁을 치르는 건 일상이 되어버리고, 부모의 걱정은 커지기만 합니다.
이럴 때 선택하는 것이 영양제입니다. 그간 궁금했던 우리 아이 영양제에 대해 답해드릴게요.

도움말 / 장제환 약사(두 아이의 아빠이자 약사. 현재 서울 동작구에서 유림온누리약국 운영 중)

Q _ 유아기에는 어떤 영양제가 좋은 건가요?

결론만 먼저 이야기하자면 나쁜 영양제는 없습니다. 모든 세포의 활동과 성장이 활발하게 이루어지는 유아기에는 모든 영양이 골고루 필요해요. 하지만 식습관에 따라 결핍될 수 있는 영양소들은 저마다 생기는 것이 당연하지요. 이런 부족한 부분을 채워줄 수 있는 보조제가 바로 영양제인 것이지요. 아이의 특성에 맞춰 잘 먹인다면 모든 영양제는 '좋은' 영양제인 셈입니다.

Q _ 아이가 환절기만 되면 감기를 달고 살아요. 도움이 될 만한 영양제가 있을까요?

이 경우 면역력이 부족한 이유가 대부분입니다. 면역력을 키우기 위해서는 무엇보다 골고루 잘 먹는 것이 중요하지만, 그렇지 않다면 영양제의 도움을 받는 것도 권합니다.

면역력을 높여주는 영양소로는 유산균, 비타민C, 비타민D, 점막면역에 관여하는 비타민A, 아연 등이 대표적입니다. 위의 영양소를 먹이는데 제한이 있는 것은 아니지만 유산균, 비타민D는 우선 챙겨주는 것이 좋습니다. 여기 하나를 더 추가하자면 아연을 추천하고요.

비타민D는 햇빛에 의해 체내에서 합성되는 비타민이다 보니 음식으로의 섭취가 어려워요. 특히나 실내 활동이 많은 요즘 아이들 특성상 비타민D는 영양제로 복용하는 게 좋지요. 제품에 따른 질적인 차이에 대한 객관적인 데이터는 없으므로 구입 시 섭취 단위를 기준으로 선택하되, 유아의 경우 400IU 또는 1000IU 정도를 권장합니다.

아연은 면역에 관계하는 중요하고 기본적인 영양소 중 하나인 까닭에 종합영양제 또는 면역기능성으로 분류된 어린이 영양제에는 대부분 함유되어 있습니다. 즉, 면역기능성으로 분류된 어린이 영양제만 먹어도 아연은 충분히 챙길 수 있습니다.

Q _ 변비 때문에 아이가 늘 화장실에서 힘들어해요.

프로바이오틱스로 지칭되는 유산균은 면역력 강화에도 좋지만 장운동의 정상화에도 도움을 줘요. 김치, 요거트 등의 발효음식에 존재하지요. 시중에 많은 유산균 영양제들이 있고, 해마다 새로운 논문이 나오고 있기에 내 아이에게 맞는 유산균을 찾는 것이 중요합니다.

Q&A

Q _ 내 아이에게 맞는 유산균을 찾는 방법이 있나요?
건강기능식품은 새로운 논문이 발표됨에 따라
일종의 트렌드가 생기게 되는데 현재(2020년
2월 기준) 좋은 유산균을 고르는 기준은 포장균수,
믿을 만한 회사의 원료를 썼는지, 특허균주를
사용하고 있는지, 이 정도면 됩니다.
포장균수는 유산균에 표기된 1포당 함유
균수를 말하며 유아 유산균의 경우 30~50억
정도의 균수를 추천합니다. 그 외 다양한 부분은
약국 방문 시 약사를 통해 상담받는 것이 좋습니다.

Q _ 또래보다 키가 작아서 고민이에요
면역력만큼이나 성장과 관련한 상담이 잦은데요,
일단 키 관련 문제는 영양제의 비중보다
체질이나 유전적인 영향이 더 크다고 생각합니다.
성장 관련 개별 인정형 제품들이 나오고 있지만
그 효능은 논외로 두고, 그래도 중요한
필수 영양소라면 칼슘, 철, 아연을 말할 수 있지요.

성장에 중점을 둔 어린이 영양제 대다수에 충분히
함유되어 있는 것이 칼슘입니다. 피와 뼈의 생성에
중요한 역할을 하는 철분 역시 어린이용 액상
철분제로서 보충하거나 철분과 비타민C가 함유된
종합영양제의 복용이 좋은 선택이 될 수 있습니다.

영양소도 식품처럼 상호보완적 또는 잘 맞지 않는
관계들이 있는데 비타민C는 철분의 흡수를 도와주는
대표적인 영양소이기에 그러하답니다.

Q _ 시럽, 츄어블, 젤리 등 다양한 형태의 영양제가
있는데, 무슨 차이가 있나요?
같은 용량이라면 시럽이 흡수되는데 더 용이하지만
유아기에는 영양제를 거부하지 않고, 잘 먹게
하는 것이 첫 번째로 중요합니다. 그렇기에 아이들이
잘 먹는 츄어블 또는 젤리 형태를 권하지요.
우리 아이의 성향에 맞춰 선택해 주세요.

Q _ 유아기에 꼭 챙기면 좋은 필수 영양제를 알려주세요.
유산균, 비타민D 정도는 챙겨주면 좋습니다.
우선순위로 이야기하자면, 유산균은 면역뿐 아니라
먹고 싸는 기본적인 인체 활동에 영향을 주기 때문에
가장 중요한 영양제라고 생각합니다.
비타민D는 앞서 소개한 대로 요즘 아이들 활동
특성상 가장 결핍되기 쉬운 영양소 중 하나이기에
필수적으로 복용해야 하는 영양소라고 꼽을 수
있습니다.
이 두 가지 정도는 기본적으로 먹여주는 것이 좋고
여기에 아이 성장이 걱정된다면 칼슘, 지능발달에
대한 걱정이 있다면 오메가3, 잔병치레를 많이

한다면 비타민C, 아연을 추가해서 먹일 것을
권장합니다.

Q _ 영양제는 언제부터 먹이는 게 좋을까요?
아이에 따라 다르겠지만, 저희 첫째 아이에게
먹였던 경험으로 권장하자면 일단 잘 먹고
잘 싸는 문제가 가장 기본이자 중요한 문제입니다.
그래서 100일 이후부터는 드롭스 형태
(스포이트로 한 방울씩 떨어뜨려 먹는 형태)의
유산균을 꾸준히 먹였고, 분유를 시작하면서부터는
가루 유산균과 시럽으로 된 비타민D를 추가해서
먹이기 시작했습니다. 유산균은 2세 이후부터는
끊이지 않고 먹는 것을 권장하며 아이들
식습관이나 건강 상태에 맞춰 선택적으로 추가하는
것이 현명합니다.

Q _ 영양제는 식전, 식후 중에 언제 먹이는 것이
좋을까요?
기본적으로 비타민은 지용성, 수용성으로 나뉘는데
지용성 비타민인(A, D, E, K)는 식후 복용을,
수용성인 비타민(B, C)은 공복 복용이 흡수가
좋지만 속이 불편해지는 단점이 있어 흡수율이 조금
떨어지더라도 식후 복용을 권장합니다.
오메가3는 생선 기름이 베이스라 식후 복용이 좋고,

철분은 공복에 흡수가 잘 되는 특성이 있고
비타민C와 함께 먹을 때 흡수가 더 잘 되는
조합입니다.
칼슘의 경우 다른 미네랄과 같이 복용할 때
흡수에 방해를 받을 수 있고 수면에 도움을 주는
약효를 가지고 있어 보통 저녁식사 직후,
하루 중 마지막에 먹는 영양제로 기억하면
편합니다. 유산균은 위산에 약하므로
공복 복용을 권장합니다.
여러 가지 영양제들을 이상적으로 복용하는
것이 쉽지만은 않습니다. 복용하는 영양제에
따라 식후, 식전을 구분해서 1일 1, 2회 정도로
어렵지 않게 분류하는 것이 중요합니다.

본 내용은 한국영양학회의 일일 권장량에 따라 가이드라인을
만들었으며 국가마다 기준이 조금씩 다르며 최적섭취량의
개념과의 거리가 있어요. 또한 아이들마다 차이도 있고요.
온전히 믿고 따르기보다는 참고사항 정도로 보시는 것을 권하며,
더 구체적인 부분은 전문 약사, 의사와 상의하시기를 추천드립니다.

식사 준비 전략

영양에 대해 알아봤다면 이제 본격적인 식사 준비 전략을 소개합니다.
식사의 기본이 되는 장보기부터 식재료 갈무리 방법,
그리고 유아식에 필요한 기본양념, 비상시를 위한 시판 제품과 간식까지.
제가 겪은 생생 체험을 토대로 소개해드릴게요.

1 장보기와 식재료 갈무리 노하우

2 갖춰 둬야할 유아식 기본양념 &
추천 시판 제품과 비상 간식

3 유아식에 많이 쓰이는 조리도구 &
우아한 외식을 위한 준비물

장보기와 식재료 갈무리 노하우

① **장보기 전 미리 확인하세요**

* **냉장고를 우선 점검, 식단을 구성합니다**
  가장 먼저 냉장고에 있는 식재료로 어떤 요리를 만들지를 정해요. 이후 미리 만들어둔 밑반찬,
  냉동 요리 등을 확인합니다. 그 후에 식단을 짠 후, 부족한 재료가 있다면 메모해서 장을 보도록 하세요.
  본 책에서는 주재료별로 요리를 찾을 수 있는 인덱스(380쪽)를 구성했으니 참고해서 만들어도 좋답니다.

* **기본 & 아이가 좋아하는 식재료를 기억해요**
  다양한 유아식에 두루두루 쓰이는 기본 식재료와 우리 아이가
  특별히 좋아하는 식재료는 부족하지 않도록 미리 구입해 두세요.

> **추천 유아식 기본 식재료**
> **채소류** 양파, 당근, 버섯,
> 파프리카, 애호박
> **고기류** 닭가슴살, 닭안심,
> 쇠고기, 돼지고기
> **과일류** 바나나, 사과 등
> **기타** 달걀, 우유, 두부 등

② **식재료별 갈무리 방법, 저장 기간을 기억해요**

아래 내용은 집집마다, 환경에 따라 차이가 날 수 있어요. 재료의 상태를 수시로 살펴보도록 하세요.

단단한 채소
(무, 당근,
양파 등)
* 껍질 그대로 망에 담아 빛이 들어오지 않는 서늘한 곳 2주
* 껍질을 벗겨 냉장 7일

잎채소
(시금치,
깻잎 등)
* 흙이 묻은 채로 키친타월로 감싸 냉장 3~4일
* 끓는 물에 살짝 데쳐 한입 크기로 썬 후 한 번 먹을 만큼 냉동 7~10일 /
  자연해동한 후 국물이나 달걀말이 등에 더하는 것을 추천

과일류
* 바나나는 실온 보관. 그외 과일은 빛이 들어오지 않는 서늘한 곳

육류
* 냉장 2~3일
* 한 번 먹을 분량씩 담아 냉동 2주 /
  자연해동한 후 요리에 사용

해산물
* 냉장 1~2일
* 한 번 먹을 분량씩 담아 냉동 2주 /
  자연해동한 후 요리에 사용

> **해동 잘하는 법**
> **자연해동** 실온 또는 냉장실에서
> 서서히 냉동하는 방법
> **전자레인지 해동** 빠른 시간에
> 해동되지만 오래 가열하면
> 식감이 나빠지므로 주의

갖춰 둬야 할 유아식 기본양념 &
추천 시판 제품과 비상 간식

유아식 기본양념

아이가 먹는 것은 특히 신경 써서 가급적 친환경 매장에서 구입하길 권하지만,
이 또한 부모의 판단에 따라 적절하게 선택하세요. 본 책에서는 대중적으로 구하기 쉬운
일반 간장, 된장 등을 이용했지만 아이 전용 제품으로 대체해도 돼요.

아이용 발효간장

우리밀, 우리콩을 발효 시킨 아이용
간장이에요. 시판 간장 중에는 수입
탈지대두를 이용, 산분해한 경우가
있으므로 100% 자연숙성간장을 골라
사용하세요. 실제로 GMO(유전자 변형
농산물)의 99%가 식용유와 간장에
사용되고 있고, 합성보존료 등이 섞여 있는
경우도 있어서 따져보는 것이 중요해요.

아이용 저염된장

일반 된장은 합성보존료가
사용된 경우가 종종 있어요.
이왕이면 콩 함유량이 높고
아이가 먹기 좋게
된장 입자를 곱게 간
아이용 된장을 구입하세요.

오일 스프레이

이미 식재료 그 자체로도 꽤 많은 지방을
섭취하게 되므로 가급적 요리에 쓰는
기름의 양은 적을수록 좋아요.
스프레이 형식으로 된 오일을 사용하면
양을 훨씬 줄일 수 있기에 추천합니다.
에어프라이어와 단짝처럼 사용하지요.

현미유(압착)

가장 신경 쓰는 것 중 하나가
기름류입니다. 우리가 무심코 사용하고
있는 기름 중에는 GMO(유전자 변형
농산물)를 사용하는 식용유가 종종
있기에 가급적 안전한 현미유나
아보카도유, 유채유를 추천해요.
소포제나 방부제 등 첨가물이 들어가지
않은 제품을 고르되, 콩이나 씨앗에
있는 지방을 여러 가지 화학약품으로
녹여내어 만드는 정제유가 아닌
열매를 그대로 눌러 짠 '압착유'를
사용하는 것이 좋습니다.

파프리카가루

어린 월령의 아이 요리에 매운
고춧가루는 사용할 수 없어요. 이때
파프리카가루를 조금 더해보세요.
매운맛은 거의 없고 오히려 감칠맛과
함께 음식의 모양과 색도 더욱 어른
음식에 가깝게 낼 수 있어서 추천하지요.
아이용 김치나 무생채, 제육볶음 등에
활용할 수 있습니다.

비상 상황에 대비해 챙겨두면 좋은 시판 제품

신선한 재료로 직접 만드는 요리가 가장 좋겠지만
회사에, 집안일로 바쁜 날에는 시판 제품을 사용하는 것도 방법이에요.
미리 챙겨두면 비상 상황에 아주 요긴하답니다. 대부분 온라인에서 구입 가능해요.

건매생이

떡국이나 전을 만들 때 요긴하게
쓰여요. 건조된 상태로 작게
포장되어 있기에 하나씩 뜯어
사용하기 편리합니다.
게다가 실온 보관이라 더 좋지요.

무항생제 사골국

양가 부모님 찬스가 아니면 절대
엄두가 안 나는 홈메이드 사골국.
200㎖씩 소포장된 사골국을
구비해 두었다가 떡국이나 북엇국,
만둣국 등에 활용하고 있어요.

유기농 곤드레밥

밥은 물론이고 반찬조차 챙길
시간이 없을 때 참 좋은 아이용
비상식량이에요. 어른으로 치면
라면과 같은 셈이죠.
냉동 고기 큐브(47쪽)와 함께
기름 대신 물로 볶으면 영양까지
맞춘 한 끼가 해결돼요.

누룽지

바삭바삭 간식으로도,
물을 넣고 끓여 밥 대용 별식으로도
가능해 챙겨두면 활용도가
높은 재료입니다.

낫또(꼬마 나또)

저희 아이들은 어릴 적부터 접해서인지
낫또를 정말 잘 먹어요. 그대로 간식으로,
밥과 비벼서 식사로도, 다양하게
즐기지요. 굽거나 익히는 과정 없이도
단백질 보충을 할 수 있기에 이보다
더 좋을 수 없답니다.
풀무원에서 아이가 먹기 좋은 용량,
소스로 구성된 아이용 낫또가 나오길래
그 제품을 구입하고 있어요.

황태채

말려서 판매하는 황태채는
보관도 용이하고, 반찬이나 간식 등
다양하게 활용할 수 있어요.
단백질이 풍부해 제대로 된
영양 제품인 셈이지요.

긴급! 믿고 먹는 비상 간식

가능하면 과일, 감자, 고구마, 삶은 달걀 등 자연 재료를 간식으로 주는 편이지만
그렇지 못할 상황도 분명 생기지요. 챙겨두면 좋은, 믿을 수 있는 비상 간식을 소개합니다.

고구마 말랭이

부스러기도 안 생기고 원물 형태
그대로라 비교적 안심하고 먹일 수
있는 고구마 말랭이. 야외 활동 시
에너지 소비가 많을 때에도
든든하게 먹일 수 있는 아이템입니다.
비슷한 이유로 고구마뿐만 아니라
밤도 즐겨먹어요.

건대추 슬라이스(대추 과자)

우연히 농협에 들렸다 먹어보고는
반해서 늘 잊지 않고 구입해두는
대추 과자예요. 과자처럼
바삭거리는 식감을 가져 아이들도
참 잘 먹더라고요. 최근에는
견과류를 안에 박은 제품들도
있으니 아이의 취향대로
골라도 좋아요.

김 과자

김 과자는 단백질도 풍부하고
식감이 바삭해서 시판 과자 대용으로
딱이랍니다. 염도가 너무 높지 않은
것으로 선택해 주세요.

우유캔디

제가 가급적 사지 않는 것 중 하나가
바로 젤리와 사탕이에요. 하지만
아이들이 기관 생활을 하게 되면
이 또한 피할 수 없지요. 그래서
찾게 된 것이 바로 우유캔디입니다.
꼭 먹고 싶어 할 때는 색소, 방부제
없는, 가급적 조금은 더 건강한
대체 간식을 찾아주곤 한답니다.

당근주스

아침마다 채소, 과일로 스무디를
갈아주기 때문에 자주 구입하는 비상
간식은 아니에요. 하지만 100% 착즙된
당근주스는 요긴하게 쓰일 때가 있어요.
냉장고의 토마토나 사과와 같이 갈거나
더운 여름철 아이스크림을 찾으면
레몬즙이나 올리고당을 넣어 아이스크림
용기에 얼려주면 참 잘 먹는답니다.

유아식에 많이 쓰이는 조리도구 &
우아한 외식을 위한 준비물

유아식에 많이 쓰이는 조리도구를 소개합니다. 갖춰두면 요리하기에 조금 더 편할 거예요.

소형 냄비

아이들 국, 조림 등은 양이 적기
때문에 지름 14~16cm 정도의
작은 냄비를 준비하면 편리합니다.
보통은 이유식 때부터 사용했던
스테인리스 냄비를 계속해서
사용하는데요, 없다면 긴 손잡이가
있는 편수냄비를 추천합니다.

거름망 체

아이 된장찌개에 들어갈 된장을 풀거나
육수 찌꺼기를 거르는 등에
사용할 수 있는 거름망 체예요.
크기별로 챙겨두면 은근 요긴하게
이곳저곳 많이 사용된답니다.

에어프라이어

이젠 가정의 필수템이 된 에어프라이어. 아이들이 좋아하는
튀김 요리를 적은 양의 기름으로, 뒤처리까지 간편하게
만들 수 있으니 이보다 좋을 수 없죠.
생선을 구울 때도, 고구마나 단호박을 익힐 때에도 사용하는
아이템입니다. 저 또한 이번 책에서 홈메이드 냉동식품
익히는 법을 팬, 오븐, 에어프라이어까지, 가능한 선에서
모두 소개했으니 참고하세요. * 홈메이드 냉동식품 226쪽

핸드블랜더

편식이 심한 아이들에게는 재료를 숨기기 위해,
소화가 약한 아이들을 위해 음식을 곱게 갈 때 등
유아식에서는 핸드블랜더가 꼭 필요해요.
이왕이면 냄비나 볼에 바로 넣어 사용할 수 있는 것을
추천합니다. 편할 뿐만 아니라 설거지도 줄여주는
효자 도구거든요. 저는 필립스 제품을 사용해요.

차퍼(또는 채소다지기)

이유식에 이어 유아식에서도 은근
재료 다질 일이 많은데요. 차퍼나
채소다지기를 하나쯤 가지고 있으면
더 편하고, 훨씬 빠르게 요리를 만들
수 있지요. 출산과 육아로 약해진
손목에 큰 도움이 될 도구예요.

소형 휴대용 선풍기

아이가 스스로 식사를 시작하기
위해서는 적절한 온도가 중요해요.
배고파서 빨리 밥 달라고 보채는
아이가 옆에 있는데 뜨거운 밥,
국물 요리를 손부채로 식히려면
여간 답답한 일이 아니랍니다.
이럴 때 큰 역할을 하는 것이 바로
작은 크기의 휴대용 선풍기지요.

계량 도구(계량컵, 계량스푼, 계량저울)

정확한 계량을 위한 아이템입니다.
1/10개, 1줌 등 눈대중, 손대중도 필요하지만
더 정확한 요리를 위해서는 계량 도구가 필수이지요.
본 책에서는 계량 도구를 우선순위로 하되,
눈대중, 손대중도 가능한 선에서 소개했어요.

* 계량하는 법 49쪽

이유식 큐브

실리콘 재질로 된 이유식 큐브에 쇠고기나 채소를 다져
냉동해두면 요리에 보다 간편하게 활용할 수 있지요.
특히 실리콘을 추천하는 이유는 환경호르몬 걱정이 없다는
점이 1순위, 말랑말랑한 소재이다 보니 꽁꽁 언 재료를 꺼내기
수월하다는 점이 2순위랍니다. * 냉동 큐브 만들기 46쪽

보관 용기

이유식을 시작하며 구입했던 유리, 스테인리스,
실리콘 등의 보관 용기는 유아식에서도 요긴하게 사용됩니다.
치킨가스, 미트볼 등의 홈메이드 냉동식품은
열전도율이 좋은 스테인리스 용기에, 죽, 국, 카레 등은
열에 강한 유리 용기나 실리콘 용기에 담아두세요.

아이를 낳기 전에는 몰랐습니다. 한 번의 외식을 위해 챙겨야 할 것들이 이렇게나 많을 줄은요.
저처럼 모르고 당황하실 분들을 위해 우아한 외식을 위한 준비물을 알려드릴게요.

아기가위

크기가 큰 음식을 잘라야 할 때
매번 가위를 부탁하기 어려운
경우가 많아요. 심지어 사정에 따라
가위를 제공하지 않는 식당도 더러
있고요. 어린 월령의 아이일수록
전용 가위를 가지고 다니면
매우 요긴하게 쓰인답니다.
훨씬 위생적이기도 하고요.

유아 젓가락

식당에 가면 아이를 위한 숟가락과
포크는 구비하고 있지만 유아용
젓가락은 없는 경우가 대부분이지요.
너무 당연할 것 같지만 신경 쓰지 못하는
부분이기도 해요.

턱받이와 여벌옷

월령이 어리다면 외출용 턱받이를 꼭 들고 다니세요.
아직은 스스로 먹는데 완벽하지 않은 아이에게 흘렸다고
잔소리하는 것은 엄마나 아이 모두 기분 상할 수
있는 일이지요. 턱받이만으로도 부족할 수 있으니
갈아입히기 쉬운 여벌옷도 함께 챙기면 더욱 좋아요.

장난감, 스케치북, 색연필

저는 식당을 선택할 때 가급적 아이가
놀 수 있는 야외 공간이 있는 곳을
선호해요. 식사가 나오기 전까지의
시간이 아이에게는 당연히 지루할 수밖에
없기에 이러한 시간만 잘 버텨도
본 식사에 집중할 수 있거든요. 다만
상황이 여의치 않을 경우를 대비해
작은 장난감이나 스케치북, 색연필 등을
챙긴답니다.

스테인리스 보온 용기

유아식을 시작하면 이유식 때보다
외식의 기회가 더 많아져요. 하지만
외식 시 접하게 되는 음식들은
대부분이 간이 센 경우가 많지요.
어린 월령이라면 아이를 위한
보온이 잘 되고, 밀폐력이 우수한
보온 용기에 영양밥이나 진밥을
따로 챙겨가는 것을 추천해요.
저는 그로미미 제품을 사용합니다.

조리 전략

이유식에 많이 활용했던 기본 재료나 조리법은 유아식에서도 이어져요.
여기에, 아이의 씹는 활동을 위해 재료를 좀 더 크게 썰거나, 맛을 가미하기 위해
육수를 만들거나, 또 영양을 더 채워줄 수 있는 방법을 고민하게 되지요.
유아식의 조리 역시 전략적으로 접근하면 절대 어렵지 않답니다.

1 ── 유아식에 많이 활용하는 재료 익히기

2 ── 유아식에 많이 쓰는 기본 재료 손질하기

3 ── 언제든 간편하게, 냉동 큐브 만들기

4 ── 다양하게 활용하는 육수 만들기

5 ── 계량하기 & 인분수 늘리기 & 불 세기 조절하기

유아식에 많이 활용하는 재료 익히기

식품	삶기	찌기	전자레인지로 익히기
고구마	1 냄비에 고구마 5개, 잠길 만큼의 물을 넣는다. 2 센 불에서 끓어오르면 중간 불로 줄여 뚜껑을 덮고 젓가락으로 찔렀을 때 쉽게 들어갈 때까지 35~45분간 삶는다.	1 찜기가 끓어오르면 고구마 5개를 넣고 뚜껑을 덮는다. 2 중간 불에서 젓가락으로 찔렀을 때 쉽게 들어갈 때까지 40~50분간 익힌다.	1 고구마 1개는 껍질을 벗기고 한입 크기로 썬다. 2 물(3큰술)과 함께 내열용기에 담고 뚜껑을 덮어 젓가락으로 찔렀을 때 쉽게 들어갈 때까지 7~10분간 익힌다.
감자	1 냄비에 감자 5개, 잠길 만큼의 물을 넣는다. 2 뚜껑을 덮고 센 불에서 끓어오르면 중간 불로 줄여 젓가락으로 찔렀을 때 쉽게 들어갈 때까지 30~40분간 삶는다.	1 찜기가 끓어오르면 감자 5개를 넣고 뚜껑을 덮는다. 2 중간 불에서 35~40분간 젓가락으로 찔렀을 때 쉽게 들어갈 때까지 익힌다.	1 감자 1개는 껍질을 벗기고 한입 크기로 썬다. 2 물(3큰술)과 함께 내열용기에 담고 뚜껑을 덮어 젓가락으로 찔렀을 때 쉽게 들어갈 때까지 7~10분간 익힌다.
단호박	—	1 단호박 1개는 4등분한 후 숟가락으로 씨를 없앤다(42쪽). 2 찜기가 끓어오르면 단호박의 껍질이 위를 향하도록 넣는다. * 껍질이 위를 향하도록 넣어야 무르지 않게 익힐 수 있어요. 3 뚜껑을 덮어 중간 불에서 젓가락으로 찔렀을 때 쉽게 들어갈 때까지 15~20분간 익힌다.	1 단호박 1개는 4등분한 후 숟가락으로 씨를 없앤다(42쪽). 2 내열용기에 담고 뚜껑을 덮어 전자레인지에서 젓가락으로 찔렀을 때 쉽게 들어갈 때까지 5~7분간 익힌다.

식품	삶기
달걀	1 냄비에 달걀, 완전히 잠길 만큼의 물, 소금 약간을 넣고 센 불에서 끓인다. * 달걀은 삶기 전에 실온에 20~30분 정도 꺼내두어야 삶는 도중 깨지지 않아요. 2 끓어오르면 중간 불로 줄여 12분간 완숙으로 삶는다. 3 찬물에 바로 담가 완전히 식힌 후 껍질을 벗긴다.
닭가슴살	1 냄비에 닭가슴살 1쪽(100g), 잠길 만큼의 물(4컵) + 청주(1큰술)를 넣는다. 2 센 불에서 끓어오르면 약한 불로 줄여 13분간 삶는다. * 냄새에 민감하다면 통후추, 말린 허브가루를 더해도 좋아요.
닭안심	1 잠길 만큼의 끓는 물(4컵)에 닭안심 3~4쪽(75~100g)을 넣는다. 2 센 불에서 끓어오르면 중간 불로 줄여 8~10분간 삶는다.

유아식에 많이 쓰는 기본 재료 손질하기

채소

가지

꼭지 쪽을 최대한 뒤집는다.　꼭지 부분을 잘라낸다.

감자

필러로 껍질을 벗긴다.　싹이 나거나 썩은 부분을
칼로 깊게 도려낸다.

당근
우엉
연근

흙을 없앤 후 필러로 껍질을 얇게 벗긴다.
* 뿌리채소는 껍질에도 영양이 많으므로 세척용 수세미로 깨끗하게 씻어 최대한 먹을 것을 권해요.

단호박
미니단호박

전자레인지에 2~3분 정도
돌린다. * 살짝 돌리면
딱딱함이 줄어들어 썰기 쉬워요.
뜨거우니 조심하세요.　2등분한 후 가운데 씨를
숟가락으로 파낸다.　평평한 쪽을 바닥에 두고
도려내듯이 껍질을 벗긴다.

브로콜리

한 송이씩 작게 썬다.

위생팩에 잠길 만큼의 물,
식초 2~3방울과 함께 넣고
조물조물 주물러가며 씻는다.

흐르는 물에 씻는다.

시금치

시든 잎을 떼어낸다.

뿌리를 칼로 살살 긁어
흙을 없앤다.

뿌리가 두껍다면
열십(+) 자로 칼집을 내
2~4등분한다.

잠길 만큼의 물에 넣고
살살 흔들어 씻는다.

양배추

2~4등분한다.

가운데 두꺼운 부분을
도려낸다.

겉잎부터 한 장씩
떼어낸다.

떼어낸 잎의 두꺼운 부분이
있다면 도려낸다.

양송이버섯

마른 행주로
깨끗하게 닦는다.
* 버섯은 물을 쉽게
흡수하므로 요리 직전에
씻거나, 마른 행주로
살살 닦습니다.

밑동을 꺾어서 떼어낸다.

안쪽에 손을 넣어
겉껍질을 얇게 벗긴다.
* 흙이 많다면 진행하되,
이 과정은 생략해도 돼요.

손바닥에 툭툭 쳐서
속에 있는 이물질을 없앤다.

오이

굵은 소금으로 문질러 씻는다. 칼로 튀어나온 돌기를 없앤다. 요리에 따라 가운데 씨를 없앨 경우
숟가락으로 긁어낸다.

청경채

두꺼운 밑둥을 없앤다. 겉잎부터 한 장씩 떼어낸다.

파프리카
피망

2등분한다. 꼭지와 씨 부분을 꺾어서 떼어낸다. 가운데 흰색 부분을 떼어낸다.

아보카도

가운데 씨를 중심으로
돌려가며 칼집을 깊게
넣는다.

과육을 서로 반대로
돌려 벌린다.

가운데 씨를 칼날로
콕 찍어 분리한다.
*칼날이 미끄러지기
쉬우므로 조심하세요.

숟가락으로 과육만 퍼낸다.

토마토
방울토마토
껍질 벗기기

꼭지 반대쪽에
열십(+) 자로
칼집을 넣는다.

끓는 물에 넣고
10초 정도 데친다.

바로 찬물에 담가둔다. 껍질을 벗긴다.

굴

체에 밭쳐 소금물에 담가
흔들어 씻는다.
*굴은 손이 많이 닿일수록 쉽게
상하므로 체에 담아 손질하세요.

체에 밭쳐 흐르는 물에 씻은 후
그대로 물기를 뺀다.

매생이

체에 밭쳐 소금물에 담가
살살 흔들어 씻는다.

그대로 흐르는 물에 씻은 후
가위로 잘게 자른다.

미역

물에 담가 불린 미역은
그 상태로 조물조물 힘주어
씻는다.

오징어

가위로 몸통의 반을
가른다.

다리가 붙은 내장을
떼어낸다.

내장을 잘라 없애고,
다리는 뒤집어서
꾹 눌러 입을 없앤다.

다리쪽에 붙은 눈을
잘라낸 후 흐르는 물에서
훑어 빨판을 없앤다.

전복

  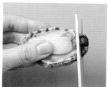 

세척용 솔로 씻은 후
숟가락으로 껍데기,
살을 분리한다.
*살이 잘 떨어지지 않으니
힘주어 분리하세요.

내장 부분을 잘라낸다.
*영양가가 풍부한
내장이지만 비린맛이
강해 유아식에서는
활용하지 않아요.

내장이 붙은 반대쪽의
입 부분을 1cm 정도
자른다.

꾹 눌러 이빨을 없앤다.

언제든 간편하게, 냉동 큐브 만들기

채소, 과일, 고기 등 싱싱한 재료로 바로 요리를 만드는
것이 가장 맛있고, 건강하다는 것은 누구나 아는 사실!
하지만 매번 장을 보는 것도, 애매하게 남은 재료를
버리는 것도, 요리할 때마다 재료를 손질해야 하는 것도
꽤 번거로운 일이지요. 그때를 위한 구원투수,
바로 '냉동 큐브'를 소개합니다.

냉동 큐브란 과일, 채소, 고기 등 유아식에 많이 쓰이는
재료를 다져 이유식 큐브(38쪽, 또는 얼음틀)에 담아
냉동한 것을 말해요. 시간적 여유가 있는 날,
또는 재료가 남을 때 만들어두세요.

냉동 채소 큐브 만들기

그대로 각종 국, 볶음밥, 죽 등에 넣으면
채소의 영양을 간편하게 채울 수 있어요.

저장 냉동 2주
재료 단단한 채소 적당량(당근, 애호박, 양파, 양배추 등)
  *한 종류의 채소도 좋지만, 채소마다 영양이 다르므로
  이왕이면 여러 종류의 채소로 준비하세요.

1 채소는 씻은 후 칼(또는 차퍼)로 작게 다진다.
  *잎채소는 얼리면 식감이 좋지 않고 시들해지기 때문에
  단단한 채소로만 준비하세요.

2 골고루 섞은 후 이유식 큐브에 채워 담고
  만든 날짜를 붙여둔다.
  *이유식 큐브 대신 얼음틀이나 납작하고 작은 용기에
  한 번 사용할 분량씩 담아도 돼요.

냉동 과일 큐브 만들기

설탕 대신 요리에 넣으면 은은한 단맛을 낼 수 있으며,
고기 양념에 더할 경우 단맛뿐만 아니라
고기 육질을 부드럽게 하는 역할도 합니다.

저장 냉동 1개월
재료 각종 과일 적당량(배, 키위, 사과 등)

1 과일은 껍질, 씨를 없앤 후 곱게 간다.
  *사과와 같이 껍질을 먹는 과일은 깨끗이 씻어
  껍질째로 더하면 더 좋아요.

2 골고루 섞은 후 이유식 큐브에 채워 담고
  만든 날짜를 붙여둔다.
  *이유식 큐브 대신 얼음틀이나 납작하고 작은 용기에
  한 번 사용할 분량씩 담아도 돼요.

1

재료의 다지는 정도는 아이의 월령, 씹는 운동 능력에 맞게 조절하세요.
단, 저작운동(입안에서 음식을 씹어서 부수는 운동)이
성장기 유아들의 뇌 발달에 중요한 만큼
월령이 올라가면 재료의 크기를 점점 크게 썰어주세요.

2

해동 과정 없이 바로 요리에 더하면 돼요.

3

이유식 큐브에서 완전히 얼린 것은 지퍼백이나 밀폐용기에 옮겨 담아 둬도 돼요.

냉동 양파 큐브 만들기

양파를 갈색이 되도록 익히면 매운맛은 없어지고
은은한 감칠맛이 더해져요. 익힌 고기도 함께 넣은 큐브라서
카레, 수프, 죽, 볶음밥, 소스 등에 다양하게 활용할 수 있지요.

저장 냉동 1개월
재료 다진 양파 3개(600g), 다진 쇠고기 100g(생략 가능),
현미유 2큰술

1 달군 팬에 현미유, 다진 양파를 넣고 투명해질 때까지
　 중약 불에서 3~4분. 다진 쇠고기를 넣고
　 2~3분간 볶은 후 완전히 식힌다.
2 이유식 큐브에 채워 담고 만든 날짜를 붙여둔다.
　 *이유식 큐브 대신 얼음틀이나 납작하고 작은 용기에
　 한 번 사용할 분량씩 담아도 돼요.

냉동 고기 큐브 만들기

다져서 판매하는 고기는 부위가 정확하게 알지 못하는
경우가 많아요. 직접 덩어리 고기를 구입해서 번거롭더라도
직접 다지는 것이 훨씬 맛도 좋고 믿을 수 있습니다.

저장 냉동 1개월
재료 다진 돼지고기나 다진 쇠고기 적당량

1 키친타월로 감싸 핏물을 없앤다.
2 이유식 큐브에 채워 담고 만든 날짜를 붙여둔다.
　 *이유식 큐브 대신 얼음틀이나 납작하고 작은 용기에
　 한 번 사용할 분량씩 담아도 돼요.

다양하게 활용하는 육수 만들기

유아식 초기의 경우 간을 거의 하지 않기 때문에 만들어둔 육수가 감칠맛과 함께 염도 조절까지 한답니다.
소개해드리는 레시피 그대로 만들어도 좋고, 믿을 수 있는 재료를 더한 시판 육수팩을 사용해도 돼요.
고기가 주재료인 요리에는 쇠고기육수가, 그 외 요리에는 멸치육수가 적합하지만 이 또한 서로 대체해도 무관합니다.

육수 저장하기

1_ 완전히 식힌 후 용기에 담아주세요.
2_ 그대로 냉장 1주일, 한 번 먹을 분량씩 모유저장팩(193쪽)이나 밀폐용기에 담아 냉동 1개월 저장 가능해요.

멸치육수 만들기

재료 국물용 멸치 15마리(15g), 다시마 5×5cm 3장, 물 5컵(1ℓ)

1 냄비에 멸치를 넣고 중간 불에서 1분간 볶은 후 다시마, 물을 넣고 센 불에서 끓인다.
　＊멸치는 머리, 내장을 제거해도 좋아요.

2 끓어오르면 중약 불로 줄여 5분간 끓인 후 다시마를 건져낸다.
　＊다시마는 오래 끓이면 진액이 나오므로 먼저 건져내세요.

3 10분간 더 끓인 후 멸치를 건져낸다.

쇠고기육수 만들기

재료 쇠고기 양지머리 300g, 쇠고기 사태 100g, 대파 15cm 3대, 마늘 2쪽(10g, 생략 가능),
물 10컵(2ℓ), 무 지름 10cm, 두께 1.5cm(150g), 다시마 5×5cm 2장

1 쇠고기는 잠길 만큼의 물에 30분~1시간 정도 담가 핏물을 뺀다. 이때, 중간중간 물을 갈아준다.

2 끓는 물(4컵)에 쇠고기를 넣고 2분간 데친 후 고기만 건져둔다. ＊고기를 한 번 데치면 불순물, 핏물을 완전히 없앨 수 있어요.

3 깨끗이 씻은 냄비에 다시마를 제외한 모든 재료를 넣고 뚜껑을 덮어 센 불에서 끓어오르면
　중간 불로 줄여 1시간 20분간 끓인다. 이때, 끓이는 중간중간 떠오르는 거품을 걷어낸다.

4 다시마를 넣고 5분간 끓인 후 체에 밭쳐 국물만 남긴다. ＊삶은 고기는 결대로 찢거나 썰어서 요리에 활용하세요.

계량하기 & 인분수 늘리기 & 불 세기 조절하기

인분수 늘리기

유아식은 마지막에 간을 더하면 어른이 함께
먹을 수 있어요. 넉넉하게 만들어야 할 때를 위해
인분수 늘리는 법을 소개합니다.

국물 늘리기 끓일 때 생기는 증발량 때문에
물의 양을 배로 늘리면 싱거워질 수 있어요.
물의 양은 90% 정도만 늘리세요.
양념 늘리기 양념을 배수로 계량한 후 80% 정도만
먼저 넣고, 마지막에 간을 보고 남은 양념을 더하세요.

계량컵 & 계량스푼

1컵 = 200㎖

1작은술 = 5㎖

1큰술 = 15㎖

재료별 계량하기

간장, 식초 등
[액체나 기름 재료]
계량컵 평평한 곳에
올린 후 가장자리가 넘치지
않을 정도로 담아요.
계량스푼 가장자리가
넘치지 않을 정도로 담아요.

소금, 찹쌀가루 등
[가루 재료]
계량컵 평평한 곳에 올린 후
누르지 않고 가볍게 담은 후
윗부분을 평평하게 깎아요.
계량스푼 누르지 않고
가볍게 담은 후 윗부분을
평평하게 깎아요.

된장 등
[되직한 재료]
계량컵 & 계량스푼
재료를 바닥에 쳐 가며
빈 공간이 없도록
가득 담은 후 윗부분을
평평하게 깎아요.

견과류, 콩류 등
[알갱이 재료]
계량컵 & 계량스푼
재료를 꾹꾹 눌러 가득
담은 후 윗부분을 깎아요.

불 세기 조절하기

가스레인지를 기준으로 불꽃과 냄비(팬) 바닥 사이의
간격을 조절하세요.

*본 책에서는 가스레인지를 기준으로 불 세기를 소개합니다.
전기레인지를 사용하거나, 집집마다 화력, 사용하는 냄비나
팬에 따라 불 세기는 워낙 천차만별이다 보니 불 세기와 함께
시간, 상태를 가능한 선에서 최대한 표기했으니 참고하세요.

불꽃과 냄비의
간격이 중요해요!

• **센 불** 불꽃이 냄비 바닥까지 충분히 닿는 정도
• **중간 불** 불꽃과 냄비 바닥 사이에 0.5cm 가량의 틈이 있는 정도
• **중약 불** 약한 불과 중간 불의 사이
• **약한 불** 불꽃과 냄비 바닥 사이에 1cm 가량의 틈이 있는 정도

Q&A

15~50개월 아이를 키우는 독자 서포터즈가 묻는다!
시시콜콜 유아식 궁금증

Q _ 이유식에서 언제 유아식으로 넘어가야 하나요?

이유식을 무리 없이 진행했고, 돌이 지났다면
유아식을 시작해도 되는 때입니다. 다만, 아이들마다
먹는 양도, 먹을 수 있는 음식도 다 개인차가 있어요.
하나둘 시작해보면서 아이의 반응을 살펴보세요.

**Q _ 이유식은 잘 먹었는데,
유아식을 시작하면서부터 밥을 안 먹어요.**

유아기는 성장보다는 발달의 시기예요. 때문에
몸의 성장이 둔화되어 먹는 양이 줄고, 식욕 또한
줄어드는 게 당연한 현상입니다. 즉, 본격적으로
'유아식을 시작하는 시기 = 가장 밥을 안 먹는
시기'라는 이야기이죠. 시간을 갖고 기다리면
잘 먹는 때가 대부분 오지만 두뇌가 2세 무렵
성인의 80%, 만 4세에 90%가 만들어지는 만큼
양은 적더라도 적절한 영양 공급은 계속 신경 써주는
것이 좋아요. 특히 세 돌전까지는 다양한 식재료를
경험할 수 있게 도와주세요.

Q _ 아이가 반찬은 안 먹고 밥만 먹으려고 해요.

유아식 초기에는 밥만 먹는 아이들이 상당수
있습니다. 반찬보다 밥의 식감이 훨씬 익숙하고,
반찬을 집기 어려울 뿐만 아니라, 한 그릇 음식인
이유식을 먹던 아이에게 아이에게 밥과 반찬은
어색하기만 한 관찰의 대상일 수 있기 때문이죠.
앞서 이야기한 대로 유아식 초기는 아이들이 가장
밥을 안 먹는 시기예요. 다양한 반찬의 형태와

재료로 아이가 좋아하는 맛을 함께 찾아가려고
노력하며 기다려 주세요. 하지만 영양불량이 심각하게
걱정된다면 밥에 여러 재료를 섞어 영양밥으로 만들어
밥 자체를 영양가 있게 짓는 것도 시도해 볼 만합니다.

* 영양밥 82~89쪽, 280~287쪽

**Q _ 아이가 통조림 햄, 소시지와 같은 가공식품을
너무 좋아해요. 건강하게 먹이는 방법이 있나요?**

소시지나 햄 같은 가공육은 가급적 제한하는 것이
좋아요. 하지만 불가피한 상황이라면 전처리에 신경
쓰고, 다양한 채소와 함께 섭취할 수 있도록 하세요.
소시지, 어묵, 베이컨은 끓는 물에 30초 정도
데치거나 내열용기에 물과 함께 담아 전자레인지에
1~2분간 돌리세요. 통조림 옥수수나 맛살은
찬물에 5분 정도 담가둔 후 사용합니다.

**Q _ 밥 한 숟가락이면 한 시간이건 두 시간이건
입에 물고만 있어요.**

이런 경우는 너무 많은 양을 줘서 아이가 지쳤거나,
엄마가 과도하게 먹는 것에 개입을 했거나,
두 가지의 이유가 대부분입니다. 먼저 아이가 먹기에
양이 너무 많지는 않나 살펴본 후 양을 최소한만 주세요.
같은 월령이라도 아이들마다 먹는 양이 다르답니다.
두 번째의 경우는 아이가 밥을 먹을 때 엄마도 함께
열심히 식사하며 '먹는 태도'에 대해서만 간섭하며
지켜봐 주세요. 이 말은 안 먹어서가 아니라 해서는
안 되는 일에 대해서만 훈계하라는 의미입니다.

마지막으로 식사 시간은 15~20분 정도로 하되,
시간이 초과하면 치우는 것도 방법이에요.

Q _ 아이가 씹지도 않고 삼키는 경우가 많아요.
국을 좋아하는 아이일수록 이런 경우가 많습니다.
저희 둘째도 그랬거든요. 씹지 않고 삼키면 소화가
잘 안될 수 있어요.
이럴 때엔 진밥(80쪽)과 부드러운 반찬 위주로
제공, 잇몸으로 스스로 으깨며 유아식에 적응할 수
있게 도와주세요. 실제로 아이는 7~8개월만 돼도
소화기관이 성숙하고 잇몸과 일부 치아로 씹는
능력도 발달해 충분히 유아식도 소화가 가능해요.
씹는 운동은 소화를 돕는 것뿐만 아니라
뇌를 자극해 두뇌발달에 도움을 주기에
개선하는 것이 좋습니다.

Q _ 먹이고 싶은 마음에 이것저것 채소를 사다 보니
늘 남아 버리기 일쑤입니다. 어떻게 하면 좋을까요?
가장 좋은 것은 싱싱한 채소로 요리해서 먹이는
것이지만 그러기엔 양도 많고, 아이가 먹지 않는
경우가 있지요. 이럴 때는 46쪽의 냉동 큐브를
만들어두세요. 그냥 냉동해두는 것보다는
유아식을 만들 때 훨씬 더 쉽게 손이 갈 거예요.
또 380쪽에 주재료별로 메뉴를 선택할 수 있도록
준비했으니 이를 활용해 다양한 채소 요리를
만들어 주세요.

Q _ 매번 여러 가지를 음식을 해주긴 하는데,
영양이 골고루 잘 챙기고 있는 건지 모르겠어요.
아무리 신경 쓴다고 한들, 매 끼니 각 영양을
계산하며 밥을 챙겨주기는 어렵지요.
이럴 때는 식판에 밥과 같은 곡류군, 고기나

생선 같은 단백질군, 채소군은 기본으로
매끼 먹인다는 것만 알고 준비하면 돼요.
너무 스트레스 받지 마세요! 엄마가 행복해야
아이도 행복하답니다. 영양에 대한 이야기는
14쪽에 자세히 적어뒀으니
편한 마음으로 읽어보시길 바랍니다.

Q _ 음식을 먹으면 자꾸 기침을 하거나 뱉곤 합니다.
돌이 지나고 자아가 생기면 자기표현이
명확해지면서 음식을 뱉거나 골라내거나 음식으로
장난치는 등 감정을 표현하고 행동에 옮기는 현상을
보이기 시작합니다. 이건 매우 긍정적인 신호예요.
아이에게 식재료를 다양한 형태로, 지속적으로
노출해 주세요. 이것이 바로 아이 식습관 개선의
해결책 중 하나인 푸드 브릿지(Food bridge)랍니다.
* 푸드 브릿지 278쪽

Q _ 아이에게 다양한 간을 경험하게 하는 건
언제쯤부터가 좋을까요?
만 24개월 미만의 아이들에게는 가급적 무염식,
저염식을 해주게끔 권고합니다. 이는 바로
나트륨 섭취 때문인데요. 염분의 과다 섭취는
짠맛에 아이들은 금세 익숙해질 뿐 아니라
여러 가지 질병에 노출될 수 있기 때문이지요.
아이가 잘 먹는다면 선택적으로 간을 해서 먹이되,
특히나 염분이 많은 국은 건더기 위주로,
건강한 간으로 하는 것이 좋아요.
주요 외식 메뉴인 피자, 치킨에는 특히나 많은 양의
소금이 더해졌기에 되도록 적게 노출시켜주는 것이
좋습니다. * 나트륨 알아보기 21쪽

chapter 1

10분이면 만드는
한 그릇
아침 식사

출근에 등원 준비로 바쁜 아침. 거기에 아침 식사까지 더해지면
이제 하루의 시작일 뿐인데 몸도 마음도 지치기 십상입니다.
어른은 선식을 탄 우유 한 잔이면 된다고 해도, 아이들은 어찌 또 그러겠어요.
그렇다고 푸짐하게 한 상 차리는 건 너무나 비현실적인 이야기이고요.

자고 일어나서 입맛 없어 숟가락질이 시원찮은 아이를 위해, 바쁜 엄마를 위해,
미리 밑준비를 해두면 10분 정도면 만들 수 있는
한 그릇 아침 식사를 소개합니다.

핵심 전략 알아보기

1   한 그릇으로 만들어 식사 시간을 줄이세요

2   한 그릇일지라도 영양 균형을 지켜주세요

3   전날 밤에 밑준비를 미리 해두세요

4   일주일의 아침 식사를 미리 구상해두세요

5   다양한 종류의 한 그릇 아침 식사를 만들어 주세요

1 한 그릇으로 만들어 식사 시간을 줄이세요

든든함도, 영양도 모두 중요하지만 바쁜 아침에는 무엇보다 시간 절약이 핵심이지요.
밥 한 숟가락, 반찬 하나씩 먹일 겨를 없습니다. 딱 '한 그릇'에 영양과 맛을 골고루 담도록 하세요.
단, 아이의 주도적인 식습관을 키우기에 좋은 식판식은 아침이 아닌 다른 식사에 활용하면 좋아요.

☑ **국물이 있는 뜨거운 한 그릇 아침이라면? 빠르게 식히는 게 중요해요. 얼음 1알을 넣거나 소형 선풍기로 식히세요.**

2 한 그릇일지라도 영양 균형을 지켜주세요

한 그릇에 탄수화물, 단백질, 식이섬유가 고루 들어가도록 해주세요.
죽이라면 채소나 고기를 더하고, 빵이라면 달걀이나 채소를 더하는 방법으로 말이지요.

> **한 그릇에 부족한 영양을 채울 수 있는 추천 곁들임**

**탄수화물이
부족하다면?**
익힌 감자·고구마·
단호박, 떡, 빵 추천

**단백질이
부족하다면?**
연두부, 낫또, 슬라이스
아기치즈, 삶은 달걀,
달걀스크램블 추천

**식이섬유 & 비타민이
부족하다면?**
스무디(377쪽), 제철 과일,
생 또는 익힌 채소(275쪽)
추천

3 전날 밤에 밑준비를 미리 해두세요

저녁은 아침보다 더 여유로운 것이 사실. 시간이 많이 걸리는 준비는 전날 밤에 해두세요.

☑ **밥 짓기**   ☑ **고구마, 감자, 단호박, 달걀 익히기 → 41쪽**   ☑ **재료를 미리 계량, 썰어서 담아두기**

4 일주일의 아침 식사를 미리 구상해두세요

저는 아래와 같은 방식으로 밥, 빵, 떡이 주재료인 일주일의 아침 식사를 미리 구상해서
냉장고에 붙여둡니다. 이렇게 하면 더욱 다양하고 건강하게 한 그릇 아침 식사를 만날 수 있지요.

식사	월	화	수	목	금	토	일
밥류	리조또		영양죽		주먹밥	누룽지	
빵류		샌드위치					달걀빵
떡류				구운 백설기			

⑤ 다양한 종류의 한 그릇 아침 식사를 만들어 주세요

대개 아침 식사는 빵, 떡, 밥 등을 주재료로 하는데요, 단순해 보이지만 이 또한 다양한 종류가 있답니다. 각 주재료별 대표 한 그릇 아침 식사와 함께 간단하게 만드는 공식을 소개합니다.

빵, 떡이 주재료인 한 그릇 아침 식사

빵, 떡은 그대로 먹어도 좋지만 이왕이면 더 영양가 있게, 다양한 종류로 만들어보세요.

갖가지 재료를 빵 사이에 더한
샌드위치 (373쪽)

백설기에 달걀물을 입혀
구운 토스트 (68쪽)

달걀을 넣어 구운 빵
+ 과일 + 우유 (56쪽)

밥이 주재료인 한 그릇 아침 식사

밥으로 간단 밥죽, 주먹밥, 리조또, 볶음밥 등을 만들 수 있어요.

간단 밥죽 공식	간단 주먹밥 공식	간단 리조또 공식
단단한 채소, 고기 볶기 (또는 냉동 채소 큐브나 냉동 고기 큐브 더하기, 46쪽) ↓ 밥 더하기 ↓ 멸치육수(48쪽) 더해 끓이기 ↓ 부드러운 재료(두부, 채소 등) 또는 해산물 더하기 ↓ 부족한 영양이 있다면 토핑으로 채우기	따뜻한 밥 + 잘게 다진 밑반찬 (우엉조림 260쪽, 잔멸치볶음 252쪽) + 볶은 콩가루, 다진 깨, 김가루, 다진 견과류	따뜻한 밥 ↓ 냉동 채소 큐브나 냉동 고기 큐브 더하기 (46쪽) ↓ 우유 더해 끓이기 ↓ 슬라이스 아기치즈로 농도와 간 더하기

모닝 달걀빵

바쁜 아침을 위한 달걀빵이에요. 진한 고소함과 부드러움이
길거리 달걀빵 부럽지 않지요. 갓 만들었을 때는 꽤 뜨겁지만
금방 식으니깐 따뜻할 때 아이가 맛보도록 해주세요.
영양 균형도 잘 맞는 빵인만큼 적극 추천합니다.

✔ 필독! 유아식 전략

활용할 수 있는 요리가 무궁무진한 달걀.
단백질이 풍부하고 포만감도 주며 맛이 순해서
아침 식사로 특히 추천하는 재료랍니다.

- 모닝빵 2개
- 달걀 2개
- 슬라이스 아기치즈 1/2장
  (생략 가능)

1

모닝빵 윗면을 칼로 도려낸다.

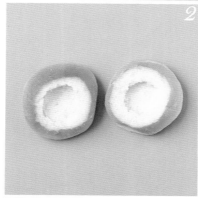

2

가운데를 꾹꾹 눌러 그릇 모양으로 만든다.

3

모닝빵에 달걀 1개씩을 넣고
포크로 노른자를 찔러준다.
＊달걀을 바로 모닝빵에 넣지 말고
그릇에 담아 숟가락으로 담는 것이 좋아요.
＊달걀의 크기가 너무 클 경우
흰자를 모두 담지 않아도 됩니다.

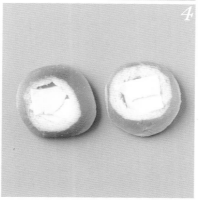

4

아기치즈를 뜯어서 나눠 올린다.
전자레인지에 1분 30초~2분간
달걀을 익힌다.

Tip

**전자레인지 대신
오븐, 에어프라이어로 익히기**
오븐이나 에어프라이어는 180℃에서
10분간 익혀요. 단, 상태에 따라
시간을 조절해주세요.

더 건강하게 즐기기
잘게 다진 모둠 채소 1큰술
(또는 냉동 채소 큐브 46쪽)을 팬에
볶아 익힌 후 과정 ③에 더해도 좋아요.

밥알 단호박죽

밥, 단호박만 있으면 되는 간단 죽이에요. 단호박에는 우리 몸의
주요 에너지원인 탄수화물이 특히 풍부한 만큼 아침 식사로 좋은 재료이지요.
미리 만들어뒀다가 차게 먹어도 맛있어요.

연두부 버섯 들깨죽

연한 식감의 연두부는 순한 맛뿐만 아니라
소화도 참 잘 되는 재료입니다.
여기에 오메가3가 풍부한 들깻가루를
넣었어요. 아이들 요리에는 들깻가루가
감칠맛을 내주는 '마법의 가루'랍니다.

 필독! 유아식 전략

단호박, 병아리콩처럼 익히는데 시간이 오래 걸리는
재료는 전날 미리 삶아두세요. *단호박 익히기 41쪽

밥알 단호박죽

⏱ 10~15분
🍴 약 700㎖(200㎖씩 3~4회 분량)
🥡 냉장 2~3일

• 익힌 단호박 1/2개(400g)
• 밥 1/2공기(100g)
• 삶은 병아리콩 1/2컵
  (또는 다른 삶은 콩, 80g, 생략 가능)
• 물 2컵(400㎖)
• 올리고당 2~3큰술
• 소금 약간
  ▶ 어른이 함께 먹을 경우
  아이가 먹을 분량을 덜어둔 후
  소금으로 간을 더하세요.

냄비에 익힌 단호박, 밥, 물을 넣고
핸드블랜더로 곱게 간다.
＊아이의 월령에 따라
가는 정도를 조절해도 돼요.

삶은 병아리콩을 넣고 센 불에서
끓어오르면 중약 불로 줄여
3~4분간 저어가며 끓인다.
올리고당, 소금을 더한다.
＊올리고당, 소금은 먹기 직전에 더하세요.

Tip 병아리콩 삶기 & 보관하기

1_ 볼에 병아리콩 40g(불리기 전, 불린 후 80g), 5~6배의 물을 담고 12시간 정도 불립니다.
2_ 그대로 냄비에 담은 후 소금 약간을 넣고 끓어오르면 중약 불로 줄여 40분~1시간 정도
   푹 삶아요. 한 김 식힌 후 지퍼백에 담아 냉동(1개월). 해동 없이 바로 활용해요.

연두부 버섯 들깨죽

⏱ 10~15분
🍴 600㎖(200㎖씩 3회 분량)
🥡 냉장 2일

• 밥 1공기(200g)
• 연두부(또는 순두부) 250g
• 느타리버섯 1줌
  (또는 다른 버섯, 50g)
• 양배추 2장(손바닥 크기, 60g)
• 멸치육수 2컵
  (또는 물, 400㎖, 48쪽)
• 들깻가루 1큰술
• 참기름 1/2큰술
• 국간장 약간
  ▶ 어른이 함께 먹을 경우
  아이가 먹을 분량을 덜어둔 후
  국간장으로 간을 더하세요.

느타리버섯, 양배추는 작게 썬다.
＊어린 월령이거나 채소 편식이
심하다면 더 작게 썰어도 돼요.

달군 냄비에 참기름, ①을 넣고
중간 불에서 1분간 볶는다.
멸치육수, 밥, 국간장을 넣고
센 불에서 끓어오르면
중간 불로 줄여 밥이 퍼질 때까지
저어가며 3~4분간 끓인다.

연두부를 넣고 숟가락으로 대강 가른다.
들깻가루를 더한 후
센 불에서 끓어오르면 불을 끈다.

시금치 쇠고기 된장죽

맛과 향이 강하지 않아 이유식 때부터
만나게 되는 채소, 바로 시금치이지요.
비타민A, C뿐만 아니라 철분, 엽산도
풍부한데요, 단시간에 익혀야 시금치의
영양 손실을 줄일 수 있으므로
요리의 마지막에 넣고 빠르게 불을 꺼주세요.

누룽지 새우 채소죽

오독오독 고소한 맛과 식감 덕분에 건강 간식으로
으뜸인 누룽지. 늘 챙겨두는 시판 제품 중
하나인데요, 누룽지로 죽을 끓이면
밥보다 더 고소하고 구수한 맛이 난답니다.

✔ 필독! 유아식 전략

죽에 더하는 다진 채소는 냉동 채소 큐브를 미리
준비해서 활용하면 더 편하고, 빠르게 만들 수 있습니다.
*냉동 채소 큐브 만들기 46쪽

시금치 쇠고기 된장죽

🕐 10~15분
🍴 600㎖(200㎖씩 3회 분량)
🥣 냉장 2일

- 밥 1공기(200g)
- 다진 쇠고기 100g
- 시금치 1/2줌(25g)
- 느타리버섯 1줌
  (또는 다른 버섯, 50g)
- 멸치육수 2컵(400㎖, 48쪽)
- 들기름(또는 참기름) 1/2큰술
- 된장 1작은술
  ▶ 어른이 함께 먹을 경우
  아이가 먹을 분량을 덜어둔 후
  소금으로 간을 더하세요.

Tip 시금치를 다른 채소로 대체하기
동량(25g)의 청경채, 알배기배추로
대체해도 좋아요.

1 시금치, 느타리버섯은 작게 썬다.
쇠고기는 키친타월로 감싸
핏물을 없앤다.

2 달군 냄비에 들기름, ①의
쇠고기, 느타리버섯을 넣고
중간 불에서 1분간 볶는다.

3 멸치육수, 밥을 넣고 센 불에서
끓어오르면 된장을 넣고
중간 불로 줄인다. 밥이 퍼질 때까지
저어가며 3~5분간 끓인다.
시금치를 넣고 끓어오르면 바로 불을 끈다.

누룽지 새우 채소죽

🕐 10~15분
🍴 800㎖(200㎖씩 4회 분량)
🥣 냉장 2~3일

- 누룽지 1컵(80g)
- 냉동 생새우살 4마리(60g)
- 다진 채소 1/2컵
  (당근, 애호박 등, 50g)
- 멸치육수 2와 1/2컵
  (또는 물, 500㎖, 48쪽)
- 참기름 1/2큰술
- 국간장 약간
  ▶ 어른이 함께 먹을 경우
  아이가 먹을 분량을 덜어둔 후
  소금으로 간을 더하세요.

1 냉동 새우살은 해동한 후
아이 한입 크기로 썬다.
*아이의 월령, 씹는 숙련도에 따라
더 작게 썰어도 돼요.

2 달군 냄비에 참기름, 새우살, 다진 채소를
넣고 중간 불에서 1분간 볶는다.

3 멸치육수, 누룽지를 넣고 센 불에서
끓어오르면 중약 불로 줄인다.
누룽지가 퍼질 때까지 8~10분간
저어가며 끓인 후 국간장을 더한다.

성게 미역죽

아이가 호되게 감기를 치르고 난 후나 유독 일어나기 힘들어하는
아침이면 식사에 더 신경을 쓰게 되지요. 단백질, 비타민B,
다양한 무기질이 풍부한 성게를 특별 식재료로 선택해보세요.
미역죽에 듬뿍 더하면 "엄마 한 그릇 더!"를 외칠 거예요.

✔ **필독! 유아식 전략**

죽은 소금으로 간을 한 후 보관하게 되면
쉽게 상합니다. 따라서 간을 하지 않은 상태로
보관하고, 먹기 직전에 간을 하세요.

○ 10~15분
  (+ 미역 불리기 10분)
🍽 600㎖(200㎖씩 3회 분량)
🍱 냉장 2일

- 밥 1공기(200g)
- 성게알 40g
  (또는 바지락살)
- 물 2와 1/2컵(500㎖)
- 자른 미역 2큰술
  (5g, 불린 후 50g)
- 참기름 1/2큰술
  ❍ 어른이 함께 먹을 경우
  아이가 먹을 분량을 덜어둔 후
  국간장, 멸치액젓으로 간을 더하세요.

1 볼에 미역, 잠길 만큼의 따뜻한 물을 담고
5~10분간 불린다. 주물러
거품이 나오지 않을 때까지 씻는다.
＊바락바락 씻어야 특유의 점액 성분이
없어져 부드럽게 즐길 수 있어요.

2 손으로 물기를 꼭 짠 후 잘게 다진다.

3 달군 냄비에 참기름, 미역을 넣고
중간 불에서 1분간 볶는다.

4 밥, 물을 넣고 센 불에서 끓어오르면
중약 불로 줄여 밥이 퍼질 때까지
저어가며 8~10분간 끓인다.
＊오래 끓일수록 깊은 맛이 나므로
다른 죽보다 끓이는 시간이 긴 편이에요.

5 성게알을 넣고 끓어오르면 바로 불을 끈다.
＊성게알은 오래 끓이면 향이 날아가므로
마지막에 넣고 짧게만 끓이세요.

Tip

성게알 구입하기
뾰족한 가시를 가진 해산물인 성게의
알에는 단백질, 비타민, 철분이 가득해요.
게다가 바다의 향도 품고 있어
요리에 더하면 풍미가 살아난답니다.
온라인에서 냉동 상태로 구입 가능해요.

브로콜리 게살죽

단백질과 아미노산이 풍부하고, 지방 함량이
적은 대게는 한창 자라는 아이들에게
참 훌륭한 식품입니다. 대게는 직접 쪄서
살만 발라내거나, 이유식에서 자주 접하던
냉동 대게살로 만들면 간편하지요.

황태 무죽

고단백, 저지방의 황태는 살이 부드럽고
깊은 맛이 있어 죽을 끓이기에 제격인 재료예요.
어린 월령이라면 조금 번거롭더라도 황태채를
최대한 잘게 자르고, 가시가 없는지 한 번 더
확인해서 아이 목에 걸리는 일이 없도록 해주세요.

브로콜리 게살죽

황태 무죽

✔ 필독! 유아식 전략

'이유식용 재료'는 유아식에 활용하기에도
참 좋습니다. 냉동 대게살, 황태채 모두
유기농 매장에서 '이유식용'으로 구입하세요.

브로콜리 게살죽

⏱ 10~15분
🍴 600㎖(200㎖씩 3회분량)
🥣 냉장 2일

- 밥 1공기(200g)
- 냉동 대게살 1팩(80g)
- 브로콜리 1/3개(송이 부분, 75g)
- 양파 1/4개(50g)
- 달걀 1개(생략가능)
- 멸치육수 2컵(또는 물, 400㎖, 48쪽)
- 참기름 1/2큰술
- 소금 약간
  ▶ 어른이 함께 먹을 경우
  아이가 먹을 분량을 덜어둔 후
  소금으로 간을 더하세요.

 Tip 냉동 대게살 구입하기

유기농 매장에서 이유식용으로 구입 가능.
대게가 제철인 1~3월에 삶아
살을 발라낸 후 냉동해둬도 좋아요.

1 브로콜리는 작게 썰고,
양파는 작게 채 썬다. 달걀은 볼에 푼다.
*브로콜리 손질 43쪽

2 달군 냄비에 참기름, 대게살, 양파를 넣고
중간 불에서 1분간 볶는다.
멸치육수, 밥을 넣고 센 불에서 끓어오르면
중간 불로 줄여 밥이 퍼질 때까지
저어가며 4분간 끓인다.

3 ①의 달걀을 넣은 후
브로콜리, 소금을 넣고 1분간 끓인다.

황태 무죽

⏱ 10~15분
🍴 600㎖(200㎖씩 3회 분량)
🥣 냉장 2~3일

- 밥 1공기(200g)
- 아이용 부드러운 황태채 1컵
  (이유식용, 또는 북어채, 20g)
- 무 지름 5cm, 두께 1cm(50g)
- 시판 사골육수 2와 1/4컵
  (또는 황태채 불린 물, 450㎖)
- 참기름 1/2큰술
- 다진 마늘 약간
  ▶ 어른이 함께 먹을 경우
  아이가 먹을 분량을 덜어둔 후
  소금으로 간을 더하세요.

1 황태채는 가위로 최대한 잘게 자른다.
따뜻한 물에 담가 5분간 불린 후
물기를 꼭 짠다.
*황태채 불린 물을
사골육수 대신 더해도 좋아요.

2 무는 얇게 아이 한입 크기로 썬다.

3 달군 냄비에 참기름, 황태채, 무,
다진 마늘을 넣고 중간 불에서 2분간
볶는다. 밥, 사골육수를 넣고 센 불에서
끓어오르면 중간 불로 줄여 저어가며
밥이 퍼질 때까지 4~5분간 끓인다.
부족한 간은 소금으로 더한다.

바나나 오트밀 죽

오트밀은 식이섬유와 단백질 함유량이 높고, 포만감이 오래가는 슈퍼푸드예요.
조금 낯설 수 있지만 맛, 영양이 가득하다 보니 아이뿐만 아니라
엄마와 아빠의 건강 다이어트식으로도 추천하지요. 보통은 차게 불려 먹는데,
아이들에게는 부담스러울 수 있으니 따끈한 죽으로 끓여보세요.
과일로 단맛을 낸 덕분에 더 건강하게 즐길 수 있답니다.

✔ 필독! 유아식 전략

오트밀은 볶은 귀리를 납작하게 가공한 것이에요.
최근에는 마트에서 쉽게 구입할 수 있는데요, 특별한 맛이나
간이 첨가되지 않은, 가장 베이직한 오트밀을 구입하도록 하세요.
그래야 더 건강하고, 요리에도 다양하게 활용하기 좋답니다.

⏱ 10~15분

🍴 500㎖(200㎖씩 2~3회 분량)

🍲 냉장 1일

- 오트밀 1컵(90g)
- 물 1컵(200㎖)
- 우유 1컵
  (또는 두유, 200㎖)
- 잘 익은 바나나 1개
  (또는 익힌 고구마 1/2개, 100g)

1 바나나는 작게 썬다.

2 냄비에 오트밀, 물을 넣고
센 불에서 끓어오르면 우유를 넣고
되직해질 때까지 저어가며
1~2분간 끓인 후 불을 끈다.

3 바나나를 넣고 으깨가며 섞는다.
＊꿀이나 올리고당으로 단맛을 더하거나
견과류, 물에 불린 건포도, 익힌 고구마,
익힌 단호박 등을 더해도 좋아요.

Tip

오트밀 활용하기

소화가 잘 돼 유아식 시작과 함께
섭취가 가능한 오트밀.
오트밀, 물을 함께 끓여 죽처럼 즐기거나,
전날 밤에 용기에 오트밀과 우유를 담아
냉장고에 넣어두었다가 아침에
과일, 견과류를 등을 더해 '오버나이트
오트밀'로도 간단하게 활용할 수 있지요.

두부 달걀밥

엄마들이 가장 원하는 아침 식사는 쉽고,
빠르고, 아이가 잘 먹고, 그리고 무엇보다 영양이
풍부한 것이지요. 다양한 채소와 달걀로 만든
달걀밥이야말로 이 모든 것에 부합하는 완벽한
아침 식사라고 생각합니다. 부드러움에
목 넘김까지 좋아서 저희 두 아들도
한 그릇씩 뚝딱할 정도로 잘 먹는답니다.

두부 달걀밥

백설기 프렌치토스트

백설기 프렌치토스트

백설기는 다른 떡에 비해 냉동 보관이 편하다 보니
떡집에 가면 늘 구입하곤 해요. 밀가루로 만든
빵 대신 쌀로 만든 떡으로 프렌치토스트를
만들어 보세요. 아이들은 잘 먹고,
만든 엄마에게는 안심을 주는 아침 식사가 된답니다.

✔ **필독! 유아식 전략**

씹는 연습은 턱 운동을 통해 다양한 근육을 자극,
아이의 두뇌 발달에도 영향을 준답니다. 따라서
부드러운 요리에는 과일이나 채소를 작게 썰어
곁들여 주세요. 영양까지 챙길 수 있지요.

두부 달걀밥

🕐 10〜15분
🍴 600㎖(200㎖씩 3회 분량)
🥘 냉장 1〜2일

- 밥 1공기(200g)
- 두부 1/4모
  (또는 연두부, 75g)
- 달걀 2개
- 다진 모둠 채소 1/3컵
  (당근, 부추, 파프리카 등, 약 35g)
- 참기름 1/2큰술
- 소금 1/3작은술
  ▶ 어른이 함께 먹을 경우
  아이가 먹을 분량을 덜어둔 후
  소금으로 간을 더하세요.

 찜기로 익히기

과정 ③의 내열용기에 담는 것까지
진행한 후 김이 오른 찜기에
넣고 10〜15분간 찌면 돼요.

1 큰 볼에 두부를 넣고
으깬 후 달걀과 섞는다.

2 밥, 다진 채소, 소금을 넣고 섞는다.

3 두 개의 내열용기에 나눠 담고
뚜껑을 덮은 후 전자레인지에서
젓가락으로 찔렀을 때 묻어나오지
않을 때까지 4〜5분간 돌린다.
참기름을 더한다.

백설기 프렌치토스트

🕐 10〜15분
🍴 3회 분량

- 말랑한 백설기 2개
  (주먹 크기, 약 340g)
- 무염버터(또는 현미유) 1큰술

밑간
- 달걀 1개
- 우유 1/2컵(100㎖)
- 설탕 약간
- 소금 약간

 냉동 백설기 사용하기

전자레인지로 해동한 후
과정 ①부터 시작하세요.

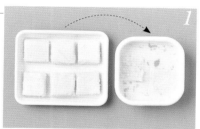
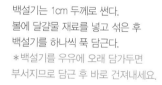

1 백설기는 1cm 두께로 썬다.
볼에 달걀물 재료를 넣고 섞은 후
백설기를 하나씩 푹 담근다.
＊백설기를 우유에 오래 담가두면
부서지므로 담근 후 바로 건져내세요.

2 달군 팬에 버터를 녹인 후
백설기를 넣어 중간 불에서 2〜3분간
뒤집어가며 노릇하게 굽는다.

3 그릇에 담고 아이의 취향에 따라
재료를 곁들인다.
＊건과류, 볶은 콩가루, 꿀,
제철 과일 등을 추천해요.

두부 버섯 크림수프

어릴 적 경양식 전문점에서 먹었던 별거 아닌 식전 크림수프가 어찌나 맛있던지,
오랜 시간이 지났어도 제겐 여전히 소울푸드로 추억되는 요리지요.
칼슘과 철분, 아미노산, 단백질이 풍부한 두부와 감칠맛, 향이 뛰어난 버섯으로
경양식 스타일의 수프를 만들어 보세요.
아이들에게도 소울푸드로 기억될지 모르잖아요.

감자 브로콜리수프

감자와 치즈, 우유로 걸쭉한 농도를
냈기에 훨씬 간편하고, 영양도 꽉 차 있는
수프예요. 브로콜리 대신 다른 채소로
바꿔가며 끓여보세요. 채소마다 가진 맛이
다른 만큼 아이들도 질리지 않게 먹을 수
있어요. 스테이크, 닭튀김에 곁들이면
잘 어울립니다.

✔ 필독! 유아식 전략

식빵으로 만든 크루통을 곁들여보세요. 영양도
챙길 수 있고, 든든함도 오래갑니다. 작게 썬 식빵을
에어프라이어나 팬에 노릇하게 구우면 완성.

두부 버섯 크림수프

- 🕐 10~15분
- 🍴 400㎖(200㎖씩 2회 분량)
- 🥣 냉장 2일

- 두부 1/2모(150g)
- 양송이버섯 3개
  (또는 다른 버섯, 60g)
- 양파 1/4개(50g)
- 우유 2컵(400㎖)
- 파마산 치즈가루 1큰술
  (또는 슬라이스 아기치즈 1장)
- 현미유 1큰술
- 소금 약간
- 후춧가루 약간
  ▶ 어른이 함께 먹을 경우
  아이가 먹을 분량을 덜어둔 후
  소금으로 간을 더하세요.

1 양파는 작게 채 썬다. 양송이버섯은
밑동을 떼어내고 작게 썬다.
두부는 칼등으로 으깬다.
＊양송이버섯 밑동은 작게 썰어
채소 된장찌개(240쪽)에 넣어도 돼요.

2 달군 냄비에 현미유,
양파, 양송이버섯을 넣고
중간 불에서 1분간 볶는다.

3 두부, 우유를 넣고 센 불에서
끓어오르면 중약 불로 줄여
10분간 끓인 후 불을 끈다.
파마산 치즈가루, 소금, 후춧가루를 더한다.
＊먹기 직전에 소금을 더하세요.

감자 브로콜리수프

- 🕐 10~15분
- 🍴 500㎖(200㎖씩 2~3회 분량)
- 🥣 냉장 2일

- 감자 1개(200g)
- 브로콜리 1/2개(송이 부분, 100g)
- 양파 1/2개(100g)
- 우유 1과 1/2컵(300㎖)
- 파마산 치즈가루 1큰술
  (또는 슬라이스 아기치즈 1장)
- 현미유 1큰술
- 소금 1/2작은술
- 후춧가루 약간

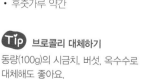 **브로콜리 대체하기**
동량(100g)의 시금치, 버섯, 옥수수로
대체해도 좋아요.

1 감자는 얇게 아이 한입 크기로 썬다.
브로콜리는 작게 썰고,
양파는 작게 채 썬다.
＊브로콜리 손질 43쪽

2 달군 냄비에 현미유, 양파를 넣고
양파가 투명해질 때까지 중간 불에서 1분,
감자, 브로콜리를 넣고 1분 30초간 볶는다.

3 우유, 파마산 치즈가루를 넣고
센 불에서 끓어오르면 중약 불로 줄여
8~10분간 저어가며 끓인다.
불을 끄고 핸드블랜더로 곱게 간 후
소금, 후춧가루를 넣는다.
＊먹기 직전에 소금을 더하세요.

chapter 2

주도적인 식습관을 위한

점심 & 저녁
식판식 전략

식판식의 가장 큰 장점은 아이 스스로 반찬을 선택하고,
골라 먹으며 주도적인 상황을 이끌어 갈 수 있다는 것입니다.
하지만, 부모에게는 끈기와 시간, 노력이 필요한 것이 식판식이지요.
세월아 네월아~ 먹는 아이도 기다려야 하죠,
식판의 칸을 채울 요리도 만들어야 하죠. 결코 쉽지 않다는 사실.
그래도 기본 전략만 안다면 누구나 할 수 있는 것이 또 식판식이랍니다.

두 번째 챕터에서는 영양과 간편함까지 모두 챙긴,
식판식 잘 만드는 전략을 알려드립니다.
바쁜 아침에는 한 그릇에 영양을 채워주더라도, 점심이나 저녁에는
조금 여유를 가지고 아이를 위한 식판식을 마련해보세요. 도전!

핵심 전략 알아보기

1. 기본적인 다섯 가지 영양을 골고루 챙겨주세요

2. 식판 채우는 순서를 알아두세요

3. 부모의 의지와 시간 투자가 중요해요

4. 냉장고에 매주의 식단일기를 적어서 붙여두세요

5. 다양한 식판식의 구성을 참고하세요

1 기본적인 다섯 가지 영양을 골고루 챙겨주세요

탄수화물, 지방, 단백질, 무기질, 비타민은 꼭 챙겨야할 대표 영양소입니다.
하나의 식판에 골고루 들어가도록 해주세요.

☑ **각 영양소가 풍부한 식재료 알아보기 → 22쪽**

2 식판 채우는 순서를 알아두세요

밥, 국을 기본으로 다양한 반찬을 채울 수 있는 칸으로 나누어져 있는 식판.
밥, 국을 제외하더라도 3개 정도의 반찬 칸이 있는 식판을 추천합니다. 그래야 영양소를
골고루 채워줄 수 있거든요. 하지만 식판의 칸을 매번 다르게 채우는 게 쉽지만은 않은 일.
영양소를 골고루 챙기고, 엄마의 고민도 덜게 해 줄 '식판 채우는 순서'를 알려 드릴게요.

식판 채우는 순서

1
탄수화물이 풍부한 밥을 선택해요. → 78쪽

↓

2
단백질이 풍부한 메인 반찬을 정해요. → 90쪽

↓

3
비타민, 식이섬유가 풍부한 채소 반찬을 정해요. → 136쪽

↓

4
냉장고 속 재료로 국물 요리를 정해요. → 190쪽

↓

5
미리 만들어 둔 홈메이드 냉동식품을 익혀요. → 226쪽

↓

6
미리 만들어 둔 저장 밑반찬을 담아요. → 250쪽

↓

7
그래도 빈칸이 있다면 원물을 담아요. → 274쪽

3 ---- 부모의 의지와 시간 투자가 중요해요

한 그릇에 음식을 담아주거나, 부모가 직접 먹여주면 훨씬 빠르고 수월하게 식사를 할 수 있어요.
그와 달리 식판식은 아이가 주도적으로 하나하나 선택을 하기에 시간이 오래 걸리고,
흘리는 양도 많지요. 하지만 이 모든 것이 우리 아이에게는 '주도적인 식습관'을 키워 나가는
과정이에요. 그러기에 부모는 끈기를 가지고, 시간 투자를 할 수 있어야 합니다.
그래서 바쁜 아침보다는 시간적 여유가 있는 점심이나 저녁 식사로 식판식을 권하는 것이고요.

4 ---- 냉장고에 매주의 식단일기를 적어서 붙여두세요

유치원에서 점심에 카레를 먹었는데, 엄마는 그것도 모른 채 노란 카레를
저녁에 또 만들어준다? 아이의 얼굴은 이미 카레 냄새만 맡아도 얼굴이 노래지면서
밥상 전쟁이 이때부터 시작되는 거지요.
어린이집이나 유치원과 같이 기관에 다니게 되면 한 주 혹은 한 달 간의 식단표를
미리 받게 됩니다. 내용을 꼼꼼하게 확인하고, 겹치지 않도록 매주의 식단일기를 짜보세요.
기관에 다니지 않는다고 해도 마찬가지. 식단일기를 작성해야 다양하게 먹일 수 있고,
장을 볼 때도 없는 재료만 사면 되므로 훨씬 수월해져요.

전략 실천하기

⑤ ---- 다양한 식판식의 구성을 참고하세요

하루에 한 끼씩 식판식을 할 경우에 맞춰 총 4주차, 28가지 식판식 구성 예시를 소개합니다.
본 구성표를 참고해 활용하세요.

1주차	1	2	3	4	5	6	7
탄수화물	흰밥	렌틸콩밥 80쪽	흰밥	무 현미찹쌀밥 84쪽	흰밥	당근밥 86쪽	흰밥
단백질	채소 달걀찜 96쪽	닭고기 숙주볶음 104쪽	찹스테이크 124쪽	두툼 두부조림 102쪽	오징어 채소전 128쪽	밥솥 등갈비찜 118쪽	생선구이 94쪽
비타민, 식이섬유	달콤 감자 사과볶음 152쪽	밥새우 애호박찜 168쪽	시금치무침 140쪽	가지무침 172쪽	오이나물 161쪽	김치볶음 180쪽	깻잎 들깨볶음 142쪽
국물	–	된장국 206쪽	미역국 216쪽	황태국 208쪽	들깨 버섯국 202쪽	채소 된장찌개 204쪽	팽이버섯 맑은 두붓국 196쪽
그외 밑반찬, 원물 등	콕콕 찍어먹는 우엉조림 260쪽	잔멸치볶음 252쪽	아기피클	잔멸치 깻잎찜 272쪽	아기김치	견과류 건새우볶음 252쪽	익힌 당근 275쪽

2주차	8	9	10	11	12	13	14
탄수화물	콩밥 82쪽	흰밥	톳밥 88쪽	흰밥	옥수수밥 86쪽	흰밥	고구마밥 84쪽
단백질	달걀 방울토마토볶음 96쪽	간장찜닭 106쪽	미트볼 244쪽	콩가루 두부강정 100쪽	전복 버터구이 130쪽	돼지고기 맥적구이 116쪽	삼치강정 132쪽
비타민, 식이섬유	양송이버섯찜 176쪽	콩나물무침 164쪽	브로콜리무침 158쪽	청경채 새우볶음 148쪽	양배추 파프리카무침 178쪽	사과 무생채 155쪽	참나물 두부무침 146쪽
국물	바지락 부춧국 218쪽	된장국 206쪽	오이 미역냉국 224쪽	된장국 206쪽	애호박 순두붓국 198쪽	뭇국 212쪽, 214쪽	콩나물국 200쪽
그외 밑반찬, 원물 등	견과류 건새우볶음 252쪽	아기김치	아기피클	아기김치	잔멸치볶음 252쪽	잔멸치 깻잎찜 272쪽	아삭 우엉볶음 258쪽

74쪽에서 소개한 식판 채우는 순서에 맞춰 구성했습니다.
- ✅ 74쪽에서 소개한 식판 채우는 순서에 맞춰 구성했습니다.
- ✅ 우리 아이 월령, 식성에 맞게, 우리 집에 있는 재료 상황에 맞춰 응용하세요.
- ✅ 기관(어린이집)의 식단표를 참고, 메뉴가 겹치지 않는지 확인하세요.

3주차	15	16	17	18	19	20	21
탄수화물	흰밥	렌틸콩밥 80쪽	흰밥	무 현미찹쌀밥 84쪽	흰밥	당근밥 86쪽	흰밥
단백질	채소 달걀말이 98쪽	닭봉구이 110쪽	버섯불고기 120쪽	치즈 두부구이 100쪽	아이 코다리찜 134쪽	아기 과일 돈가스 230쪽	두부 미트볼 238쪽
비타민, 식이섬유	느타리버섯 무침 174쪽	배추찜 178쪽	연근 깨 두부무침 182쪽	애호박 채소 들깨볶음 168쪽	새콤 숙주무침 166쪽	청포묵 김무침 186쪽	오이나물 161쪽
국물	들깨 감잣국 202쪽	청경채 두부된장국 196쪽	단호박 김칫국 200쪽	된장국 206쪽	뭇국 212쪽, 214쪽	미역국 216쪽	게살수프 222쪽
그외 밑반찬, 원물 등	아기김치	잔멸치 깻잎찜 272쪽	잔멸치볶음 252쪽	아기피클	새송이버섯조림 262쪽	익힌 브로콜리 275쪽	아기피클

4주차	22	23	24	25	26	27	28
탄수화물	콩밥 82쪽	흰밥	톳밥 88쪽	흰밥	옥수수밥 86쪽	흰밥	고구마밥 84쪽
단백질	담백한 쇠고기장조림 266쪽	크림 소스 닭안심조림 106쪽	베이비 쇠고기 김볶음 120쪽	미니 두부스테이크 102쪽	생선구이 94쪽	돼지고기 채소잡채 116쪽	간장 닭강정 110쪽
비타민, 식이섬유	콩나물무침 164쪽	무나물 155쪽	부추 닭가슴살무침 146쪽	시금치무침 140쪽	느타리버섯볶음 174쪽	연근찜 182쪽	브로콜리무침 158쪽
국물	달걀부춧국 194쪽	가지냉국 224	된장국 206쪽	토마토 달걀탕 194쪽	된장국 206쪽	맑은 대구탕 220쪽	콩나물국 200쪽
그외 밑반찬, 원물 등	견과류 건새우볶음 252쪽	콕콕 찍어먹는 우엉조림 260쪽	아기김치	아기피클	잔멸치볶음 252쪽	아기김치	—

식판식의 중심

밥

식판식을 위해 가장 먼저 선택할 것, 바로 밥입니다.
밥에 풍부한 영양소인 탄수화물은 아이가 활동하고, 생각하는데 필요한
주 에너지원이기에 식판식에서 가장 중요하지요.
밥을 선택할 때도 알아두면 좋은 전략이 있답니다.

핵심 전략 알아보기

1 유아기에는 소화 능력이 약하기 때문에
소화가 쉬운 진밥부터 시작하세요

2 밥 고유의 맛에 먼저 익숙해지도록 해주세요

3 잡곡과 같은 부재료는 적은 양부터 서서히 늘리세요.
이때, 잡곡을 으깨 입자가 작게 만들어 시작하고,
점차 크기를 크게 넣도록 해요.

한 번에 만드는 어른 밥 & 아이 진밥

돌이 지나면 진밥과 함께 유아식을 시작하게 됩니다. 이때, 매 식사마다 어른 밥과 아이 진밥을
동시에 만들기란 여간 번거로운 일이 아니지요. 한 번에 만들 수 있는 노하우를 소개할게요.
진밥만으로는 영양이 부족하다 싶다면 이유식 후기의 영양 진밥을 같은 방법으로 만들어도 됩니다.

아이 진밥

렌틸콩밥

렌틸콩밥

슈퍼곡물은 주식으로 섭취하는
쌀, 밀 등에 비해 단백질과 아미노산,
각종 미네랄과 항산화 성분이 뛰어난,
말 그대로 '슈퍼' 곡물이에요.
그중에서도 따로 불릴 필요가 없어
더 편하고, 단백질, 엽산이 풍부한
렌틸콩으로 만든 밥을 소개합니다.

✔ 필독! 유아식 전략

슈퍼푸드에 풍부한 식이섬유. 하지만 유아기의 과도한
식이섬유 섭취는 아연, 철분 등 다른 무기질 흡수를 방해할 수
있어요. 1회 식사량의 20~30%를 넘지 않도록 해주세요.

한 번에 만드는
어른 밥 & 아이 진밥

🕐 5~10분
　　(+ 멥쌀 불리기 30분, 밥 짓기)
🍴 **어른 2인 + 아이 2인분**

어른 밥
- 멥쌀 2컵(320g, 불린 후 400g)
- 물 2컵(400㎖)

아이 진밥
- 멥쌀 3/4컵(120g, 불린 후 150g)
- 물 210㎖

Tip 아이 진밥 냉동 보관 & 해동하기
아이 진밥을 냉동하면 살짝 물기가
적은 상태가 돼요. 따라서 물을 조금
더한 후 해동하는 것이 좋아요.

묵은 멥쌀로 밥하기
묵은 멥쌀의 경우 물을 양을
조금 더 추가하세요.

어른 밥, 아이 진밥 재료의 쌀은
각각 살살 씻는다. 각각 잠길 만큼의
물에 담가 30분 이상 불린 후
체에 밭쳐 물기를 뺀다.

밥솥에 어른 밥 재료의 쌀, 물을 넣는다.

내열용기에 아이 진밥 재료의
쌀, 물을 담는다. 내열용기 그대로
밥솥의 중앙에 꾹 눌러 담은 후
평소와 동일하게 밥을 짓는다.

렌틸콩밥

🕐 5~10분
(+ 멥쌀 불리기 30분, 밥 짓기)
🍴 **어른 2인 + 아이 2인분**

- 멥쌀 2컵(320g, 불린 후 400g)
- 렌틸콩 1/4~1/3컵(40~50g)
- 물 2와 1/4컵(450㎖)

Tip 렌틸콩을 다른 재료로 대체하기
입자가 작아 따로 불리는 과정이
필요 없는 퀴노아, 아마란스,
햄프시드 등의 슈퍼푸드를
동량(40~50g) 대체해도 돼요.

쌀은 살살 씻는다.
잠길 만큼의 물에 담가 30분 이상
불린 후 체에 밭쳐 물기를 뺀다.

밥솥에 불린 쌀, 렌틸콩,
물을 넣은 다음
잡곡모드로 밥을 짓는다.

콩밥

콩, 현미, 귀리와 같은 잡곡은 충분히 불린 후 밥을 지어야 합니다. 따라서 전날 밤에 미리
불러놓은 후 아침에 사용하는 것이 제일 좋지요. 또는 미리 넉넉하게 불린 후
지퍼팩에 담아 냉동해두면 필요할 때마다 바로 사용할 수 있어서 추천하는 방법 중 하나예요.

✔️ **필독! 유아식 전략**

어린 월령일수록 소화 능력은 떨어지기 마련입니다. 잡곡은 흰밥에 비해
소화가 잘되지 않으므로 아이의 월령, 컨디션에 따라 양을 조절하세요.
콩을 불린 후 밥에 넣기 전에 살짝 으깨 크기를 작게 하는 것도 방법이에요.

⏱ 5~10분
(+ 멥쌀, 검은콩 불리기 8시간,
밥 짓기)
🍴 어른 2인 + 아이 2인분

- 멥쌀 2컵(320g, 불린 후 400g)
- 검은콩 1/4~1/3컵
  (불리기 전 40~50g)
- 물 2와 1/4컵(450㎖)

1

검은콩은 잠길 만큼의 물에 담가
8시간 이상 불린 후 체에 밭쳐
물기를 뺀다. 사진과 같이 처음보다
2배 정도 커지고, 손가락으로 눌렀을 때
쉽게 갈라질 때까지 불린다.

불리기 전   불린 후

2

쌀은 3~4회 살살 씻는다.
잠길 만큼의 물에 담가 30분간 불린 후
체에 밭쳐 물기를 뺀다.

3

밥솥에 불린 쌀, 불린 검은콩, 물을 넣고
잡곡모드로 밥을 짓는다.

 Tip

검은콩을 다른 잡곡으로 대체하기
아래와 같이 불린 후 더하면 돼요.
병아리콩 : 볼에 병아리콩 40g(불리기 전, 불린 후 80g),
5~6배의 물을 담고 12시간 정도 불려요.
귀리, 현미 : 귀리, 현미 각 1/3컵(50g)을
과정 ②에서 쌀과 함께 담아 30분간 불려요.

불린 잡곡 냉동 보관하기
불린 잡곡은 한번 먹을 분량씩 지퍼백에 담아
냉동(6개월). 해동 없이 쌀과 함께 밥을 지으면 돼요.

불리기 전   불린 후

병아리콩

불리기 전   불린 후

귀리

불리기 전   불린 후

현미

고구마밥

첫째 훈이는 유독 유아식 초반에 맨밥 먹는 것을 힘들어하더군요.
이때 자연의 단맛이 나는 고구마밥은 밥, 반찬, 국, 식판식의
개념을 잘 잡을 수 있게 도와준 효자 아이템이었답니다.
저 같은 고민이 있는 분이라면 고구마밥을 만들어보세요.

무 현미찹쌀밥

어린 월령일수록 소화력이 약하다 보니 무턱대고
현미밥을 주기에는 조심스러운 것이 사실입니다.
이런 경우 현미를 매우 적은 양부터 시작, 점차 그 양을
늘리세요. 또한 소화에 도움을 주는 무, 찹쌀을 섞거나
현미를 한번 으깨서 밥을 짓는 것도 도움이 된답니다.

고구마밥

무 현미찹쌀밥

✔ **필독! 유아식 전략**

고구마, 무와 같은 뿌리채소 껍질에는 식이섬유와 같은
영양분이 풍부해요. 따라서 껍질을 없애지 말고
깨끗하게 씻어서 함께 먹도록 하는 것이 좋답니다.

고구마밥

🕐 10〜15분
　　(+ 멥쌀 불리기 30분, 밥 짓기)
🍴 어른 2인 + 아이 2인분

• 멥쌀 2컵(320g, 불린 후 400g)
• 고구마 1개(또는 단호박, 200g)
• 물 2컵〜2와 1/4컵(400〜450㎖)

쌀은 살살 씻는다.
잠길 만큼의 물에 담가 30분 이상
불린 후 체에 밭쳐 물기를 뺀다.

고구마는 껍질 그대로 씻은 후
1cm 두께로 길게 썬다.
＊고구마는 익은 후 쉽게 부서지므로
1cm 정도 두께로 굵게 써는 것이 좋아요.

밥솥에 불린 쌀, 물을 넣은 다음
고구마를 올리고 평소와 동일하게
밥을 짓는다.

무 현미찹쌀밥

🕐 10〜15분
　　(+ 찹쌀, 현미 불리기 30분, 밥 짓기)
🍴 어른 2인 + 아이 2인분

• 찹쌀 2컵(320g, 불린 후 400g)
• 현미 1/4컵(40g, 불린 후 약 50g)
• 무 지름 10cm, 두께 1cm(100g)
• 물 2컵(400㎖)

찹쌀, 현미는 살살 씻는다. 잠길 만큼의
물에 담가 30분 이상 불린 후
체에 밭쳐 물기를 뺀다.
＊현미는 불린 다음 절구로
살짝 으깨면 소화에 도움을 줍니다.

무는 작게 채 썬다.

밥솥에 불린 찹쌀, 현미, 물을
넣는다. 무를 올리고
잡곡모드로 밥을 짓는다.

당근밥

달콤한 맛과 예쁜 색, 그리고 영양까지 가득한
당근밥은 맨밥을 거부하는 아이들에게 특히
추천합니다. 당근 속 베타카로틴은 기름에 녹는
지용성 비타민이기 때문에 들기름에
한번 볶아서 밥에 더하면 흡수율을 높일 수 있어요.

옥수수밥

봄에는 완두콩밥, 여름에는 옥수수밥을 지어주며
계절의 흐름을 아이들이 직접 느낄 수 있도록
신경 쓰는 편입니다. 특히 옥수수밥은 옥수수대를
함께 넣은 덕분에 구수한 맛이 더 잘 느껴지죠.
옥수수밥을 먹으며 옥수수에 대한 노래나 그림책을
함께하면 아이들이 더 잘 기억한답니다.

당근밥

옥수수밥

✔ 필독! 유아식 전략

당근의 껍질에는 눈의 비타민이라 불리는 카로틴이
풍부해요. 따라서 수세미로 살살 문질러 씻거나,
필러로 얇게 벗겨 최대한 섭취할 수 있게 해주세요.

당근밥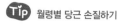

🕐 **10~15분**
  (+ 멥쌀 불리기 30분, 밥 짓기)
🍴 **아이 2인분**

- 멥쌀 1컵(160g, 불린 후 200g)
- 당근 1/2개(100g)
- 들기름(또는 참기름) 1작은술
- 물 3/4~1컵(150~200㎖)

Tip 월령별 당근 손질하기
큰 월령의 아이라면 당근을 곱게 가는
대신 작게 채 썰어서 식감을 느끼게
하는 것도 좋아요.

쌀은 살살 씻는다.
잠길 만큼의 물에 담가 30분 이상
불린 후 체에 밭쳐 물기를 뺀다.

당근은 강판에 곱게 간다.
달군 팬에 들기름, 당근을 넣고
센 불에서 15~20초간 볶는다.

밥솥에 불린 쌀, 당근, 물을 넣은 다음
평소와 동일하게 밥을 짓는다.

옥수수밥

🕐 **10~15분**
  (+ 멥쌀 불리기 30분, 밥 짓기)
🍴 **어른 2인 + 아이 2인분**

- 멥쌀 2컵(320g, 불린 후 400g)
- 옥수수 1개(옥수수대 포함 약 250g)
- 물 2와 1/4컵(450㎖)

Tip 제철 옥수수 냉동 보관하기
과정 ②와 같이 옥수수알만 도려낸 후
지퍼백에 담고, 옥수수대는 따로 담아
냉동(3개월). 해동 없이 쌀과 함께
밥을 지으면 돼요.

쌀은 살살 씻는다.
잠길 만큼의 물에 담가 30분 이상
불린 후 체에 밭쳐 물기를 뺀다.

옥수수는 껍질을 벗긴 후 2등분한다.
옥수수를 세운 후 돌려가며
칼로 알만 분리한다.

밥솥에 불린 쌀, 물, 옥수수를 넣고
옥수수대도 위에 올린다.
잡곡모드로 밥을 짓는다.
밥이 다되면 옥수수대는 버린다.

톳밥

'바다의 불로초'라 불릴 정도로 각종 미네랄과 영양소가 다른 해조류에 비해
월등히 높은 톳! 칼슘, 철분은 우유보다도 풍부하지요.
게다가 바다 재료 특유의 비릿한 향이 적고, 손질도 간편해서 특히 추천하는
겨울 제철 재료랍니다. 톳조림 비빔밥(304쪽)도 추천해요.

✔ 필독! 유아식 전략

우리 아이가 새로운 식재료를 많이 만날 수 있도록
노력해 주세요. 그래야 편식 없는 아이가 된답니다.

⏱ 10~15분
(+ 멥쌀 불리기 30분, 밥 짓기)
🍴 어른 2인 + 아이 2인분

- 멥쌀 2컵(320g, 불린 후 400g)
- 생 톳 1/4~1/3컵(25~30g)
- 물 2컵(400㎖)

쌀은 살살 씻는다.
잠길 만큼의 물에 담가 30분 이상
불린 후 체에 밭쳐 물기를 뺀다.

톳은 물에 담가 바락바락 주물러
씻은 후 체에 밭쳐 물기를 뺀다.

체에 밭친 상태에서 가위로 잘게 자른다.
＊어린 월령일수록 더 잘게 다져 주세요.

밥솥에 불린 쌀, 톳, 물을 넣은 다음
평소와 동일하게 밥을 짓는다.

생 톳 대체하기
제철인 겨울에만 만날 수 있는 생 톳.
다른 재료로 대체할 수 있어요.
건톳 : 1~2큰술을 손질 없이
불린 쌀과 함께 밥을 지어요.
염장톳 : 25~30g을 잠길 만큼의 물에
담가 중간중간 물을 갈아주며 1시간 정도
염도를 뺍니다. 체에 밭쳐 물기를 빼고,
가위로 잘게 잘라요.

몸을 튼튼하게 해줄

단백질
반찬

건강한 아기가 되기 위해 엄마 배 속에서부터 꼭 필요한 필수 영양소,
단백질이지요. 이는 한창 클 아이들에게도 역시나 매우 중요하답니다.
때문에 식판식을 구성할 때 반찬 중에서
가장 먼저 챙겨야 하는 중심 반찬이기도 하고요.

핵심 전략 알아보기

1 다양한 단백질 급원을 만날 수 있도록 해주세요

2 각 고기별로 적절한 부위를 잘 선택해주세요

3 다양한 제철 해산물을 접할 수 있게 해주세요

4 고기, 해산물은 그대로 익히기만 해도 돼요

1. 다양한 단백질 급원을 만날 수 있도록 해주세요

단백질은 크게 동물성 단백질, 식물성 단백질로 나뉘어요. 각각의 재료가 하는 역할이 다르고, 많이 함유된 재료 역시 다르지요. 따라서 다양한 단백질을 만날 수 있도록 해주세요.

✅ 더 자세한 단백질 이야기 → 16쪽

동물성 단백질
쇠고기, 돼지고기,
닭고기, 달걀,
해산물

식물성 단백질
두부, 콩, 견과류,
두유, 낫또

2. 각 고기별로 적절한 부위를 잘 선택해주세요

쇠고기
안심, 우둔살, 채끝살

안심은 가장 부드럽고 연한
부위이지만 우둔살, 채끝살에
비해 지방이 많고 비싼 단점이
있어요. 그에 반해 우둔살은
지방이 적고 가격이 저렴하고,
채끝살은 안심과 우둔살의
장점만 담은 부위지요.

돼지고기
등심, 앞다리살, 뒷다리살

이유식 때는 지방이 많고
소화가 잘 안될 수 있다는
이유로 멀리했던 돼지고기지만
돌이 지나면서부터는
맛볼 수 있어요. 육질이 부드럽고
지방이 없는 등심이나 살집이
두텁고 지방이 적어 담백한
앞다리살, 뒷다리살이 좋아요.

닭고기
닭안심, 닭가슴살, 닭다릿살, 닭봉, 닭날개

닭안심과 닭다릿살은 육질이 부드러워
어린 월령의 아이도 잘 먹는답니다.
다만, 닭다릿살은 지방이 많아 껍질을
벗긴 다음 요리에 활용하는 것이 좋아요.
닭봉이나 닭날개도 육질이 쫄깃하고
맛이 좋아 아이들이 참 좋아하는
부위랍니다. 닭가슴살은 퍽퍽한 식감
때문에 선호하지 않는 아이들도 있는데요,
그럴 때면 잘게 다져 더하거나
닭안심으로 대체해요.

 다진 고기 구입하기

다져서 파는 다진 고기(쇠고기, 돼지고기)는 어떤 부위를 다진 것인지 정확히 알기가 어려워요.
따라서 믿을만한 정육점에서 바로 덩어리 고기를 구입해 다져 달라고 요청하거나,
덩어리 고기를 직접 집에서 다지는 것이 좋답니다.

③ ‥‥ 다양한 제철 해산물을 접할 수 있게 해주세요

제철 맞은 해산물은 살이 올라 맛이 좋을 뿐만 아니라 영양도 가득 품고 있지요.
아이가 어릴 때부터 다양한 제철 해산물을 만날 수 있도록 신경써주세요.

봄
모시조개, 바지락,
암꽃게, 주꾸미

여름
오징어

가을
고등어, 꽁치,
대하, 수꽃게

겨울
가자미, 갈치, 굴,
꼬막, 낙지, 매생이,
미역, 삼치, 톳,
홍합, 황태

④ ‥‥ 고기, 해산물은 그대로 익히기만 해도 돼요

쇠고기
맛있게 익히기

안심, 채끝살, 부채살, 안창살 등 50g, 현미유 약간

1 달군 팬에 현미유를 두르고 고기를 넣어
중약 불에서 뒤집어가며 2~3분간 굽는다.
*구워진 정도는 아이의 월령,
선호도에 따라 조절하세요.

돼지고기
맛있게 익히기

통목살 500g, 마늘 5쪽, 양파 1/2개(100g),
물 7컵(1.4ℓ), 청주 1/4컵(50㎖), 된장 1과 1/2큰술

1 통목살은 2등분한다. 냄비에 모든 재료를 넣고
뚜껑을 덮어 센 불에서 끓어오르면
중약 불로 줄여 50분간 삶는다.

2 냄비에 담긴 그대로 한 김 식힌 다음
한입 크기로 썬다.
*삶는 시간이 오래 걸리는 만큼 넉넉하게 만들어
온가족이 함께 먹을 수 있는 양을 소개합니다.

닭고기
맛있게 익히기

닭안심 3쪽 또는 닭가슴살 1쪽, 현미유 약간

1 달군 팬에 현미유를 두른다.

2 닭안심은 그대로, 닭가슴살은 1cm 두께로 썰어서
중약 불에서 3~4분간 완전히 굽는다.

생선
맛있게 굽기

생선(고등어, 갈치, 조기 등) 1마리, 현미유 1큰술,
소금 약간, 후춧가루 약간
＊생선의 두께, 종류에 따라 차이가 있으니
상태를 보며 레시피의 익히는 시간을 조절하세요.

기본 굽기

1 생선은 씻은 후 키친타월로 감싸
물기를 완전히 없앤다.

2 껍질 쪽에 엑스(×)자나 사선으로 3~4군데 칼집을 깊게 낸다.
＊갈치는 살이 쉽게 부서지므로 칼집을 내지 않아요.
생선이 큰 경우 2~3토막을 내도 좋아요.

3 소금, 후춧가루를 뿌린 후 10분간 둔다.
＊생선에 소금을 뿌리면 수분이 빠져 나오면서
살이 단단해져 굽는 도중에 쉽게 부서지지 않아요.
단, 너무 오래 절이면 수분이 지나치게 빠지므로 시간을 지키세요.

4 키친타월로 감싸 물기를 완전히 없앤다.

5 중간 불에서 30초간 달군 팬에 현미유를 두른다.
생선 껍질이 바닥에 닿도록 올려 뚜껑을 덮고
껍질이 노릇해질 때까지 오른쪽에 적힌 시간대로 굽는다.
＊생선 크기와 두께에 따라 시간을 조절해요.

> **생선별 굽는 시간**
> 삼치 3분 / 꽁치 2분
> 갈치 3분 / 고등어 3분
> 연어 3분

6 생선을 뒤집은 후 뚜껑을 덮고 노릇해질 때까지
중간 불에서 오른쪽에 적힌 시간대로 굽는다.
＊생선 크기와 두께에 따라 시간을 조절해요.

> **생선별 굽는 시간**
> 삼치 3~4분 / 꽁치 3~4분
> 갈치 3~4분 / 고등어 3~4분
> 연어 3~4분

밀가루 입혀 굽기

밀가루를 입히면 밀가루가 생선의 수분을 흡수하면서
구울 때 기름이 튀지 않고 더 바삭바삭해져요.

1 94쪽 과정 ④까지 진행한다.
생선의 앞뒤로 밀가루 약간을 묻힌 후 살살 털어낸다.

2 기본 굽기와 동일한 방법으로 굽는다.

카레가루 + 밀가루 입혀 굽기

카레가루가 생선 특유의 비린내를 줄이고 독특한 향을 더해줘요.

1 94쪽 과정 ④까지 진행한다. 어린이용 카레가루와 밀가루를
1:2의 비율로 섞어 생선의 앞뒤로 묻힌 후 살살 털어낸다.

2 기본 굽기와 동일한 방법으로 굽는다.

영양만점 생선구이!

채소 달걀찜

재료를 후다닥 섞어서 익히기만 하면 되는 퀵~ 채소 달걀찜이에요. 시금치 대신 부추, 청경채와 같은 잎채소나
애호박, 당근, 양파 등을 잘게 다져서 더해도 잘 어울려요. 전자레인지로 만들면 더 간편하지요.

채소 달걀찜

달걀 방울토마토볶음

달걀 방울토마토볶음

방울토마토를 익히게 되면 신맛은 줄고 감칠맛은 살아나서
다른 소스가 필요 없지요. 또 토마토 속 라이코펜은 기름에
볶았을 때 우리 몸에 흡수가 더 잘 되기에
영양적으로도 훌륭한 조리법이랍니다.

✔ **필독! 유아식 전략**

달걀이 들어가는 요리에 생크림이나 우유를
조금 더하면 훨씬 더 부드럽고 고소한 반찬이 돼요.
달걀을 풀어줄 때 더하면 됩니다.

96

채소 달걀찜

- ⏱ 15~20분
- 🍽 1~2인분
- 🥣 냉장 2일

- 달걀 1개
- 데친 시금치 다진 것 2큰술
  (또는 다른 다진 채소, 10g, 141쪽)
- 멸치육수 1/3컵
  (또는 우유, 약 65㎖, 48쪽)
- 소금 약간(생략 가능)

내열용기에 모든 재료를 섞는다.
끓는 물이 담긴 냄비에 내열용기 그대로
넣어 센 불에서 7~10분간 중탕한다.
＊뚜껑을 덮어 전자레인지에서
3~5분간 익혀도 좋아요.

달걀 방울토마토볶음

- ⏱ 10~15분
- 🍽 1~2인분
- 🥣 냉장 2일

- 방울토마토 5개
  (또는 토마토 1/2개, 75g)
- 달걀 1개
- 소금 약간
- 현미유 약간

방울토마토는 꼭지 반대쪽에
열십(+) 자로 칼집을 넣는다.
끓는 물(2컵)에 넣어 15초간 데친다.

찬물에 바로 담가 껍질을 벗긴다.
＊토마토 껍질을 잘 먹는 아이라면
과정 ①, ②를 생략해도 좋아요.

방울토마토는 2~4등분하고,
볼에 달걀, 소금을 넣고 푼다.

달군 팬에 현미유, 방울토마토를 넣고
중약 불에서 30초간 볶는다.
방울토마토를 반대쪽으로 밀어두고
달걀을 넣어 20초간 그대로 둔다.

달걀이 살짝 익으면 젓가락으로
저어가며 90% 정도 익힌 다음
방울토마토와 섞는다.

세 가지 달걀말이

[달걀말이 / 채소 달걀말이 / 김 달걀말이]

어른들에게는 추억을, 아이들에게는 먹는 재미를 전하는 달걀말이. 속 재료만 조금씩 바꿔도
아이들이 질릴 틈 없이 즐길 수 있지요. 세 가지 버전의 달걀말이를 소개합니다.

달걀말이

채소 달걀말이

김 달걀말이

✔ 필독! 유아식 전략

어린 월령이라면 달걀말이를 더 작게 썰어주세요.
훨씬 한입에 쏙쏙 먹기 수월할 거예요.

⏱ 10~15분
🍴 1~2인분
🥣 냉장 2일

달걀말이
- 달걀 2개
- 소금 약간
- 현미유 1작은술

채소 달걀말이
- 달걀 2개
- 잘게 다진 모둠 채소 1/4컵
  (양파, 당근, 파프리카 등, 25g)
- 소금 약간
- 현미유 1작은술

김 달걀말이
- 달걀 2개
- 김밥 김 1/4장
- 소금 약간
- 현미유 1작은술

[공통 과정]
1
볼에 달걀, 소금을 넣고 부드럽게 푼다.
＊채소 달걀말이는 이 과정에서
다진 채소를 더하세요.

2
약한 불로 달군 달걀말이팬에 현미유를
두르고 키친타월로 펴 바른다.
①의 달걀을 펼쳐 붓는다.
＊일반 작은 원형 팬을 사용해도 돼요.

3
[달걀말이 & 채소 달걀말이]
20~30초간 그대로 둬 달걀 가장자리가
익기 시작하면 뒤집개로 돌돌 만다.
1분간 뒤집어가며 익힌다.

4
한 김 식힌 후 한입 크기로 썬다.
＊한 김 식혀야
더 깔끔하게 썰 수 있어요.

3
[김 달걀말이]
20~30초간 그대로 둬
달걀의 가장자리가 익기 시작하면
김밥 김을 한쪽에 올린다.

Tip

채소 달걀말이의 채소 대체하기
채소 달걀말이의 다진 모둠 채소는
평소 아이들이 편식하는 밑반찬(250쪽)을
잘게 다져 넣어도 돼요.

더 예쁘게 만들기
구운 달걀말이를 뜨거울 때 김발
(김밥을 마는 도구)에 넣고 돌돌 말면
더 예쁜 모양으로 만들 수 있어요.

4
뒤집개로 돌돌 만 후 1분간 뒤집어가며
익힌다. 한 김 식힌 후 한입 크기로 썬다.

치즈 두부구이

평범한 두부구이에 아이 골격 형성에 도움을 주는, 칼슘이 가득한 치즈를 올려
새롭게 변신 시켜보았어요. 단백질 함량과 고소함을 함께 더했지요.

치즈 두부구이

콩가루 두부강정

콩가루 두부강정

콩으로 만든 두부는 칼슘, 철분, 마그네슘,
비타민B 등 다양한 영양이 풍부한
훌륭한 식재료예요. 콩고물을 묻혀
고소함을 살린 두부강정은 쏙쏙 집어먹는 반찬,
간식으로 활용도가 무궁무진하지요.

✔ 필독! 유아식 전략

아기치즈, 볶은 콩가루를 더한 덕분에 따로 간을
하지 않아도 맛있어요. 어린 월령이라면 치즈, 콩가루,
들깻가루, 김가루 등의 천연재료로 간을 더해주세요.

치즈 두부구이

🕐 10~15분
🍴 1~2인분
🍲 냉장 2일

- 두부 1/4모(부침용, 75g)
- 슬라이스 아기치즈 1/2장
- 현미유 약간
  ▶ 어른이 함께 먹을 경우
  아이가 먹을 분량을 덜어둔 후
  소금으로 간을 더하세요.

1 두부는 아이 한입 크기로 썬다.
＊아이의 월령에 따라
크기를 조절하세요.

2 치즈는 껍질째 두부 크기로 칼집을 낸다.

3 달군 팬에 현미유, 두부를 넣고
중간 불에서 굴려가며 3~4분간
노릇하게 구운 후 불을 끈다.

4 두부가 뜨거울 때 치즈를 한 조각씩
올린 후 뚜껑을 덮어
남은 열로 살짝 녹인다.

콩가루 두부강정

🕐 10~15분
🍴 1~2인분
🍲 냉장 2일

- 두부 1/4모(부침용, 75g)
- 볶은 콩가루 1/4컵(20g)
- 현미유 2큰술
  ▶ 어른이 함께 먹을 경우
  아이가 먹을 분량을 덜어둔 후
  소금으로 간을 더하세요.

 볶은 콩가루 구입 & 대체하기
유기농 마트에서 구입 가능합니다.
미숫가루나 선식 가루로 대체해도 돼요.

1 두부는 아이 한입 크기로 썬다.
달군 팬에 현미유, 두부를 넣고
중간 불에서 굴려가며 3~4분간
노릇하게 구운 후 불을 끈다.
＊어린 월령이라면 구운 후
물에 한번 헹궈도 돼요.

2 위생팩에 볶은 콩가루, 두부를 넣고
흔들어 고루 묻힌다.
＊두부를 올리고당에 살짝 버무린 후
콩가루를 입혀도 좋아요.

두툼 두부조림

아이를 위한 요리라고 다 작을 필요가 있나요?
주먹만큼 크게 썬 두부를 노릇하게 구워보세요.
겉은 노릇, 속은 촉촉해서 아이스크림 먹듯이
포크로 뚝뚝 잘 떠먹을 거예요.

미니 두부스테이크

두툼 두부조림

미니 두부스테이크

지방 걱정 없이 먹일 수 있는 최고의 단백질
급원 두부와 닭가슴살로 스테이크를
만들었습니다. 채소까지 듬뿍 넣었기에
진정한 영양 반찬이지요. 노릇하게 구워내면
소화도 쉬운 저지방 고단백 스테이크 완성!

✔ **필독! 유아식 전략**

유아식을 시작하면 포크, 숟가락, 그리고 젓가락까지 다양한
도구에 노출돼요. 작은 크기의 요리도 좋지만 큰 음식도 접하게
해주세요. 스스로 관찰하며 도구를 활용할 수 있도록요.

두툼 두부조림

- ⏱ 10~15분
- 🍴 1~2인분
- 🥣 냉장 2일

- 두부 1/4모(부침용, 75g)
- 작게 썬 모둠 채소 1/4컵
  (애호박, 당근, 양파 등, 25g)
- 다진 쇠고기 20g
- 양조간장 약간
- 현미유 1작은술 + 약간

양념
- 물 1/4컵(50㎖)
- 양조간장 1/2작은술
- 올리고당 1작은술(또는 배즙 3큰술)
  ▶ 어른이 함께 먹을 경우
  아이가 먹을 분량을 덜어둔 후
  양조간장, 올리고당으로 간을 더하세요.

두부는 아이 주먹 크기로 큼직하게 썬다.
달군 팬에 현미유 1작은술, 두부를 넣어
중간 불에서 굴려가며
2~3분간 노릇하게 굽는다.
＊어린 월령이라면 구운 후
물에 헹궈도 돼요.

다진 쇠고기는 키친타월로 감싸
핏물을 없앤 후 양조간장과 버무린다.

달군 팬에 현미유 약간, 다진 쇠고기를 넣고
중약 불에서 1분, 작게 썬 채소를 넣고
2분간 볶는다. 두부, 양념을 넣고
자박해질 때까지 1~2분간 끓인다.

미니 두부스테이크

- ⏱ 15~20분(+ 숙성 시키기 30분)
- 🍴 지름 4cm 12개분
- 🥣 냉장 2일

- 두부 2/3모(200g)
- 삶은 닭가슴살 1/4쪽
  (또는 삶은 닭안심 1쪽, 25g)
- 잘게 다진 모둠 채소 4/5컵
  (당근, 양파, 애호박 등, 80g)
- 빵가루 1/2컵(25g)
- 달걀 1개
- 소금 약간
- 현미유 약간

Tip 냉동 보관하기
과정 ③의 모양까지 만든 후 평평한
밀폐용기에 겹치지 않게 펼쳐 담아
냉동(1개월). 냉장실에서 해동한 후
과정 ③의 굽기부터 진행해요.

두부는 면보로 감싸 물기를
꼭 짠 후 으깬다. 삶은 닭가슴살은
믹서(또는 차퍼)로 곱게 간다.
＊닭가슴살 삶기 41쪽

볼에 현미유를 제외한 모든 재료를
넣고 5분 정도 충분히 치댄다.
뚜껑(또는 면보)을 덮어
냉장실에 30분 정도 숙성 시킨다.
＊숙성 과정을 거치면
반죽에 찰기가 생겨 더 맛있어요.

지름 4cm 크기로 둥글납작하게 빚는다.
달군 팬에 현미유와 함께 넣고 중약 불에서
2~3분간 뒤집어가며 노릇하게 구워낸다.

닭고기 숙주볶음

닭고기 냄새에 예민한 아이라면 한번 삶은 후
볶아주세요. 훨씬 더 잘 먹을 수 있을 거예요.
숙주의 수분감 있는 아삭함 덕분인지, 개운함
덕분인지 아이의 손이 여러 번 가는 메뉴랍니다.

닭고기 당근 사과무침

유아식 시작할 때 자주 해주었던 닭고기 당근
사과무침이에요. 살짝 절인 당근은 특별한
양념 없이도 오독오독 씹히는 식감이 참 좋은데,
거기에 사과의 달큼함도 더했지요.
다른 고기에 비해 비타민A가 풍부한 닭고기와
당근이 만나 면역력 향상에도 그만이랍니다.

닭고기 숙주볶음

닭고기 당근 사과무침

✔ **필독! 유아식 전략**

닭 냄새에 민감한 아이라면 요리 전에 닭을
우유에 30분 정도 담가두거나, 삶을 때 양파, 마늘을
함께 넣는 것도 방법이에요.

닭고기 숙주볶음

- 🕐 15~20분
- 🍴 1~2인분
- 🥘 냉장 2일

- 닭안심 2쪽
  (또는 닭가슴살 1/2쪽, 50g)
- 숙주 1/2줌(25g)
- 부추 2~3줄기
- 양조간장 1/2작은술
- 통깨 부순 것 약간
- 참기름 약간
  ▶ 어른이 함께 먹을 경우
  아이가 먹을 분량을 덜어둔 후
  양조간장으로 간을 더하세요.

끓는 물(4컵)에 닭안심을 넣고
센 불에서 끓어오르면 중간 불로
줄여 8~10분간 삶는다.
한 김 식힌 후 최대한 가늘게 찢는다.

숙주, 부추는 작게 썬다.

달군 팬에 참기름, 닭안심을 넣고
중간 불에서 1분.
숙주, 부추, 양조간장, 통깨 부순 것을
넣고 2분간 볶는다.

닭고기 당근 사과무침

- 🕐 15~20분
- 🍴 1~2인분
- 🥘 냉장 2일

- 삶은 닭가슴살 1/2쪽
  (또는 닭안심 2쪽, 50g)
- 당근 1/10개(20g)
- 사과 1/10개(20g)
- 참기름 1/2작은술

삶은 닭가슴살은 믹서(또는 차퍼)로
곱게 간다. *닭가슴살 삶기 41쪽

당근, 사과는 작게 채 썬다.
소금(약간)과 버무려 10분간 둔 후
손으로 물기를 꼭 짠다.
*재료의 양이 적을 때는
위생팩에 넣고 절이면 더 잘 절여져요.

볼에 모든 재료를 넣고 무친다.

크림 소스 닭안심조림

닭안심과 고구마를 부드러운 크림 소스에 조렸어요.
고소한 맛이 아이들을 위한 단백질 반찬으로
딱이지요. 브로콜리, 당근에도 크림 소스가
쏙쏙 스며든 덕분에 거부감 없이 잘 먹을 거예요.
부드러운 빵 사이에 더해 샌드위치로 즐겨도 좋답니다.

간장찜닭

간장으로 감칠맛을 살리는 간장찜닭을
아이 버전으로 만들었어요.
부드러운 닭안심, 영양만점 뿌리채소를
툭툭 썰어 넣고 푹 익혔지요. 당면도
넣어 그럴싸하게 맛을 냈답니다.

크림 소스 닭안심조림

[샌드위치로 즐기기]

간장찜닭

✔ 필독! 유아식 전략

유아식 초기에는 지방이 적은 닭가슴살, 닭안심을
사용하세요. 점차 닭다릿살, 닭봉 등을 맛보게 해
식감과 맛의 범주를 다양하게 경험하도록 도와주세요.

크림 소스 닭안심조림

- ⏱ 15~20분
- 🍽 2인분
- 🍱 냉장 2일

- 닭안심 2쪽
  (또는 닭가슴살 1/2쪽, 50g)
- 고구마 1/2개(100g)
- 당근 1/10개(20g)
- 브로콜리 1/10개(20g)
- 현미유 약간
- 멸치육수 1/3컵
  (또는 물, 약 70㎖, 48쪽)
- 우유 1/3컵(약 70㎖)
- 파마산 치즈가루 1큰술(생략 가능)
- 소금 약간
  - ▶ 어른이 함께 먹을 경우
  아이가 먹을 분량을 덜어둔 후
  소금으로 간을 더하세요.

1
고구마, 당근, 브로콜리, 닭안심은
아이 한입 크기로 썬다.
＊아이 월령, 편식 여부에 따라
크기를 조절하세요.

2
달군 팬에 현미유,
닭안심, 고구마, 당근을 넣고
중약 불에서 1분간 볶는다.

3
브로콜리, 멸치육수를 넣고
뚜껑을 덮은 후 5분,
우유, 파마산 치즈가루, 소금을 넣고 2~3분간
자작해질 때까지 저어가며 조린다.

간장찜닭

- ⏱ 20~25분
- 🍽 2~3인분
- 🍱 냉장 2일

- 닭안심 3쪽
  (또는 닭다릿살 3/4쪽, 75g)
- 감자 1/3개(70g)
- 당근 1/4개(50g)
- 당면 10g(생략 가능)
- 참기름 약간

양념
- 물 3/4컵(약 150㎖)
- 양조간장 1큰술
- 올리고당 1/2큰술
- 다진 마늘 약간
  - ▶ 어른이 함께 먹을 경우
  아이가 먹을 분량을 덜어둔 후
  양조간장, 올리고당으로 간을 더하세요.

1
당면은 뜨거운 물에 10분간 담가 불린다.
감자, 당근, 닭안심은 아이 한입 크기로 썬다.
볼에 양념 재료를 섞는다.
＊아이 월령, 편식 여부에 따라
크기를 조절하세요.

2
깊은 팬에 모든 재료를 넣는다.
뚜껑을 덮고 중간 불에서 국물이
자작해질 때까지 10~12분간 끓인다.
＊마지막에 참기름을 더해도 좋아요.

 채소 대체하기
감자, 당근은 동량(120g)의 고구마,
단호박, 피망 등으로 대체해도 돼요.

깻잎 카레닭갈비

촉촉한 닭다릿살에 쫄깃한 버섯, 향긋한 깻잎이 어우러진 닭갈비.
매번 비슷한 간장 양념만 만들었다면 카레가루를 더해 보세요. 다양한 재료와 맛을 경험한
아이는 성장 내내 그 맛을 기억하고, 덕분에 무엇이든 잘 먹는 힘을 가지게 됩니다.

✔ 필독! 유아식 전략

늘 접하는 당근, 양파, 감자 등의 채소를 물결 모양 칼이나
모양 틀로 특별하게 썰어보세요. 예쁜 요리는 아이의 관심을
끌기에 좋고, 관심은 맛보는 걸로 이어지기도 하지요.

108

- 닭다릿살 2쪽(200g)
- 깻잎 3장
- 당근 1/10개(20g)
- 양배추 1/2장(손바닥 크기, 15g)
- 느타리버섯 1/2줌(25g)
- 현미유 약간

양념
- 카레가루 1작은술
- 양조간장 1작은술
- 올리고당 1작은술
- 참기름 1작은술
- 다진 마늘 약간
  (아이 월령에 따라 가감 또는 생략)
  ▶ 어른이 함께 먹을 경우
  아이가 먹을 분량을 덜어둔 후
  양조간장, 올리고당으로 간을 더하세요.

1 볼에 닭다릿살, 잠길 만큼의 우유를 넣고
30분 정도 담가둔 후 물에 헹군다.
＊닭고기를 우유에 담가두면
냄새가 없어지고, 더 부드러워져요.

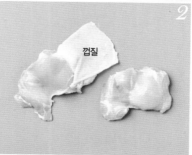

껍질

2 닭다릿살은 껍질을 벗긴다.

3 닭다릿살을 아이 한입 크기로 썬 후
양념과 버무린다.
당근, 양배추, 느타리버섯, 깻잎은
작게 채 썰거나 가늘게 찢는다.
＊아이의 월령, 편식 여부에 따라
크기를 조절하세요.

4 달군 팬에 현미유, 닭다릿살, 당근을 넣고
중간 불에서 2~3분,
느타리버섯, 양배추를 넣고 2분간 볶는다.

 Tip

채소 대체하기
당근, 양배추는 동량(35g)의 애호박,
고구마, 감자 등 다른 채소로,
느타리버섯은 동량(25g)의
다른 버섯으로 대체해도 돼요.

카레가루 사용하기
어른들이 먹는 카레가루에는
생각보다 꽤 많은 향신료가
들어 있어요. 유기농 매장에서 판매하는
아이용 카레가루를 사용하면
더 순하고 부드러운 맛을 낼 수 있답니다.

5 불을 끄고 깻잎을 섞는다.
부족한 간은 양조간장으로 더한다.

간장 닭강정

간장 닭강정

닭다릿살로 만들어 적당히 기름지고,
적당히 고소하면서 또 영양까지 챙긴
간장 닭강정이에요. 간을 조금
심심하게 한 덕분에
간식으로도 좋답니다.

닭봉조림

닭봉구이

닭봉구이 & 닭봉조림

작디작은 우리 아이 손에
커다란 닭다리 하나를 쥐여주기엔
부담스러운 게 사실.
그럴 땐 닭봉을 준비하세요.
부드러운 식감부터 한 손에
잡히는 사이즈, 고소한 맛까지!
남녀노소 누구나 좋아하는
닭봉구이와 닭봉조림을 소개합니다.

✔ 필독! 유아식 전략

닭고기는 냉동을 해둬도 맛이 거의 변하지 않는
편이에요. 넉넉하게 구입해서 한 번 먹을 분량씩
냉동해두면 언제든 요리로 활용할 수 있답니다.

간장 닭강정

⏱ 15~20분
(+ 닭다릿살 우유에 담가두기 30분)
🍴 2~3인분

- 닭다릿살(또는 닭안심) 300g

소스
- 물 2큰술
- 양조간장 1큰술
- 식초 1/2큰술
- 올리고당 1큰술
- 다진 마늘 약간

1
볼에 닭다릿살, 잠길 만큼의 우유를 넣고
30분 정도 담가둔 후 물에 헹군다.
＊닭고기를 우유에 담가두면
냄새가 없어지고, 더 부드러워져요.

2
아이 한입 크기로 썬다.
＊아이 월령, 씹는 숙련도에 따라
크기를 조절하세요.
＊닭다릿살은 껍질을 떼어내도 좋아요.
(109쪽 과정 ② 참고)

3
에어프라이어에 넣고
180℃에서 10분간 완전히 익힌다.
＊에어프라이어에 따라 차이가 있으므로
상태를 보며 굽는 시간을 조절하세요.
＊녹말가루 약간을 입혀서 익히면
더 바삭하게 즐길 수 있어요.

4
달군 팬에 소스 재료를 넣고
센 불에서 끓어오르면 ③을 넣고
2~3분간 저어가며 조린다.
＊마지막에 말린 파슬리가루,
다진 견과류를 뿌려도 좋아요.

에어프라이어 대신 팬으로 익히기
과정 ③에서 달군 팬에 닭다릿살을 넣고
중간 불에서 4~5분간 뒤집어가며 익혀요.

닭봉구이 ─────────────

⏱ **30~35분**
   (+ 닭봉 우유에 담가두기 30분)
🍴 **2~3인분**

- 닭봉 6~7개(또는 닭날개, 200g)
- 소금 약간
- 후춧가루 약간
- 말린 파슬리가루 약간
  (생략 가능)

볼에 닭봉, 잠길 만큼의 우유를 넣고
30분 정도 담가둔 후 물에 헹군다.
*닭고기를 우유에 담가두면
냄새가 없어지고, 더 부드러워져요.
*오븐은 180℃로 예열해요.

닭봉에 소금, 후춧가루,
말린 파슬리가루를 넣고 버무린다.

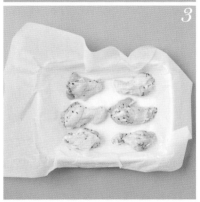

종이포일을 깐 오븐 팬에 펼쳐 담는다.
예열한 오븐의 가운데 칸에서
180℃에 25~30분간 굽는다.
*두꺼운 살 부분을 가위로 잘랐을 때
불투명한 아이보리색이면 다 익은 거예요.
*녹말가루 약간을 입혀서 익히면
더 바삭하게 즐길 수 있어요.

오븐 대신 팬, 에어프라이어로 익히기
과정 ②까지 진행해요.

1_ 팬
   달군 팬에 현미유 약간을 두른 후
   닭봉을 펼쳐 넣고 뚜껑을 덮어
   중약 불에서 7~8분간 뒤집어가며
   구워요.
2_ 에어프라이어
   180℃에서 12~15분, 뒤집어서
   5분간 익혀요. 단, 에어프라이어에
   따라 차이가 있으므로 상태를 보며
   굽는 시간을 조절하세요.

닭봉조림

ⓘ 25~30분
   (+ 닭봉 우유에 담가두기 30분)
🍴 2~3인분

- 닭봉 6~7개
   (또는 닭날개, 200g)
- 올리고당 1큰술

<u>소스</u>
- 물 2와 1/2컵((500mℓ)
- 양조간장 2큰술
- 다진 마늘 약간

1 볼에 닭봉, 잠길 만큼의 우유를 넣고
30분 정도 담가둔 후 물에 헹군다.
*닭고기를 우유에 담가두면
냄새가 없어지고, 더 부드러워져요.

2 팬에 닭봉, 소스를 넣고
센 불에서 뒤집어가며 끓인다.

3 끓어오르면 중간 불로 줄여
15~17분간 양념이 자작해질 때까지
뒤집어가며 조린다.

4 센 불로 올린 다음 올리고당을 넣고
3~4분간 국물이 거의 없을 때까지
저어가며 조린다.

순한 제육볶음

매운 것을 잘 못 먹는 아이들에게 고춧가루 대신
쓸 수 있는 양념이 바로 파프리카가루예요.
요리에 넣으면 감칠맛과 함께 붉은색이
더해져서 매운 음식을 먹는 듯한
재미를 알아가게 해준답니다.

돼지고기 배추볶음

사과, 양파로 양념을 만들어 돼지고기를
더 부드럽게 하고, 은은한 단맛이 퍼지도록 만든
초기 유아식 돼지고기 배추볶음입니다.
자작하게 졸인 국물이 참 맛있어서
덮밥처럼 밥에 올려도 돼요.

순한 제육볶음

돼지고기 배추볶음

✔ 필독! 유아식 전략

아이들이 매운 요리에 서서히 친숙해질 수 있도록
붉은색은 나지만 매운맛은 거의 없는 파프리카가루를
다양한 요리에 조금씩 더해보세요. *파프리카가루 34쪽

순한 제육볶음

🕐 15~20분(+ 숙성 시키기 30분)
🍴 2~3인분
🥘 냉장 2일

- 돼지고기 불고기용 150g
- 모둠 채소 150g
  (양배추, 당근, 양파 등)
- 현미유 약간

양념
- 키위 간 것 2큰술(또는 파인애플, 사과)
- 설탕 1/2큰술
- 양조간장 2큰술
- 올리고당 1큰술
- 파프리카가루 1/2작은술(생략 가능)
- 참기름 1작은술
- 다진 마늘 약간
  ▶ 어른이 함께 먹을 경우
  아이가 먹을 분량을 덜어둔 후
  설탕, 양조간장으로 간을 더하세요.

1 돼지고기는 키친타월로 감싸 핏물을 없앤다. 아이 한입 크기로 썬 후 양념과 버무려 30분간 둔다.
＊양념의 파프리카가루 대신 토마토케첩을 조금 더해도 좋아요.

2 모둠 채소는 작게 채 썬다.

3 달군 팬에 현미유, 돼지고기를 넣고 중간 불에서 3분, 모둠 채소를 넣고 2분간 볶는다. 부족한 간은 양조간장으로 더한다.

돼지고기 배추볶음

🕐 15~20분(+ 숙성 시키기 30분)
🍴 2~3인분
🥘 냉장 2일

- 돼지고기 잡채용 150g
- 알배기배추 2장(60g)
- 다진 부추 1큰술(생략 가능)

양념
- 사과 1/2개(100g)
- 양파 1/2개(100g)
- 다진 마늘 약간
  (아이 월령에 따라 가감 또는 생략)
- 양조간장 2작은술
- 참기름 약간
  ▶ 어른이 함께 먹을 경우
  아이가 먹을 분량을 덜어둔 후
  양조간장으로 간을 더하세요.

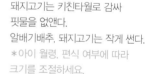

1 돼지고기는 키친타월로 감싸 핏물을 없앤다. 알배기배추, 돼지고기는 작게 썬다.
＊아이 월령, 편식 여부에 따라 크기를 조절하세요.

2 믹서에 양념 재료를 넣고 곱게 간다. 볼에 양념, 돼지고기를 넣고 버무려 30분간 숙성 시킨다.

3 달군 팬에 돼지고기, 알배기배추를 넣고 중간 불에서 고기가 익을 때까지 4~5분간 볶은 후 부추를 섞는다. 부족한 간은 양조간장으로 더한다.

돼지고기 맥적구이

구수한 맛 덕분에 밥 한 그릇 뚝딱하는
구이입니다. 맥적구이는 고기를 된장 양념에
재워 굽는 우리나라 전통 요리인데요,
아이들이 먹기 좋도록 토마토케첩을
조금 더해 된장의 텁텁함을 잡아주고,
감칠맛을 올려보았어요.

돼지고기 채소잡채

돼지고기에 녹말가루 하나만 입혔을 뿐인데
마치 탕수육처럼 고소한 맛과 식감이
느껴져요. 만들기도 너무 쉽고,
식어도 맛있는 잡채라서 소풍 갈 때
꼭 준비하는 단골 메뉴랍니다.

✔ **필독! 유아식 전략**

비타민B가 풍부한 돼지고기. 특히 지방이 적은 앞다릿살,
뒷다릿살, 등심, 안심을 주로 구입해요. 기름이 많은 삼겹살은
유아식에서는 피하는 것이 좋답니다.

돼지고기 맥적구이

🕐 15~20분(+ 숙성 시키기 30분)
🍴 2~3인분
🥣 냉장 2일

- 돼지고기 불고기용 150g
  (앞다리살, 뒷다리살)
- 양파 1/5개(40g)
- 새송이버섯 1/2개(또는 가지, 40g)
- 현미유 약간

양념
- 올리고당 1큰술
- 된장 2작은술
- 토마토케첩 1작은술
- 다진 마늘 약간
  ▷ 어른이 함께 먹을 경우
  아이가 먹을 분량을 덜어둔 후
  양조간장, 올리고당으로 간을 더하세요.

돼지고기는 키친타월로 감싸
핏물을 없앤 다음 한입 크기로 썬다.
볼에 양념, 돼지고기를 넣고 버무려
30분간 숙성 시킨다.

양파, 새송이버섯은 굵게 다진다.
＊아이 월령, 편식 여부에 따라
크기를 조절하세요.

달군 팬에 현미유, 양파를 넣고 30초,
돼지고기, 버섯을 넣고 3~4분간 볶는다.
부족한 간은 양조간장으로 더한다.

돼지고기 채소잡채

🕐 15~20분
🍴 2~3인분
🥣 냉장 2일

- 돼지고기 잡채용 100g
- 모둠 채소 60g
  (당근, 양파, 파프리카, 부추 등)
- 녹말가루 1큰술(생략 가능)
- 현미유 약간

밑간
- 다진 마늘 약간
  (아이 월령에 따라 가감 또는 생략)
- 양조간장 약간

양념
- 양조간장 1큰술
- 올리고당 1큰술
  ▷ 어른이 함께 먹을 경우
  아이가 먹을 분량을 덜어둔 후
  양조간장으로 간을 더하세요.

모둠 채소는 작게 채 썬다.
돼지고기는 키친타월로 감싸
핏물을 없앤다. 밑간과 버무린 다음
위생팩에 녹말가루와 함께 넣고
흔들어 입힌다.

달군 팬에 현미유, 돼지고기,
모둠 채소 중 단단한 채소(당근)를 넣고
중간 불에서 3분간 볶는다.

나머지 채소, 양념을 넣고
중약 불에서 2분간 볶는다.
부족한 간은 양조간장으로 더한다.

밥솥 등갈비찜

밥솥으로 익혀 야들야들한 등갈비찜은 온 가족이 모여 먹기 좋은 특식이지요.
살캉살캉하게 씹히는 뿌리채소 역시 특별한 맛을 낸답니다. 아이 편식이 심하다면
작게 썰어도 좋으나, 너무 작을 경우 익었을 때 뭉개질 수 있으니 주의하세요.

✔ 필독! 유아식 전략
과일은 고기의 잡내를 없애주고, 육질을 더 부드럽게
해줘요. 고기 요리의 양념, 밑간 등에 과일을 더해주세요.

- ⏱ 40~50분
  - **(+ 등갈비 핏물 빼기 30분)**
- 🍴 3~4인분
- 🥣 냉장 2~3일

- 돼지 등갈비 600g(9~10대)
- 당근 1/3개(약 70g)
- 무 지름 10cm, 두께 1cm(100g)

등갈비 데칠 물
- 물 8컵(1.2ℓ)
- 된장 1큰술
- 통후추 5~8알
- 대파 10cm

양념
- 사과 1개(200g)
- 키위 1개(90g)
- 양파 1/2개(100g)
- 물 1/2컵(100㎖)
- 다진 마늘 1/2큰술
- 양조간장 3큰술

Tip

**등갈비조림으로 즐기기 &
어른용으로 만들기**

과정 ⑥까지 완성한 후 달군 팬에
넣어주세요. 양념이 자작하게
남을 때까지 중간 불에서 저어가며
조리면 돼요. 이때, 양조간장 1큰술,
올리고당 1큰술, 후춧가루 약간을 더해
어른용으로 만들어도 좋아요.

1 큰 볼에 등갈비, 잠길 만큼의 물을 붓고
30분~1시간 정도 둬 핏물을 뺀다.
이때, 중간중간 물을 갈아준다.

2 냄비에 등갈비 데칠 물 재료를 넣고
센 불에서 끓어오르면
등갈비를 더해 3~4분간 데친다.
등갈비만 건져 깨끗하게 씻는다.

3 등갈비는 4~5회 깊게 칼집을 낸다.

4 당근, 무는 아이 한입 크기로 썬 후
모서리를 둥글게 깎는다.
＊모서리를 둥글게 깎으면 익는 동안
서로 부딪혀도 덜 부서진답니다.

5 믹서에 양념 재료를 넣고 곱게 간다.

6 밥솥에 모든 재료를 넣고
찜 기능으로 30분 정도 취사한다.

버섯불고기

간장, 올리고당을 더한 즉석 불고기도
물론 좋지만, 과일을 듬뿍 넣은 양념에 재워 둔
불고기의 감칠맛은 따라가기 힘들지요.
버섯, 채소를 더해 푸짐한 반찬으로,
밥에 올려 덮밥으로, 떡을 더해
떡볶이로, 무궁무진하게 즐겨보세요.

버섯 불고기

[쇠고기 김 주먹밥으로 즐기기]

베이비 쇠고기 김볶음

베이비 쇠고기 김볶음

김, 밥새우의 염도만으로 감칠맛과 간을 맞춘
초기 유아식, 베이비 쇠고기 김볶음입니다.
쇠고기는 단백질, 철분이 풍부해 이유식 때부터 아이들에게
자주 먹이게 되는 재료인데요, 아이들도 친근하게 느낄 거예요.
밥과 함께 조물조물 뭉쳐서 주먹밥으로 즐겨도 좋아요.

✔ 필독! 유아식 전략

고기 냄새에 예민한 아이들은 고기 핏물을
잘 제거해 줘야 해요. 끓는 물에 살짝 데치거나,
키친타월로 감싸 꾹꾹 눌러 핏물을 없애주세요.

버섯불고기

🕐 15~20분(+ 숙성 시키기 30분)
🍴 3~4인분 🍲 냉장 2일

- 쇠고기 불고기용 300g
  (또는 샤부샤부용, 등심, 우둔살)
- 팽이버섯 1/3봉(또는 다른 버섯, 50g)
- 당근 1/3개(약 70g)
- 양파 1/5개(40g)

양념

- 양파 1/5개(40g)
- 배 1/5개(또는 사과 1/2개, 100g)
- 양조간장 2큰술
- 참기름 1작은술
- 다진 마늘 약간
- 올리고당 약간
  ▶ 어른이 함께 먹을 경우
  아이가 먹을 분량을 덜어둔 후
  양조간장, 올리고당으로 간을 더하세요.

 냉동 보관하기

과정 ②까지 만든 후 지퍼팩에 한 번 먹을
분량씩 납작하게 펼쳐 냉동(2주). 냉장실에서
해동한 후 과정 ③부터 진행해요.

1 쇠고기는 키친타월로 감싸
핏물을 없앤 후 아이 한입 크기로 썬다.
팽이버섯, 당근, 양파는 작게 채 썬다.

2 믹서에 양념 재료를 넣고 간 후
쇠고기와 버무려 30분 이상 숙성 시킨다.
나머지 재료를 모두 넣고 섞는다.

3 달군 팬에 ②를 넣고 중간 불에서
4~5분간 볶아 익힌다.
부족한 간은 양조간장,
올리고당으로 더한다.

베이비 쇠고기 김볶음

🕐 10~15분
🍴 1~2인분
🍲 냉장 2~3일

- 다진 쇠고기 100g
- 밥새우 1큰술
- 김밥 김(또는 김가루) 1/2장
- 작게 썬 모둠 채소 약 1/2컵
  (애호박, 가지 등, 50g)
- 참기름 1큰술

 밥새우 구입하기

1cm 정도의 작은 새우로 마치
그 크기가 밥알 같다고 하여
밥새우라 불려요. 대형마트, 온라인
등에서 쉽게 구입할 수 있어요.

1 약한 불로 달군 팬에 김밥 김을 넣고
앞뒤로 뒤집어가며 1분간 구워 덜어둔다.
밥새우를 넣고 1분간 볶는다.
위생팩에 김밥 김, 밥새우를 넣고 부순다.
*아이의 월령, 거친 식감 숙련도에 따라
믹서에 곱게 갈아도 돼요.

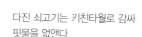

2 다진 쇠고기는 키친타월로 감싸
핏물을 없앤다.

3 달군 팬에 참기름, 다진 쇠고기를 넣고
중간 불에서 2분, 작게 썬 채소를 넣고
1분간 볶는다.
①의 김밥 김, 밥새우를 넣고 섞는다.

육전

고기라면 질기다고 무조건 뱉는 아이들이 있어요.
저희 첫째 훈이가 유아식 초기에 그랬었는데요,
두께가 0.1~0.2cm 되는 아주 얇은 육전용 고기에
달걀물을 입혀 구워줬더니 부드러운 식감 덕분에
잘 먹더라고요. 포기하지 마세요!

쇠고기 찹쌀구이

사르르 녹는 육전의 부드러운 맛에
익숙해질 때쯤이면 쫄깃한 식감이
일품인 쇠고기 찹쌀구이를 준비합니다.
쇠고기와 더 친해지기 위한
작전인 거죠. 하나 둘 차츰 식재료에
익숙해지도록 다양한 조리법을
시도해 보세요.

육전

쇠고기 찹쌀구이

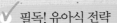 필독! 유아식 전략

편식하는 특정 식재료가 있다면 조리법부터 맛까지 다양한
시도가 필요해요. 아이마다 선호하는 모양, 식감, 맛, 질감이
다 다르다 보니 탐색의 시간을 갖는 것이지요.

육전

⏱ 15~20분
🍴 1~2인분
🥣 냉장 2일

- 쇠고기 육전용 100g
  (두께 0.1~0.2cm,
  또는 우둔살, 홍두깨살)
- 밀가루 2큰술
- 달걀 1개
- 현미유 2큰술
- 소금 1/4작은술
- 후춧가루 약간(생략 가능)

1 쇠고기는 키친타월로 감싸 핏물을
없앤 다음 10×10cm 크기로 썬다.
포크로 콕콕 찍어 구멍을 낸 후
소금, 후춧가루를 뿌린다.
*포크로 구멍을 내면 고기가 익으면서
오그라드는 것을 막을 수 있어요.

2 쇠고기는 1장씩 밀가루 → 달걀 순으로
얇게 입힌다. *고기가 얇아 찢어지거나
뭉칠 수 있으니 조심하세요.

3 달군 팬에 현미유를 두르고 ②를 펼쳐 올려
중약 불에서 40초~1분, 뒤집어서
1분간 굽는다. 아이 한입 크기로 자른다.
*고기의 두께가 얇아 빨리 익으므로
구워졌다 싶으면 빠르게 뒤집어 주세요.

쇠고기 찹쌀구이

⏱ 15~20분
🍴 1~2인분
🥣 냉장 2일

- 쇠고기 육전용 100g
  (두께 0.1~0.2cm,
  또는 우둔살, 홍두깨살)
- 찹쌀가루 3큰술
- 현미유 2큰술

밑간

- 양조간장 1/2작은술
- 매실청 1작은술
- 참기름 1작은술

1 쇠고기는 키친타월로 감싸 핏물을
없앤 다음 10×10cm 크기로 썬다.
포크로 콕콕 찍어 구멍을 낸 후
밑간 재료와 버무린다.
*포크로 구멍을 내면 고기가 익으면서
오그라드는 것을 막을 수 있어요.

2 ①의 앞뒤로 찹쌀가루를 얇게 묻힌 후
가루를 살살 털어낸다.

3 달군 팬에 현미유를 두르고 ②를 펼쳐 올려
중약 불에서 40초~1분, 뒤집어서
1분간 굽는다. 아이 한입 크기로 자른다.
*고기의 두께가 얇아 빨리 익으므로
구워졌다 싶으면 빠르게 뒤집어 주세요.

찹스테이크

아이들은 어른들이 먹는 거라면 꼭 함께
맛보고 싶어 하고, 호기심을 가지더라고요.
그래서 만들어본 찹스테이크예요.
핵심은 바로 소스! 토마토를 기본으로
각종 재료를 더해 만든 엄마표 소스를
너무 잘 먹어줘서 제겐 행복한 기억이
담긴 요리랍니다.

✔ 필독! 유아식 전략

자극적인 맛에 일찍 노출될수록 혀의 맛세포가 둔감해져
갈수록 더 자극적인 것을 찾게 돼요. 번거롭더라도 시판 소스보다는
과일, 채소를 듬뿍 더한 엄마표 소스를 만들어주도록 하세요.

- ⏱ 15~20분
- 🍽 1~2인분
- 🥣 냉장 2일

- 쇠고기 스테이크용 100g
  (또는 채끝살, 안창살, 부채살 등)
- 현미유 약간

소스

- 토마토 1/2개
  (또는 방울토마토 5개, 75g)
- 파프리카 1/5개(40g)
- 양파 1/5개(40g)
- 양송이버섯 1개(20g)
- 발사믹식초 2작은술
- 양조간장 2작은술
- 올리고당 2작은술
- 다진 마늘 약간
  (아이 월령에 따라 가감 또는 생략)
- 현미유 약간
  ▶ 어른이 함께 먹을 경우
  아이가 먹을 분량을 덜어둔 후
  양조간장, 올리고당으로 간을 더하세요.

1 소스의 토마토, 파프리카, 양파,
양송이버섯은 아이 한입 크기로 썬다.
작은 볼에 나머지 소스 재료를 섞어둔다.
*토마토의 질긴 껍질을 거부하는 아이라면
껍질을 벗겨주세요(44쪽).

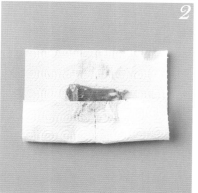

2 쇠고기는 키친타월로 감싸 핏물을
없앤 후 아이 한입 크기로 썬다.

3 달군 팬에 올리브유, 쇠고기를 넣고
센 불에서 1분간 뒤집어가며
겉면만 살짝 익힌 후 덜어둔다.

4 팬을 다시 달군 후 올리브유,
①의 소스 재료를 모두 넣고
중간 불에서 2분,
구워둔 쇠고기를 넣고
센 불로 올려 1분간 볶는다.

채소 대체하기
소스의 파프리카, 양파, 양송이버섯은
동량(100g)의 피망, 애호박, 가지 등
다른 채소도 대체해도 돼요.
단, 토마토는 감칠맛을 주는 중요한
재료이므로 분량 그대로 더해주세요.

두부 마요네즈를 곁들인 새우구이

짭조름한 새우는 굽기만 해도 요리가 되는 고마운 재료이지요.
구운 새우에 특별한 소스를 곁들여보세요. 지방은 줄이고,
단백질은 높인 건강한 두부 마요네즈가 바로 그 주인공입니다.
콕콕~ 소스를 따로 곁들이면 아이가 스스로 찍어 먹는 재미도 느낄 거예요.

✔ 필독! 유아식 전략

두부 마요네즈는 2~3일 냉장 보관 가능해요.
돈가스(230쪽)나 치킨너겟(232쪽), 빵에 발라 먹어도 맛있어요.

- ⏱ 15~20분
- 🍽 1~2인분
- 🥣 냉장 1~2일

- 냉동 생새우살 6마리(90g)
- 다진 마늘 약간
  (아이 월령에 따라 가감 또는 생략)
- 레몬즙 약간(생략 가능)
- 현미유(또는 무염버터) 약간

두부 마요네즈
(냉장 2~3일 보관 가능)
- 두부 1/4모(75g)
- 레몬즙 1/2큰술
- 올리고당 1/2큰술
- 현미유 1/2큰술
- 설탕 약간

1 끓는 물(3컵)에 1cm 두께로 썬 두부를 넣고 30초간 데친다. 체에 받쳐 한 김 식힌다.

2 냉동 새우살은 해동한다. 달군 팬에 현미유, 다진 마늘, 새우살을 넣고 중약 불에서 뒤집어가며 3~4분간 구운 후 레몬즙을 뿌린다.

3 믹서에 두부 마요네즈 재료를 넣고 곱게 간다. 그릇에 모든 재료를 담고 새우를 찍어 먹는다.

간단 허니버터 새우로 즐기기
달군 팬에 생새우살 6마리(90g),
무염버터, 다진 마늘, 레몬즙, 소금,
통후추 간 것 약간씩을 넣고 중약 불에서
3~4분간 완전히 익도록 구워요.
마지막에 올리고당이나 꿀을 조금 더합니다.

오징어 채소볶음

오독오독~ 씹는 재미가 일품인 고단백 식재료
오징어는 피로회복뿐만 아니라 면역력에도
좋은 타우린이 풍부해요. 채소, 오징어 모두
작게 썰어 볶으면 아이들이 스스로 떠먹기에도
좋지요. 밥과 함께 뭉쳐서 주먹밥이나
볶음밥으로 만들어도 맛있어요.

오징어 채소전

바다 내음 물씬 풍기는 오징어 채소전이에요.
아이뿐만 아니라 어른 반찬, 간식,
초대 요리로까지 활용할 수 있지요.
겨울에는 오징어 대신 제철 매생이로
한번 만들어보세요. 계절의 흐름을
아이가 직접 느낄 수 있는 시간이 된답니다.

✔ 필독! 유아식 전략

오징어 다리의 빨판은 아이가 씹기에 많이 질겨요. 따라서
몸통만 사용하되, 더 부드럽게 만들고 싶다면 껍질을 벗기세요.
남은 오징어 다리는 오징어볼(248쪽)에 활용하세요.

오징어 채소볶음

- 🕐 15~20분
- 🍴 1~2인분
- 🥣 냉장 2일

- 손질 오징어 1마리(몸통만, 100g)
- 브로콜리 1/10개(20g)
- 파프리카 1/4개(50g)
- 다진 마늘 약간
  (아이 월령에 따라 가감 또는 생략)
- 양조간장 1작은술
- 올리고당 약간
- 참기름 약간
- 통깨 부순 것 약간
- 현미유 약간
  ▷ 어른이 함께 먹을 경우
  아이가 먹을 분량을 덜어둔 후
  양조간장으로 간을 더하세요.

브로콜리, 파프리카, 오징어는 작게 썬다.
＊아이의 월령, 편식 여부에 따라
크기를 조절하세요.
＊오징어 손질 45쪽

달군 팬에 현미유, 다진 마늘, 브로콜리를
넣고 중간 불에서 2분간 볶는다.

오징어, 파프리카, 양조간장, 올리고당을
넣고 30초~1분간 볶는다.
불을 끄고 참기름, 통깨 부순 것을 섞는다.
＊오징어는 오래 볶으면 질겨지므로
레시피의 시간을 지켜주세요.

오징어 채소전

- 🕐 15~20분
- 🍴 지름 5cm 8개분
- 🥣 냉장 2일

- 손질 오징어 1마리(몸통만, 100g)
- 당근 1/10개(20g)
- 부추 3줄기
- 달걀 1개
- 밀가루 1큰술
- 현미유 2큰술

당근, 부추, 오징어는 잘게 다진다.
＊아이의 월령, 편식 여부에 따라
크기를 조절하세요.
＊오징어 손질 45쪽

볼에 ①, 달걀, 밀가루를 넣고
5분 정도 충분히 섞는다.

달군 팬에 현미유를 두르고
②를 지름 5cm 크기로 떠 넣는다.
앞뒤로 뒤집어가며 중약 불에서
3~5분간 노릇하게 굽는다.
＊아이의 한입 크기에 맞춰
더 작게 구워도 좋아요.

전복 버터구이

아이들도 지치는 날이 있어요.
그럴 때면 싱싱한 전복 몇 마리를 사 오곤 해요.
버터와 함께 구워 쫄깃한 맛을 전해주고 싶은
마음에서요. 처음 만들어줄 때는 전복을
거부할까 봐 걱정이 컸었는데, 두 아이 모두
어찌나 잘 먹던지. 아이들도 어른처럼 몸이
피곤하면 자연스레 보양식이 끌리나 봐요.

✓ 필독! 유아식 전략

오이, 당근과 같은 채소를 작은 크기로 썰어 함께
식탁에 올려주세요. 씹는 재미와 영양 균형까지
모두 더할 수 있어요.

- ⏱ 10~15분
- 🍴 1~2인분
- 🥣 냉장 1일

- 전복 2마리
  (약 150g, 껍질 제거 후 90g)
- 무염버터 1/2큰술
  (또는 참기름 1작은술)
- 다진 마늘 약간
  (아이 월령에 따라 가감 또는 생략)

전복 내장으로 전복죽 끓이기
전복 내장은 특유의 바다 냄새가 있어
아이들은 먹지 않아요. 어른들을 위한
죽에 활용하세요.
1_ 끓는 물에 청주(약간), 내장을 넣고
   1분간 데친 후 잘게 다져요.
2_ 달군 냄비에 참기름, 내장, 쌀을
   넣고 중간 불에서 2~3분간 볶습니다.
3_ 재료가 자작하게 잠기도록
   멸치육수(48쪽)를 넣어요. 센 불에서
   끓어오르면 중약 불로 줄여 쌀이
   익을 때까지 저어가며 익히면 완성.

1 전복은 세척용 솔로 비벼가며 씻는다.
칼이나 숟가락을 껍데기와 살 사이에 넣고
힘주어 분리한다.

2 내장을 가위로 떼어낸다.

내장
이빨 쪽

3 가위로 이빨 쪽을 1cm 정도 잘라낸다.
꾹 눌러 속에 있던 이빨을 없앤다.

4 손질한 전복은 1cm 간격으로
우물 정(#) 자로 칼집을 낸다.

5 달군 팬에 버터를 녹이고 다진 마늘을 넣어
중약 불에서 30초간 볶는다.
전복의 칼집을 낸 부분이 팬에 닿도록
올린 후 약한 불에서 뒤집어가며
3~4분간 노릇하게 굽는다.

삼치강정

생선 중에서 비린내는 적고, 되려 담백함은 뛰어난 생선,
삼치입니다. 달콤 짭조름한 양념을 더한
삼치강정을 만들어볼까요? 순살 삼치 하나면
간단하고, 손쉽게 만들 수 있지요.
삼치강정은 그대로 반찬으로,
밥에 올려 덮밥으로도 즐길 수 있답니다.

[삼치강정 덮밥으로 즐기기]

✔ 필독! 유아식 전략

이유식때 지방이 적은 대구, 임연수 등을 주로 요리에 활용했다면
차차 오메가3가 풍부한 등푸른 생선인 삼치, 고등어를 주재료로 더해보세요.
1회 섭취량에 맞춰 양을 조절하면 된답니다. ＊생선 1회 섭취량 17쪽

🕐 15~25분

🍴 3~4인분

🍚 냉장 2일

- 손질 순살 삼치 1개
  (약 10×10cm 크기, 150g)
- 녹말가루 1큰술
- 밀가루 1큰술
- 현미유 3~4큰술

양념

- 물 1큰술
- 레몬즙 1/2큰술
  (또는 식초, 생략 가능)
- 양조간장 1/2큰술
- 올리고당 1큰술
- 다진 마늘 1작은술
  (아이 월령에 따라 가감 또는 생략)

1
작은 볼에 양념을 섞는다.
삼치는 아이 한입 크기로 썬다.

2
위생팩에 녹말가루, 밀가루, 삼치를 넣고
흔들어 골고루 입힌 후 살살 털어낸다.

3
팬에 현미유를 넣고 중간 불에서 1분,
삼치를 넣고 4~5분간
뒤집어가며 튀기듯이 굽는다.

4
키친타월에 올려 기름기를 없앤다.

5
달군 팬에 ①의 양념을 넣고
센 불에서 끓어오르면 삼치를 넣어
20초간 버무린 후 불을 끈다.

Tip

삼치를 버섯으로 대체하기
동량(150g)의 표고버섯, 양송이버섯,
새송이버섯으로 대체해도 돼요.
과정 ③에서 익히는 시간을
3~4분으로 줄이세요.

아이 코다리찜

슴슴한 간장 양념으로 조려낸
쫀득한 코다리찜은 아이들이
참 잘 먹는 반찬입니다.
함께 조려 달큼한 무까지 있다면
별다른 반찬이 필요 없지요.
지방이 적고 아미노산이 풍부해
아이들에게 너무나 좋은
식재료이니 종종 챙겨주세요.

황태 채소전

고단백, 고칼슘의 황태는
그 맛과 식감이 전으로 만들어도
잘 어울려요. 생선과 친하지
않은 아이들에게 특히
추천하는 메뉴랍니다.
고소한 맛 덕분에 황태라고는
생각도 못 할 거예요.

✔ 필독! 유아식 전략

코다리, 황태채는 가시가 없도록 손질하는 것이 중요해요.
손질 순살 코다리나 이유식용 손질 황태채를 구입하되,
요리 전에 남은 가시가 없는지 한 번 더 확인해 주세요.

아이 코다리찜

🕐 25~30분
🍽 어른 2인 + 아이 2인분
🥣 냉장 2일

- 손질 순살 코다리 500g
- 무 지름 10cm, 두께 1cm(100g)
- 참기름 약간

양념
- 설탕 1/2큰술
- 다진 파 1큰술
- 양조간장 4큰술
- 청주 1큰술
- 올리고당 1과 1/2큰술
- 멸치육수 1컵
  (또는 물, 200mℓ, 48쪽)
- 다진 마늘 약간
  (아이 월령에 따라 가감 또는 생략)

1 손질 순살 코다리는 큼직하게 썰고, 무는 긴 모양으로 썬다.

2 냄비에 무 → 코다리, 양념 순으로 담는다. 센 불에서 끓어오르면 중약 불로 줄여 뚜껑을 덮고 15분간 양념을 끼얹어가며 끓인다.

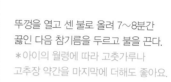

3 뚜껑을 열고 센 불로 올려 7~8분간 끓인 다음 참기름을 두르고 불을 끈다.
＊아이의 월령에 따라 고춧가루나 고추장 약간을 마지막에 더해도 좋아요.

황태 채소전

🕐 20~30분
🍽 지름 5cm 10개분
🥣 냉장 2일

- 아이용 부드러운 황태채 1컵
  (이유식용, 또는 북어채, 20g)
- 잘게 다진 모둠 채소 1/2컵
  (당근, 애호박 등, 50g)
- 달걀 2개
- 밀가루 1큰술
- 소금 약간
- 현미유 3~4큰술

1 황태채는 따뜻한 물에 담가 10~15분간 부드럽게 불린 후 물기를 꼭 짠다. 푸드프로세서(또는 믹서)에 넣고 곱게 간다.

2 볼에 현미유를 제외한 모든 재료를 섞는다.

3 달군 팬에 현미유를 두르고 ②를 지름 5cm 크기로 떠 넣는다. 앞뒤로 뒤집어가며 2~3분간 노릇하게 굽는다.
＊아이의 한입 크기에 따라 더 작게 구워도 좋아요.

다양한 맛을 경험할 수 있는

즉석
채소 반찬

채소는 아이들의 편식이 가장 많은 재료 중 하나예요.
편식을 없애기 위해서는 밥상에서 이런저런 채소 요리를
맛볼 수 있도록 해주는 것이 무엇보다 중요하답니다.
처음에는 채소 하나에 양념을 달리해보거나,
무침, 볶음 등 조리법에 변화를 줘보면서 말이지요.

특히 제철에 맛과 향, 영양이 훨씬 더 풍부한 채소인 점을 고려해
다양한 식감과 형태의 반찬을 즉석에서 바로 만들어주도록 하세요.

핵심 전략 알아보기

1 채소 본연의 맛을 먼저 알도록 해주세요

2 제철 채소에 대해 아이에게 소개해 주세요

3 더 건강하게 만드는 채소 반찬 조리 노하우를 알아두세요

4 고기나 해산물, 두부 등
아이가 좋아하는 재료를 함께 더하세요

5 아이가 특히 좋아하는 '맛'과 '조리법'을 찾아내세요

1 채소 본연의 맛을 먼저 알도록 해주세요.

유아식을 막 시작한 때에는 하나의 요리에 이것저것 채소를 많이 넣는 경우가 있어요.
물론 요리에 더해지는 종류가 많으면 그만큼 영양은 더 풍부해질지 모르지만
채소가 가진 고유의 맛을 알기는 어렵지요. 처음에는 가능한 한 가지 채소로 시작해서
본연의 맛부터 먼저 느낄 수 있도록 하세요. 이후 점차 다양한 종류, 양을 늘려가면 돼요.

2 제철 채소에 대해 아이에게 소개해 주세요

제철 채소는 특히나 단맛, 수분감, 거기에 영양까지 꽉 차 있어요. 그렇기 때문에
제철 채소, 그중에서도 아이가 먹을 수 있는 것을 부모가 먼저 알고 챙겨주는 것이 중요해요.
*일 년 내내 만날 수 있지만 특히 제철이 맛있는 채소에는 별(*)을 달아 뒀습니다.

일년 내내 만날 수 있는 채소

깻잎　　　부추　　　버섯　　　청경채　　　콩나물·숙주

봄~여름 제철 채소

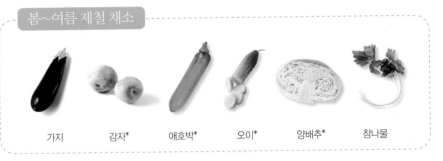

가지　　　감자*　　　애호박*　　　오이*　　　양배추*　　　참나물

가을~겨울 제철 채소

당근*　　　배추*　　　브로콜리*　　　시금치　　　연근

③ ····· 더 건강하게 만드는 채소 반찬 조리 노하우를 알아두세요

어른 반찬에 간만 조금 덜하면 되지 않나, 라고 흔히들 생각하지만 그렇지 않아요.
특히 어린 월령의 아이라면 더욱더 건강한 즉석 채소 반찬 조리 노하우를 알아두는 게 좋답니다.

- 기름 → 물

  물을 넣고 찌듯이 볶는 물 볶음을 추천해요.

- 설탕, 올리고당 → 과일, 매실청

  과일, 매실청의 경우 설탕, 올리고당보다 양을 2배 정도 늘리면 돼요.

- 소금, 양조간장 → 육수, 잔멸치, 밥새우 또는 해산물

  육수, 해산물은 그 자체로도 간이 되어 있어요. **→ 육수 만들기 48쪽**

- 후춧가루, 조미료 → 들깻가루, 참기름, 천연가루, 김가루

  유아식에서는 들깻가루, 참기름이 풍미를 더하는 역할을 해요.
  또한 김가루나 버섯으로 만든 천연가루 역시 맛내기에 도움을 줘요.

④ ····· 고기나 해산물, 두부 등 아이가 좋아하는 재료를 함께 더하세요

채소를 싫어하는 아이들은 상대적으로 고기, 달걀 등을 좋아하는 경우가 많습니다.
고기나 해산물, 두부 등 1가지 정도를 채소와 함께 조리하는 것도 방법이지요.

⑤ ····· 아이가 특히 좋아하는 '맛'과 '조리법'을 찾아내세요

다른 집 아이들이 잘 먹는 메뉴라고 해서 우리 아이도 잘 먹는다는 보장은 절대 없어요.
아이들마다 좋아하는 양념이나 조리법이 다르기 때문에 다양하게 시도를 하는 것이 중요해요.
140쪽부터 소개해드리는 다양한 채소 레시피를 따라 해보세요.

시금치나물
[시금치무침 / 된장 시금치무침 / 견과류 시금치무침 / 유자 시금치무침]

엽산과 철분이 풍부하고, 향이 강하지 않아 이유식에 이어 유아식에도 자주 등장하는 나물, 시금치.
나물을 잘 먹는 아이라면 기본양념만 해도 상관없지만 아니라면 다양한 양념을 활용해
우리 아이 입맛에 맞는 맛을 찾아주세요. 시금치 대신 동량의 청경채, 부추 등으로 대체해도 새롭답니다.

시금치무침

된장 시금치무침

견과류 시금치무침

유자 시금치무침

✔ **필독! 유아식 전략**

시금치에는 수산 성분이 많아서 과도하게 섭취할 경우 결석을
유발한다는 이야기가 있어요. 이는 매일 500g 이상 섭취 시에
해당되는 것이므로 너무 염려 마세요. 물에 살짝 데치면 제거가 돼요.

🕐 15~20분
🍴 3/4컵
🥣 냉장 2일

- 시금치 2줌
  (또는 청경채, 부추 등, 100g)

기본양념
- 통깨 부순 것 1/2작은술
- 양조간장 1/3~1/2작은술
- 참기름 약간

된장 양념
- 된장 1/3~1/2작은술
- 다진 마늘 약간
  (아이 월령에 따라 가감 또는 생략)
- 참기름 약간
- 올리고당 약간(생략 가능)

견과류 양념
- 다진 견과류 2큰술
- 양조간장 1작은술
  (월령에 따라 가감)
- 올리고당 1작은술
- 물 1/5컵(40mℓ)

유자 양념
- 유자청 1/3작은술
- 양조간장 약간
*유자청 대신 키위, 귤 등을
믹서에 갈아 사용해도 좋아요.

1
시금치는 시든 잎은 떼어내고,
뿌리를 칼로 살살 긁어 흙을 없앤다.

2
큰 볼에 시금치, 잠길 만큼의 물을 넣고
살살 흔들어 씻는다.
이 과정을 3~4회 반복한다.

3
뿌리가 큰 것은 열십(+) 자로 칼집을 내
시금치를 4등분한다.

4
끓는 물(6컵) + 소금(1/2큰술)에
시금치를 넣고 30초간 데친다.

5
찬물에 헹군 후 손으로 물기를
꼭 짜고 작게 썬다. *찬물에 헹궈야
초록색이 잘 유지되고, 물기를
꼭 짜야 무쳤을 때 싱겁지 않아요.

6
볼에 원하는 양념을 섞은 후
시금치를 넣어 무친다.
*무친 후 10분 정도 두면
양념이 배어 더 맛있어요.

쇠고기 시금치볶음

아이들은 신기하게도 나물에 고기를 더하면
잘 먹더라고요. 맛있게 밑간한 쇠고기와
달달한 시금치를 함께 볶았습니다. 여기에 몇 가지
채소만 더 추가하면 단백질, 지방까지 갖춘
영양 덮밥으로 활용하기에도 참 좋아요.

깻잎 들깨볶음

특유의 향과 까슬한 식감을 가진 깻잎.
들깻가루를 더해 고소한 감칠맛을 살리고,
동시에 멸치육수에 졸이듯이 볶아
촉촉하고 부드럽게 만들었어요. 아이들이
거부감 없이 깻잎의 맛에 빠져들 거예요.

깻잎 들깨볶음

쇠고기 시금치볶음

✔ 필독! 유아식 전략

등푸른 생선의 대표 영양소인 오메가3는 들깻가루에도
풍부하게 함유되어 있어요. 들깻가루를 다양한 요리에
더하면 영양, 맛을 모두 살릴 수 있답니다.

쇠고기 시금치볶음

- 🕐 10~15분
- 🍴 1컵
- 🥣 냉장 2일

- 다진 쇠고기 50g
- 시금치 1줌
  (또는 깻잎, 청경채 등, 50g)
- 현미유 약간

밑간
- 양조간장 1/2작은술
- 올리고당 1/2작은술
- 참기름 1/2작은술
  ▶ 어른이 함께 먹을 경우
  아이가 먹을 분량을 덜어둔 후
  양조간장, 올리고당으로 간을 더하세요.

시금치는 작게 썬다.
쇠고기는 키친타월로 감싸 핏물을
없앤 후 밑간 재료와 버무린다.
＊시금치 손질 43쪽

달군 팬에 현미유, 다진 쇠고기를 넣고
중간 불에서 1분, 시금치를 넣고
1분 30초간 볶는다.

깻잎 들깨볶음

- 🕐 10~15분
- 🍴 3/4컵
- 🥣 냉장 2~3일

- 깻잎 20장
  (또는 시금치, 버섯 등, 40g)
- 양파 1/10개(20g)
- 멸치육수 1/2컵(100㎖, 48쪽)
- 들깻가루 1큰술
- 소금 약간
  ▶ 어른이 함께 먹을 경우
  아이가 먹을 분량을 덜어둔 후
  소금으로 간을 더하세요.

깻잎은 한입 크기로 썰고,
양파는 작게 채 썬다.

냄비에 깻잎, 양파, 멸치육수를 넣고
센 불에서 2분간 자작하게
졸이듯이 끓인다. 불을 끄고
들깻가루, 소금을 넣고 섞는다.

부추 치즈전

양념을 바꿔 보고, 고기나 해산물과 같은 부재료를 더해봐도 나물만 귀신같이
쏙쏙 편식하는 아이를 위한 최후의 방법입니다. 바로 고소한 전으로 만드는 것!
치즈를 추가해서 간을 맞췄고, 동시에 단백질, 칼슘도 챙겼어요.

✔️ 필독! 유아식 전략

슬라이스 아기치즈를 반죽에 섞지 말고 완성된 전에
올려도 좋습니다. 전에 남은 열기로 치즈가 녹으면서
채소도 살포시 가릴 수 있답니다.

○ 15~20분
🍴 지름 4cm 10~12개분
🥣 냉장 1~2일

- 부추 1줌(50g)
- 당근 1/10개(20g)
- 슬라이스 아기치즈 1장
  (생략 가능)
- 부침가루 1/2컵(50g)
- 물 1/2컵(100㎖)
- 현미유 2큰술

1 부추, 당근은 1cm 길이로 작게 채 썬다.
＊아이의 월령에 따라 잘게 다져도 돼요.

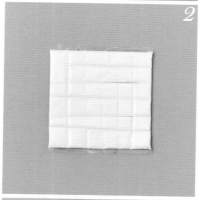

2 슬라이스 아기치즈는 껍질째
한입 크기로 칼집을 넣는다.
＊껍질을 벗기고 자르면
칼에 달라 붙어서 불편해요.

3 볼에 부침가루, 물 1/2컵(100㎖)을
섞은 후 부추, 당근, 아기치즈를 더한다.

4 달군 팬에 현미유를 두르고
반죽을 지름 4cm 크기로 올려
중간 불에서 앞뒤로 뒤집어가며
3~4분간 노릇하게 굽는다.

부추, 당근 대체하기
부추, 당근 대신 동량(70g)의
애호박이나 양파, 또는 아이가
편식하는 채소로 대체해도 돼요.

부추 닭가슴살무침

부추는 단독으로 먹기에 다소 부담스러운
채소지만 소화와 비타민B$_1$의 흡수를 돕는
알리신이 풍부해 고기와의 궁합이 좋아요.
돼지고기와 볶아도 좋고, 이렇게
닭가슴살과 새콤달콤하게 무쳐도 맛있지요.

부추 닭가슴살무침

참나물 두부무침

다양한 양념으로도 아이들이
나물을 거부한다면 조금 더 특별한
방법을 써보도록 해요. 두부를 더해
나물 특유의 맛을 순화시키고,
통깨와 참기름으로 고소하게 무치는
것이지요. 두부 덕분에 나물에
부족한 단백질도 채울 수 있답니다.

참나물 두부무침

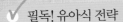 필독! 유아식 전략

참나물, 부추, 브로콜리처럼 특유의 향이 강한 채소는
두부로 맛을 순화시키거나, 새콤달콤한 양념을 더해도 돼요.

부추 닭가슴살무침

🕐 10~15분
🍴 3/4컵
🥢 냉장 2일

• 부추 1줌(또는 시금치, 청경채, 50g)
• 삶은 닭가슴살 1/2쪽
  (또는 닭안심 2쪽, 50g)

양념
• 통깨 부순 것 1/2작은술
• 양조간장 1/2작은술
• 매실청 1작은술
• 참기름 1작은술
  ▶ 어른이 함께 먹을 경우
  아이가 먹을 분량을 덜어둔 후
  양조간장으로 간을 더하세요.

부추는 끓는 물(4컵)에 넣고
센 불에서 20초간 살짝 데친다.
찬물에 헹궈 물기를 꼭 짠 후 작게 썬다.

삶은 닭가슴살은 믹서(또는 차퍼, 칼)로
곱게 간다. *닭가슴살 삶기 41쪽

큰 볼에 양념을 섞은 후
부추, 닭가슴살을 넣고 조물조물 무친다.

참나물 두부무침

🕐 10~15분
🍴 3/4컵
🥢 냉장 2일

• 참나물 1줌
  (또는 시금치, 청경채 등, 50g)
• 두부 1/4모(75g)
• 통깨 부순 것 1/2작은술
• 참기름 1작은술
• 소금 약간
  ▶ 어른이 함께 먹을 경우
  아이가 먹을 분량을 덜어둔 후
  소금으로 간을 더하세요.

끓는 물(3컵)에 1cm 두께로 썬 두부를
넣고 30초간 데친다. 체로 건져
면보로 감싸 물기를 꼭 짜고 으깬다.
이때, 물은 계속 끓인다.

①의 두부 데친 물에 참나물을 넣고
센 불에서 20초간 데친다.
찬물에 헹궈 물기를 꼭 짜고 작게 썬다.

큰 볼에 모든 재료를 넣고
조물조물 무친다.

청경채 새우볶음

아삭아삭 청경채와 탱글탱글 새우를 함께 볶았습니다. 뭘 해먹일까? 고민일 때는
어른 요리와 비슷하게 생각하면 어렵지 않아요. 중식 요리에 청경채, 새우 조합이 많듯이
청경채, 새우를 함께 볶는 거지요. 새우와 같은 해산물은 기본적으로 짠맛, 감칠맛을 가지고 있기에
어린 월령이라면 별도의 간은 더하지 않아도 맛과 간이 충분해요.

✔ 필독! 유아식 전략

청경채는 지용성 비타민인 베타카로틴이 풍부해서
기름에 볶은 후 먹으면 영양 흡수율을 더 높일 수 있어요.

- 청경채 1개(40g)
- 냉동 생새우살 4마리(60g)
- 매실청 1/2작은술
  (또는 올리고당, 생략 가능)
- 양조간장 약간
  (생략 가능)
- 현미유 약간

1 끓는 물(4컵)에 청경채를 넣고
센 불에서 30초간 굴려가며 데친다.

2 찬물에 헹궈 물기를 꼭 짜고
덩어리째 작게 썬다.
＊어린 월령이라면 청경채 줄기가
억셀 수 있어요. 줄기 대신 잎을 더 넣거나,
줄기 부분은 더 작게 썰어주세요.

3 냉동 새우살은 해동한 후
아이 한입 크기로 썬다.
＊아이의 월령, 편식 여부에 따라
크기를 조절하세요.

4 달군 팬에 현미유, 새우를 넣고
중간 불에서 2분간 볶는다.

Tip
청경채를 다른 재료로 대체하기
동량(40g)의 시금치, 배추, 숙주,
버섯 등으로 대체해도 돼요.

큰 월령 아이나
어른용으로 만들기
재료의 매실청, 양조간장을
아래 양념으로 바꾸면 돼요.
물 1큰술 + 양조간장 1/2큰술
+ 올리고당 1작은술 + 다진 마늘 약간
+ 참기름 약간

5 불을 끄고 청경채, 매실청,
양조간장을 넣어 버무린다.

검은깨 감자채무침

햇감자가 나오는 여름이면 부지런히 감자를 챙겨 먹이는 편이에요.
'밭에서 나는 사과'라고 불릴 정도로 감자에는 비타민C뿐만 아니라 철분, 칼륨 또한
풍부하거든요. 감자를 아삭할 정도로만 살짝 익혀 검은깨 양념과 무치면
단순한 재료로도 근사한 요리가 탄생돼요.

✔ 필독! 유아식 전략

감자의 싹에는 독성 물질이 있어서 자칫하면 장염,
식중독을 일으키게 하지요. 싹을 깊게 도려내서
완전히 없앤 후 요리에 활용하도록 하세요.

🕐 15~20분

🍴 2컵

🥣 냉장 2일

- 감자 1개(200g)

검은깨 양념

- 검은깨 부순 것 1큰술
  (또는 통깨 부순 것)
- 우유 1큰술
- 마요네즈 1큰술
- 올리고당 1과 1/2작은술
- 레몬즙 약간

  ▶ 어린이 함께 먹을 경우
  아이가 먹을 분량을 덜어둔 후
  소금으로 간을 더하세요.

1 감자는 작게 채 썬다.

2 끓는 물(4컵) + 소금(1작은술)에
감자를 넣고 2분~2분 30초간
아삭하게 삶는다.
＊어린 월령이나 아삭한 식감을 싫어한다면
삶는 시간을 더 늘려도 돼요.

3 체에 받쳐 물기를 완전히 없앤 후 식힌다.
＊물기를 최대한 없애야 싱겁지 않답니다.

4 큰 볼에 양념을 섞는다.

5 ④의 볼에 감자를 넣고 무친다.

감자 당근볶음

기본 감자볶음에 맛과 색감을 더하고자
당근, 양파를 넣었지요. 아이의 건강을 위해,
담백한 맛을 위해 적은 양의 현미유에
먼저 볶은 후 물을 넉넉하게 더해
부드럽게 푹 익히는 레시피랍니다.

감자 사과볶음

사과를 요리의 마지막에 더한 후
남은 열로만 살짝 익혀 아삭아삭한 식감과
새콤한 맛을 살렸지요. 또 하나,
사과 덕분에 다른 단맛을 내는 양념을 전혀
추가하지 않아도 맛있답니다.

감자 당근볶음

감자 사과볶음

✓ 필독! 유아식 전략

감자와 양파를 같은 공간에 보관하면 쉽게 무르고 상해요.
반대로 감자에 사과 1개(감자 10kg 기준)를 함께 넣어두면
감자의 발아를 억제, 더 싱싱하게 보관할 수 있답니다.

152

감자 당근볶음

🕐 20~30분
🍴 1컵
🥡 냉장 2일

- 감자 1/2개(100g)
- 당근 1/10개(20g)
- 양파 1/8개(25g)
- 현미유 약간
- 멸치육수 3큰술
  (또는 물 3큰술 + 소금 약간, 48쪽)
- 소금 약간

  ▶ 어른이 함께 먹을 경우
  아이가 먹을 분량을 덜어둔 후
  소금으로 간을 더하세요.

1 감자, 당근, 양파는 작게 채 썬다.

2 볼에 감자, 잠길 만큼의 물 +
소금(1작은술)을 담고 10분간 둔다.
＊감자를 소금 물에 담가두면
전분이 빠지면서 더 고슬고슬해지고,
간도 살짝 더해진답니다.

3 체에 밭쳐 물기를 뺀다.

4 달군 팬에 현미유, 양파를 넣고
중간 불에서 1분.
감자, 당근을 넣고 1분간 볶는다.
＊어린 월령이라면 현미유 대신
물에 볶아도 돼요.

5 멸치육수를 넣고 뚜껑을 덮어
약한 불에서 감자, 당근이 익을 때까지
3분간 찌듯이 둔다. 소금을 더한다.
＊채소가 익기 전에 멸치육수가 모두
없어진다면 물을 조금씩 더 넣으면 돼요.
부족한 간은 소금으로 더해요.

Tip

채소 대체하기
당근, 양파 대신 동량(약 50g)의
애호박, 파프리카, 양배추 등으로
대체해도 돼요.

감자 사과볶음

- 🕐 15~20분
- 🍴 1컵
- 🥣 냉장 1~2일

- 감자 1/2개(100g)
- 사과 1/4개(50g)
- 현미유 약간
  ▶ 어른이 함께 먹을 경우
  아이가 먹을 분량을 덜어둔 후
  소금으로 간을 더하세요.

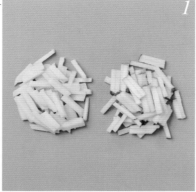

1
감자, 사과는 작게 채 썬다.
*맛, 영양을 위해 사과는
껍질째 넣어도 좋아요.

2
볼에 감자, 잠길 만큼의 물 +
소금(1작은술)을 담고 10분간 둔다.
*감자를 소금 물에 담가두면
전분이 빠지면서 더 고슬고슬해지고,
간도 살짝 더해진답니다.

3
체에 밭쳐 물기를 뺀다.

4
달군 팬에 현미유, 감자를 넣고
중간 불에서 3분간 볶는다.
불을 끄고 사과를 섞는다.
부족한 간은 소금으로 더한다.

무나물

아이들이 몇 번이나 더 달라고 할 정도로 인기 만점인 무나물!
익으면서 나오는 무 자체의 수분 덕분에 촉촉하고 달큰한 맛이 일품이랍니다.

사과 무생채

어른 무생채 같은 붉은 색감을
내고 싶어서 파프리카가루를 더했고,
사과로 새콤달콤한 맛을 살렸어요.
아이들은 어른과 비슷한 음식을
먹는다는 마음에 더욱 호기심을
갖게 되고, 다양한 메뉴를
시도할 수 있는 힘을 얻게 되지요.

들깨 쇠고기 무나물

무를 살짝 크게 썬 덕분에 아이들이
스스로 집어먹기 편한 무나물이에요.
들깻가루, 들기름의 조합이 얼마나 구수한지 몰라요.
비타민C가 풍부해 감기 예방 효과가 있는 무!
제철 가을, 겨울에 많이 챙겨주세요.

무나물

들깨 쇠고기 무나물

사과 무생채

✔ 필독! 유아식 전략

무가 제철인 가을, 겨울에는 단맛, 수분이 풍부해요. 대신 봄, 여름에는 단맛이
덜한 편이니 감자로 대체하고, 혹 무로 만든다면 양념이나 물의 양을 조절해 주세요.

무나물

- ⏱ 15~20분
- 🍽 1과 1/2컵
- 🥣 냉장 2일

- 무 지름 10cm, 두께 2cm(200g)
- 멸치육수 1/4컵
  (또는 물, 50mℓ, 48쪽)
- 들기름(또는 참기름) 1큰술
- 소금 1/4작은술
- 통깨 부순 것 1작은술
  ▶ 어른이 함께 먹을 경우
  아이가 먹을 분량을 덜어둔 후
  소금으로 간을 더하세요.

1 무는 큼직하게 썬다.
＊아이 한입보다 조금 더 크게 썰면
스스로 집어 먹기 딱 좋아요.

2 달군 팬에 들기름. 무를 넣고
중약 불에서 3분간
수분이 살짝 나올 때까지 볶는다.

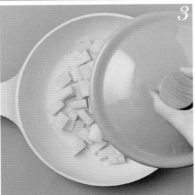

3 멸치육수를 넣고 뚜껑을 덮어 약한 불에서
7~10분간 살캉살캉하게 익힌다.
＊무가 익기 전에 멸치육수가 모두
없어진다면 물을 조금씩 더 넣으면 돼요.

4 소금. 통깨 부순 것을 넣고 중간 불에서
1~2분간 수분을 날려가며 볶는다.
＊국물이 있는 촉촉한 상태를 원한다면
뚜껑을 덮어 30초만 익히세요.

사과 무생채

- 🕐 15~20분
- 🍽 1과 1/2컵
- 🥣 냉장 2일

- 무 지름 10cm, 두께 1.5cm(150g)
- 사과 1/4개(50g)
- 파프리카가루 1/3작은술(생략 가능)
- 매실청(또는 올리고당) 약간
- 레몬즙(또는 식초) 약간
- 통깨 부순 것 약간

절임
- 소금 1/2작은술
- 설탕 1/2작은술

1 무, 사과는 작게 채 썬다.
*맛, 영양을 위해 사과는 껍질째 넣어도 좋아요.

2 위생팩에 무, 절임 재료를 넣고 조물조물 주무른 후 10분간 절인다. 무의 물기를 꼭 짠다.

3 볼에 무, 사과, 파프리카가루를 넣고 섞어 색을 입힌다. 매실청, 레몬즙, 통깨 부순 것을 넣고 무친다.
*파프리카가루 34쪽

들깨 쇠고기 무나물

- 🕐 15~20분
- 🍽 1컵
- 🥣 냉장 2일

- 다진 쇠고기 50g
- 무 지름 10cm, 두께 1.5cm(150g)
- 멸치육수 1/2컵
  (또는 물, 100㎖, 48쪽)
- 들깻가루 1큰술
- 들기름(또는 참기름) 1큰술
- 국간장 약간
  ▶ 어른이 함께 먹을 경우 아이가 먹을 분량을 덜어둔 후 국간장으로 간을 더하세요.

1 무는 큼직하게 썬다. 쇠고기는 키친타월로 감싸 핏물을 없앤다.
*아이 한입보다 조금 더 크게 썰면 스스로 집어 먹기 딱 좋아요.

2 달군 팬에 들기름, 쇠고기를 넣고 중간 불에서 1분, 무를 넣고 1분간 볶는다.

3 멸치육수, 국간장을 넣고 센 불에서 끓어오르면 약한 불로 줄인 후 뚜껑을 덮어 7~10분간 살캉살캉하게 익힌다. 들깻가루를 넣어 뚜껑을 열고 센 불에서 섞는다.

브로콜리나물

[브로콜리무침 / 브로콜리 키위무침 / 브로콜리 새우볶음]

비타민C가 풍부하고 칼슘 흡수를 촉진해
뼈 건강에 도움을 주는 브로콜리.
브로콜리 편식이 심하다면 잘게 다진
브로콜리부터 시작, 점차적으로 크기를
키워가며 다양한 조리법을 시도해보세요.

브로콜리 키위무침

브로콜리무침

브로콜리 새우볶음

✔ 필독! 유아식 전략

남기 마련인 브로콜리의 두꺼운 줄기는 스무디로 활용해
보세요. 온 가족이 함께 마시기 좋지요. *스무디 377쪽

브로콜리무침

- ⏱ 10~15분
- 🍴 3/4컵
- 🥣 냉장 2일

- 브로콜리 1/4개(송이 부분, 50g)

양념
- 소금 약간
- 들깻가루 약간(생략 가능)
- 참기름 약간
  - ▶ 어른이 함께 먹을 경우
    아이가 먹을 분량을 덜어둔 후
    소금으로 간을 더하세요.

1 브로콜리는 한 송이씩 썬다.

2 위생팩에 물, 식초 2~3방울,
브로콜리를 넣는다.

3 조물조물 주물러가며 브로콜리를 씻은 후
꺼내 흐르는 물에 한번 더 씻는다.

4 끓는 물(3컵) + 소금(1작은술)에 넣고
센 불에서 3분간 데친다.
흐르는 물에 헹군 후 물기를 꼭 짠다.
*물기를 꼭 짜야 싱겁지 않아요.

5 브로콜리는 작게 썬다.
*아이의 월령, 편식 여부에 따라
크기를 조절하세요.

6 볼에 모든 재료를 넣고 조물조물 무친다.

브로콜리 키위무침

🕐 10~15분
🍽 1컵
🍲 냉장 2일

- 브로콜리 1/4개(송이 부분, 50g)
- 키위 1/2개
  (또는 파인애플, 망고 등, 45g)

브로콜리는 159쪽 과정 ⑤까지 진행한다.
키위는 굵게 다진다.

볼에 키위, 브로콜리를 넣고 살살 무친다.

브로콜리 새우볶음

🕐 10~15분
🍽 1컵
🍲 냉장 2일

- 브로콜리 1/4개(송이 부분, 50g)
- 냉동 생새우살 4마리(60g)
- 현미유 약간
- 다진 마늘 약간
  (아이 월령에 따라 가감 또는 생략)

브로콜리는 159쪽 과정 ⑤까지 진행한다.
냉동 새우살은 해동한 후 작게 썬다.
＊아이의 월령, 편식 여부에 따라
크기를 조절하세요.

달군 팬에 현미유, 다진 마늘,
새우를 넣고 중간 불에서 2분,
브로콜리를 넣고 1분간 볶는다.

오이나물

[새콤 오이무침 / 고소한 오이무침 / 쇠고기 오이볶음]

오이는 어떻게 익히냐, 어떻게 써느냐에 따라
그 식감과 맛이 천차만별이에요.
가장 기본이 되는 청량하고 시원한 두 가지 오이무침과
아작아작한 오이볶음을 소개합니다.

새콤 오이무침

고소한 오이무침

쇠고기 오이볶음

✔ 필독! 유아식 전략

90% 이상 수분으로 이루어져 있을 뿐 아니라 비타민,
칼륨까지 풍부한 오이는 여름에 꼭 챙겨주면 좋은 채소입니다.

새콤 오이무침

🕐 10~15분
🍴 3/4컵
🥘 냉장 2~3일

• 오이 1/2개(100g)

양념
• 레몬즙 1작은술
　(또는 식초, 매실청, 생략 가능)
• 양조간장 1작은술
• 올리고당 2작은술
• 통깨 부순 것 약간
　▶ 어른이 함께 먹을 경우
　아이가 먹을 분량을 덜어둔 후
　양조간장으로 간을 더하세요.

1 오이는 굵은 소금으로 문질러 씻는다.

2 칼로 튀어나온 돌기를 긁어 없앤다.

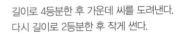

3 길이로 4등분한 후 가운데 씨를 도려낸다.
다시 길이로 2등분한 후 작게 썬다.

씨

4 볼에 양념을 섞은 후 오이를 넣어 무친다.
＊하루 정도 냉장실에서
숙성 시킨 후 먹으면 더 맛있어요.

고소한 오이무침

🕐 10~15분
🍴 3/4컵
🥘 냉장 2~3일

• 오이 1/2개(100g)
• 참기름 1/2작은술
• 소금 약간
• 통깨 부순 것 약간

1 오이는 위의 새콤 오이무침의
과정 ②까지 진행한 후
길이로 2등분한다. 작은 숟가락으로
가운데 씨를 긁어 없앤다.

2 오이를 길이로 2등분한 후
0.5cm 두께로 썬다.
참기름, 소금, 통깨 부순 것과 무친다.
＊배, 사과를 오이와
비슷한 크기로 썰어서 더해도 좋아요.

쇠고기 오이볶음 ─────

🕐 15~20분
🍴 1컵
🥣 냉장 2~3일

- 오이 1/2개(100g)
- 다진 쇠고기 50g
- 참기름 1작은술

밑간
- 양조간장 1/2작은술
- 올리고당 1/2작은술

1 오이는 162쪽 과정 ②까지 진행한 후 길이로 2등분한다. 0.2cm 두께로 얇게 썬다.

2 볼에 오이, 소금(1/2작은술)을 넣고 버무려 10분간 절인다.

3 쇠고기는 키친타월로 감싸 핏물을 없앤 다음 밑간과 버무린다.
*어린 월령이라면 밑간을 생략해도 돼요.

4 절인 오이는 흐르는 물에 씻은 후 물기를 완전히 꼭 짠다.
*물기를 꼭 짜야 싱겁지 않아요.

Tip

주먹밥으로 즐기기
쇠고기 오이볶음을 잘게 다져 밥과
섞은 후 주먹밥으로 만들어도 좋아요.

더 간단하게 만들기
다진 쇠고기 없이 오이볶음으로
즐겨도 돼요. 재료의 다진 쇠고기,
밑간을 생략하고, 과정 ③, ⑤의 쇠고기
넣는 내용을 제외하세요.

5 달군 냄비에 참기름, 쇠고기를 넣고
중간 불에서 1분 30초,
오이를 넣고 1분간 볶는다.

콩나물무침

[콩나물무침 / 콩나물 들깻가루무침 / 콩나물 김무침]

비타민C와 아스파라긴산이 풍부한 콩나물. 가격까지 저렴해 밥상에 자주 오르는 식재료 중
하나랍니다. 김이나 들깻가루를 더하면 또 다른 맛이 나기 때문에 기본 콩나물무침을
지루해할 때쯤 한 번씩 양념을 바꿔주세요.

콩나물무침

콩나물 들깻가루무침

콩나물 김무침

✔ 필독! 유아식 전략

콩나물은 삶는 도중 뚜껑을 계속 열고 삶아야
비린내가 나지 않고, 아삭하게 삶을 수 있어요.

콩나물무침

🕐 10~15분
🍽️ 1컵
🥣 냉장 1~2일

- 콩나물 2줌(또는 숙주, 100g)

콩나물무침 양념
- 참기름 1작은술
- 소금 1/4작은술(또는 국간장 약간)
- 통깨 부순 것 약간

들깻가루무침 양념
- 들깻가루 1큰술

▶ 어른이 함께 먹을 경우
  아이가 먹을 분량을 덜어둔 후
  소금으로 간을 더하세요.

김무침 양념
- 김가루 1큰술

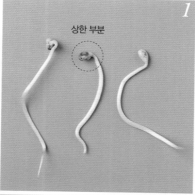

1 콩나물은 상한 부분을 떼어낸다.
*아이의 월령, 취향에 따라
콩나물 머리를 떼도 돼요.

상한 부분

2 끓는 물(4컵)에 콩나물을 넣고
센 불에서 끓여 바글바글 끓어오르면
2분간 삶는다.

3 체에 펼쳐 한 김 식힌 후
가위로 작게 잘라 원하는 양념과 무친다.

콩나물전

콩나물 편식이 심했던 첫째 훈이. 콩나물로 만들 수 있는
요리라면 정말 다양하게 만들었던 것 같아요. 그중 유일하게
잘 먹은 것이 지금 소개해드릴 콩나물전이랍니다.
콩나물전을 시작으로 이제는 콩나물 마니아예요.

새콤 숙주무침

비타민B_2가 풍부한 숙주. 어른처럼 소금이나 간장으로만
무쳐도 좋지만 새콤달콤 매실청을 더하면
별미인 양 집어먹어요. 숙주도 콩나물전처럼
전으로 부쳐 먹어도 맛있어요. 이때, 다진 돼지고기나
다진 새우살을 더하면 영양도 채울 수 있답니다.

✔ **필독! 유아식 전략**

채소만 들어가는 요리에 고기, 해산물 등 단백질이
풍부한 재료를 함께 넣으면 영양 균형이 훨씬
잘 맞아요. 냉장고 속 재료를 많이 활용해 주세요.

콩나물전

🕐 15~25분
🍴 지름 4cm 10~12개분
🥡 냉장 1~2일

- 콩나물 1줌(또는 숙주, 50g)
- 부침가루 1/4컵(25g)
- 물 1/4컵(50mℓ)
- 현미유 3큰술

Tip 색다르게 즐기기
다진 쇠고기나 다진 새우 등을
반죽에 함께 넣어 구워도 좋아요.

1 손질한 콩나물은 2cm 길이로 썬다.

2 큰 볼에 부침가루, 물을 넣고 섞은 후
콩나물을 넣어 한 번 더 섞는다.

3 달군 팬에 현미유를 두르고
②의 반죽을 지름 4cm 크기로 올린다.
중간 불에서 앞뒤로 뒤집어가며
4~5분간 노릇하게 굽는다.

새콤 숙주무침

🕐 10~15분
🍴 3/4컵
🥡 냉장 2일

- 숙주 4줌(200g)
- 부추 1/2줌(25g)

양념
- 양조간장 1작은술
- 매실청 2작은술
- 참기름 2작은술
- 통깨 부순 것 약간
  ▶ 어른이 함께 먹을 경우
  아이가 먹을 분량을 덜어둔 후
  소금으로 간을 더하세요.

1 숙주는 끓는 물(4컵)에 넣고
센 불에서 30초간 데친다.

2 ①의 숙주가 담긴 끓는 물에
부추를 넣고 바로 건져낸다.
숙주, 부추를 함께 체에 밭쳐 식힌 다음
가위로 작게 잘라 물기를 꼭 짠다.
＊물기를 꼭 짜야 싱겁지 않아요.

3 볼에 양념을 섞은 후
숙주, 부추를 넣고 조물조물 무친다.

애호박 채소 들깨볶음

각종 채소를 한 번에 볶아보았어요.
의외로 아이들은 다양한 식재료가 섞인
반찬에서 한 개라도 좋아하는 재료가
있으면 다른 재료도 덩달아
거부감 없이 먹는 경우가 많답니다.

애호박 채소 들깨볶음

밥새우 애호박찜

밥새우 애호박찜

냉장고에 빠지지 않고 늘 있는 식재료, 애호박.
비타민A, C, 칼륨이 풍부하고 소화 흡수가 잘 되어
이유식 때부터 사랑받는 재료이기도 하지요.
멸치육수와 밥새우로 감칠맛을 살려
촉촉하게 쪄 보았습니다.

✓ 필독! 유아식 전략

애호박의 단맛이 최상으로 올라가는 제철 여름에는
별다른 간 없이 물에 볶기만 해도 맛있답니다.
재료가 가진 고유의 단맛을 느낄 수 있도록 해주세요.

168

애호박 채소 들깨볶음

🕐 10~15분
🍽 1컵
🥟 냉장 1~2일

- 애호박 1/3개(90g)
- 팽이버섯 1/4봉(35g)
- 당근 1/20개(10g)
- 양파 1/20개(10g)
- 멸치육수 1/4컵(또는 물, 50㎖, 48쪽)
- 들깻가루 1작은술
- 소금 약간
- 현미유 약간

 채소 대체하기

팽이버섯, 당근, 양파는 한 종류만
사용하거나 다른 채소로 대체해도 돼요.
단, 총량이 50g이 되도록 하세요.

1
애호박, 팽이버섯, 당근, 양파는
작게 채 썬다.
＊아이의 월령, 편식 여부에 따라
크기를 조절하세요.

2
달군 팬에 현미유, 당근, 양파를 넣고
중간 불에서 1분간 볶는다.

3
애호박, 팽이버섯, 멸치육수를 넣고
중간 불에서 끓어오르면 중약 불로 줄여
자작해질 때까지 1분간 볶는다.
들깻가루, 소금을 더한다.

밥새우 애호박찜

🕐 10~15분
🍽 3/4컵
🥟 냉장 1~2일

- 애호박 1/3개(90g)
- 밥새우 1작은술(생략 가능)
- 멸치육수 1/2컵(또는 물, 100㎖, 48쪽)
- 국간장 약간
- 들기름 약간

밥새우 구입하기

1cm 정도의 작은 새우로 마치
그 크기가 밥알 같다고 하여
밥새우라 불려요. 대형마트, 온라인
등에서 쉽게 구입할 수 있어요.

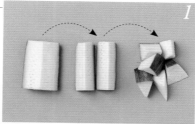

1
애호박은 길이로 4~6등분한 후
아이 한입 크기로 썬다.
＊아이의 월령, 편식 여부에 따라
크기를 조절하세요.

2
팬에 멸치육수, 애호박, 국간장을 넣고
센 불에서 끓어오르면 중약 불로 줄여
5~6분간 뭉근하게 익힌다.

3
밥새우, 들기름을 넣고
센 불에서 끓어오르면 불을 끈다.

애호박전

애호박을 맛있게 즐길 수 있는 방법 중 하나가 바로 전이에요.
애호박전만 구웠다 하면 저희 집 아이들은 뜨거울 텐데도 후후 불어가면서
먹을 정도지요. 달걀을 입혀 구운 덕분에 더 촉촉해요.

[치즈 애호박전으로 즐기기 171쪽]

✓ 필독! 유아식 전략

애호박에 입히는 달걀물에 부추, 당근과 같이
아이가 편식하는 채소를 아주 잘게 다져 넣어보세요.
전의 색감도 예뻐지고, 영양도 챙길 수 있어요.

⏱ 10~15분
🍴 10개분
🥣 냉장 1~2일

- 애호박 1/4개(약 65g)
- 밀가루 1큰술
- 달걀 1개
- 현미유 2큰술
- 소금 1/3작은술

1 애호박은 0.5cm 두께로 모양대로 썬다.

2 위생팩에 밀가루, 소금을 넣고 섞은 후 애호박을 넣어 흔들어가며 묻힌다.

3 볼에 달걀을 풀어준다.

4 애호박에 묻은 가루를 살짝 털어낸 후 달걀을 입힌다.

5 달군 팬에 현미유를 두르고 애호박을 넣고 중약 불에서 앞뒤로 뒤집어가며 3~4분간 노릇하게 굽는다.

치즈 애호박전으로 즐기기
애호박전이 뜨거울 때 슬라이스
아기치즈를 작게 썰어 올리면 돼요.

어른용 양념장 만들기
고춧가루 1/2큰술 + 다진 대파 1큰술 +
양조간장 1과 1/2큰술 + 올리고당 1큰술
+ 참기름 1/2큰술

가지무침

가지는 비타민, 식이섬유가 풍부하고, 아이들 면역력 증진에 좋은 보라색 빛의
안토시아닌계 색소가 가득해요. 살짝 쪄 영양, 수분을 그대로 가지고 있는 무침을 소개할게요.
찜기, 전자레인지 각각으로 만드는 법을 알려드릴 테니 편한 쪽으로 선택하세요.
가지를 잘 먹는 아이라면 양조간장, 올리고당의 양을 레시피보다 줄여서
가지 자체의 맛을 즐길 수 있도록 해주세요.

✔ 필독! 유아식 전략

가지가 가진 지용성 비타민 비타민E는 기름과 함께
요리했을 때 흡수율이 더 높아져요. 기름에 익히거나
양념에 들기름, 참기름을 추가하면 좋습니다.

⏱ 10~15분
🍴 1컵
🥣 냉장 2일

- 가지 1개(150g)

양념
- 물 2작은술
- 양조간장 1과 1/2작은술
- 올리고당 1작은술
- 들기름(또는 참기름) 1/2작은술
- 통깨 부순 것 약간

[찜기에 찌기]

가지는 길이로 2등분한 후
다시 3등분한다.
길고 깊게 어슷하게 칼집을 낸다.

김이 오른 찜통에 가지 껍질이
바닥에 닿도록 펼쳐 넣고
뚜껑을 덮어 중약 불에서 4분간 찐다.

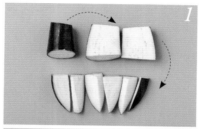

[전자레인지 찌기]

가지는 3등분한 다음 길이로 4~6등분한다.

평평한 내열용기에 키친타월을 깐다.
가지 껍질이 바닥에 닿도록 펼쳐 담고
뚜껑을 덮어 전자레인지에서
3분 30초~4분 정도 익힌다.

[공통 과정]

익힌 가지는 한 김 식힌 후 칼집대로,
또는 아이 한입 크기로 찢는다.

볼에 양념을 섞은 후 가지를 넣어 무친다.
*가지에 뜨거운 열기가 조금 남아 있어야
양념이 잘 스며들어요. 따라서
한 김만 식힌 후 양념과 버무리세요.

173

느타리버섯볶음

버섯의 비타민D는 세포 성장과
근력 발달, 면역 기능에 관여해요.
어른뿐만 아니라 아이에게도
부족하기 쉬운 영양소라서 다양한 방법으로
자주 섭취하는 것이 좋지요.

느타리버섯무침

버섯은 식이섬유와 단백질,
수분이 풍부하고 쫄깃한 식감,
향이 일품인 재료예요.
버섯 고유의 향을 아이가 경험하길
원한다면 지금 소개해드리는 레시피처럼
양념을 최소로 하도록 하세요.

느타리버섯볶음

느타리버섯무침

✔ 필독! 유아식 전략

버섯이 가진 비타민D는 기름과 함께 조리했을 때
더욱 흡수가 빠르니 잊지 말고 함께 챙겨주세요.

느타리버섯볶음

- 🕐 10~15분
- 🍴 3/4컵
- 🥡 냉장 2일

- 느타리버섯 2줌
  (또는 다른 버섯, 100g)
- 다진 부추 3큰술(생략 가능)
- 들깻가루 2작은술
- 양조간장 1/3작은술
- 들기름 약간
  ▶ 어른이 함께 먹을 경우
  아이가 먹을 분량을 덜어둔 후
  양조간장으로 간을 더하세요.

느타리버섯은 가늘게 찢는다.

달군 팬에 들기름, 느타리버섯을 넣고
중약 불에서 1분, 다진 부추, 들깻가루,
양조간장을 넣고 30초간 볶는다.

느타리버섯무침

- 🕐 10~15분
- 🍴 3/4컵
- 🥡 냉장 1~2일

- 느타리버섯 1줌
  (또는 다른 버섯, 50g)
- 당근 1/10개(20g)
- 양파 1/6개(30g)
- 현미유 약간
- 참기름 약간
- 소금 약간
  ▶ 어른이 함께 먹을 경우
  아이가 먹을 분량을 덜어둔 후
  소금으로 간을 더하세요.

 Tip 버섯 보관하기

버섯은 그릇에 펼쳐 실온에 1일 정도 둬
수분을 살짝 없앤 후 키친타월로 감싸
냉장하면 1주일 보관 가능해요.

느타리버섯은 가늘게 찢고,
당근, 양파는 작게 채 썬다.

끓는 물(2컵)에 느타리버섯을 넣고
1분간 데친 후 체에 밭쳐
찬물에 헹궈 물기를 꼭 짠다.
＊물기를 꼭 짜야 싱겁지 않아요.

달군 팬에 현미유, 당근, 양파를 넣고
중간 불에서 2분간 볶는다.

볼에 모든 재료를 넣고 살살 무친다.

팽이버섯 채소전

팽이버섯 특유의 식감 덕에 저희 두 아들이
너무 좋아하는 메뉴예요. 이것저것 싫어하는
채소를 몽땅 넣어도 전혀 모르고 잘 먹지요.
전으로 만들면 둘이서 팽이버섯 1봉쯤은
순식간에 해결한답니다.

양송이버섯찜

단백질뿐만 아니라 비타민과 무기질도 풍부한,
한 마디로 종합 영양 세트 같은 식재료가 버섯이에요.
특히나 양송이버섯은 버섯 중 단백질 함량이 가장
뛰어난데요, 찜으로 만들면 식감과 향까지 그대로
남아있답니다. 저와 준이가 매우 사랑하는 메뉴예요.

✔ **필독! 유아식 전략**

양송이버섯 밑동은 버리지 말고 요리에 활용하세요.
작게 썰어 채소 된장찌개(204쪽)에 넣으면
감칠맛과 함께 쫄깃한 식감도 줘요.

팽이버섯 채소전

🕐 15~25분
🍴 지름 4cm 10~12개
🥗 냉장 1~2일

- 팽이버섯 1/2봉
  (또는 양송이버섯, 느타리버섯, 75g)
- 다진 모둠 채소 1/2컵
  (애호박, 양파, 파프리카 등, 50g)
- 달걀 1개
- 현미유 2큰술
- 소금 약간

 색다르게 즐기기
새우살, 대게살 등을 더해
함께 구워도 좋아요.

1 팽이버섯은 잘게 다진다.

2 볼에 달걀을 풀고 팽이버섯,
다진 모둠 채소, 소금을 섞는다.

3 달군 팬에 현미유를 두르고 ②의
반죽을 지름 4cm 크기로 올린다.
중약 불에서 앞뒤로 뒤집어가며
3~4분간 노릇하게 굽는다.

양송이버섯찜

🕐 15~25분
🍴 3/4컵
🥗 냉장 1~2일

- 양송이버섯 5개(100g)
- 멸치육수 1/2컵
  (또는 물, 100㎖, 48쪽)
- 양조간장 1/2작은술
- 올리고당 1/2작은술
- 참기름 약간

1 양송이버섯은 밑동을 뗀다.

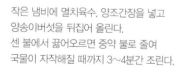

2 작은 냄비에 멸치육수, 양조간장을 넣고
양송이버섯을 뒤집어 올린다.
센 불에서 끓어오르면 중약 불로 줄여
국물이 자작해질 때까지 3~4분간 조린다.

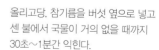

3 올리고당, 참기름을 버섯 옆으로 넣고
센 불에서 국물이 거의 없을 때까지
30초~1분간 익힌다.

배추찜

배추는 비타민C와 칼슘이 풍부하고,
열과 나트륨에 의한 영양 손실이 낮아
국, 볶음에 다양하게 활용할 수 있어요.
특히 알배기배추는 손질도 쉽고,
가격도 착한데 맛까지 너무 훌륭하지요.

양배추 파프리카무침

양배추는 비타민U와 식이섬유가 풍부해
아이들 위장 강화, 장 건강에 참 좋지요.
저는 주로 살짝 익힌 후 새콤달콤한 양념에
무쳐주는데요, 참 잘 먹는답니다.
비타민C가 풍부한 파프리카까지 더했기에
피클처럼 즐기기에도 딱이에요.

✔ 필독! 유아식 전략

보라색의 적양배추는 양배추와 비슷한 영양을 가졌지만 색이 고와
아이들이 거부감을 갖지 않고 잘 먹더라고요. 양배추가 들어가는 요리에
적양배추로 대체해도 돼요. 단, 요리에 보라색이 물들 수 있답니다.

178

배추찜

🕐 10~15분
🍴 3/4컵
🥡 냉장 2일

• 알배기배추 2장(손바닥 크기, 60g)
• 멸치육수 1/3컵
  (또는 물, 약 70㎖, 48쪽)
• 들깻가루 1작은술
• 양조간장 약간
• 참기름 약간
  ▶ 어른이 함께 먹을 경우
  아이가 먹을 분량을 덜어둔 후
  소금으로 간을 더하세요.

1 알배기배추는 아이 한입 크기로 썬다.
*아이의 월령, 편식 여부에 따라
크기를 조절하세요.

2 달군 팬에 참기름, 알배기배추를 넣고
중간 불에서 1분간 볶은 후
멸치육수를 넣는다.

3 끓어오르면 뚜껑을 덮고 중약 불에서
2~3분간 자박하게 찌듯이 익힌다.
들깻가루, 양조간장을 넣고 센 불로 올려
국물이 거의 없을 때까지 1분간 볶는다.

양배추 파프리카무침

🕐 10~15분
🍴 1컵
🥡 냉장 1~2일

• 양배추 3장
  (손바닥 크기, 또는 알배기배추, 90g)
• 파프리카 1/10개(20g)

양념
• 물 1큰술
• 양조간장 1작은술
• 매실청 1작은술

1 양배추, 파프리카는 작게 채 썬다.

2 끓는 물(2컵)에 양배추, 파프리카를 넣고
1분간 데친 후 체에 밭쳐
찬물에 헹군 다음 물기를 꼭 짠다.
*물기를 꼭 짜야 싱겁지 않아요.

3 볼에 양념, 양배추, 파프리카를 넣고 무친다.

김치볶음

김치를 물에 담가 짠맛과 매운맛을 빼면 아삭한
식감만 남게 돼요. 여기에 통깨 부순 것,
올리고당, 들기름을 조금씩 넣고 볶아보세요.
어른들 입맛도 살려줄 반찬이 되지요.

[김치볶음밥으로 즐기기 181쪽]

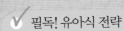 필독! 유아식 전략

김치는 아이 가까이에서 다양한 방법으로 계속 노출시켜
주는 것이 좋답니다. 그래야 김치 편식이 없어져요. 김장
체험을 하거나 어린이용 저염 김치를 맛보는 방법이 있지요.

🕐 10~15분

🍴 3/4컵

🥣 냉장 3~4일

- 배추김치 1컵(150g)
- 통깨 부순 것 1작은술
- 올리고당 1작은술
- 들기름 1작은술
  (또는 참기름)

1

배추김치는 씻은 후 물에 10분간 담가
짠맛을 없앤 다음 작게 썬다.
*어린 월령이라면 김치를 물에 담가두는
시간을 늘리거나 백김치로 대체해도 돼요.

2

달군 팬에 들기름. 김치를 넣고
중약 불에서 1분 30초간 볶는다.

3

올리고당을 넣고 1분간 볶은 후
불을 끈다. 통깨 부순 것을 넣어 버무린다.

Tip

김치볶음밥으로 즐기기
과정 ③까지 진행한 후 밥을 넣고
약한 불에서 밥이 따뜻해질 때까지
볶아주세요. 마지막에 참기름이나
통깨 다진 것을 더해도 좋아요.

연근찜

피로회복, 염증 완화에 좋은 비타민B, C가 풍부한 연근.
저희 어머님께서 손자들을 위해 자주 내어주시는 찬이
바로 연근찜이에요. 별다른 재료 없이 연근만 푹 익혔더니
감자보다 담백하고 고소하더라고요. 진정한 건강 반찬이지요.

연근찜

연근 깨 두부무침

연근 깨 두부무침

연근을 살짝만 익혀 아삭한 식감을 살리고
두부와 마요네즈로 부드러움을 더한 연근 깨 두부무침이에요.
검은깨 감자채무침(150쪽)을 잘 먹기에 약간 변형해
연근으로 만들었더니 이것 또한 싹싹 비우더라고요.
아이의 손이 잘 안 간다 싶다면 잘게 다져 김가루, 밥과 함께
주먹밥으로 만들어도 좋답니다.
초가을 햇연근이 나올 때 꼭 만들어 주세요.

✔ **필독! 유아식 전략**

연근은 껍질을 벗겨두면 바로 보라색으로
변합니다. 껍질을 벗긴 즉시 요리에 활용하거나,
아니면 소금물에 담가두세요.

연근찜

🕐 30~40분
🍴 1컵
🥣 냉장 2일

• 연근 지름 5cm, 길이 6cm(100g)

1 연근은 필러로 껍질을 벗긴 다음
0.5cm 두께로 모양대로 썬다.
＊아이의 월령, 편식 여부에 따라
크기를 조절하세요.

2 냄비에 물(3컵), 소금(약간), 연근을 넣고
뚜껑을 덮는다. 중간 불에서 30분 이상
살캉살캉하게 익을 때까지 삶는다.
＊아이가 선호하는 식감에 따라
삶는 시간을 조절하세요.

연근 깨 두부무침

🕐 15~20분
　　(+ 연근 아린 맛 없애기 30분)
🍴 1컵
🥣 냉장 2일

• 연근 지름 5cm, 길이 3cm(50g)
• 두부 1/6모(50g)

양념
• 통깨 부순 것 1큰술
• 마요네즈 1과 1/2큰술
• 올리고당 1/2작은술
• 소금 약간
　▶ 어른이 함께 먹을 경우
　아이가 먹을 분량을 덜어둔 후
　소금으로 간을 더하세요.

1 연근은 필러로 껍질을 벗긴 다음
0.3cm 두께로 얇게 썬다.
물(4컵) + 식초(1작은술)에
30분 정도 담가 아린 맛을 없앤다.

2 끓는 물(4컵) + 소금(1큰술)에 넣고
센 불에서 15분간 부드러운 상태가
될 때까지 삶는다.
체로 연근만 건져 한 김 식힌 다음
열십(+) 자 모양으로 4등분한다.

3 ②의 끓는 물에 두부를 넣고 30초간 데친다.
면보로 감싸 물기를 꼭 짜며 으깬다.

4 볼에 양념을 넣고 연근, 두부를 더해
조물조물 무친다.

연근칩

만들기 너무 쉬운 연근칩입니다. 반찬보다는 간식의 느낌이 강하지만 식판에 담기에도
어색하지 않답니다. 튀기는 도중 연근의 연한 색이 노르스름한 노란빛으로 변하는 타이밍이 되면
바로 건져주세요. 순식간에 타버리거든요.

✔ 필독! 유아식 전략

연근 특유의 아린 맛은 껍질을 벗긴 후 소금이나 식초를
넣은 물에 30분 정도 담가두면 없앨 수 있답니다.

⏱ 10~15분
(+ 연근 아린 맛 없애기 30분)
🍴 2컵
🥣 실온 5일

• 연근 지름 5cm, 길이 9cm(150g)
• 식용유 2컵(400㎖)
  ▶ 어른이 함께 먹을 경우
  아이가 먹을 분량을 덜어둔 후
  소금으로 간을 더하세요.

[공통 과정]
연근은 필러로 껍질을 벗긴다.

연근은 최대한 얇게 동그란 모양으로 썬다.
물(4컵) + 식초(1작은술)에
30분 정도 담가 아린 맛을 없앤 다음
키친타월로 감싸 물기를 없앤다.
＊두껍게 썰면 바삭하게 튀기기 어려우니
최대한 얇게 썰도록 하세요.
슬라이서를 이용해도 좋아요.

[기름에 튀기기]
180℃로 달군 식용유에 넣는다.
중간 불에서 저어가며 2~3분간 튀긴다.
이때, 노란빛이 되자마자 건진다.
＊연근을 기름에 넣었을 때
바로 떠오르면 180℃예요.

[에어프라이어로 튀기기]
에어프라이어에 넣고 160℃에서
10~15분간 튀긴다.
＊에어프라이어에 따라 차이가 있으므로
상태를 보며 굽는 시간을 조절하세요.

청포묵 김무침

탱글탱글한 식감의 묵에 김을 더해 어른도, 아이도 맛있게 먹는
메뉴입니다. 여기까지만 해도 훌륭하지만 조금 더 신경 쓰고 싶다면
초록의 부추를 살짝 데쳐 넣어주세요. 조금 번거롭더라도
정성이 더해지면 맛과 영양이 더 깊어진답니다.

✔ **필독! 유아식 전략**
향신 채소에 익숙한 아이라면 부추 대신
미나리, 깻잎 등을 데쳐서 더해도 좋아요.

- ⏱ 10~15분
- 🍴 3/4컵
- 🥣 냉장 2일

- 청포묵 약 1/4팩(80g)
- 부추 3줄(생략 가능)
- 김가루 1큰술
- 소금 약간
- 통깨 부순 것 약간
- 참기름 약간
  ▶ 어른이 함께 먹을 경우
  아이가 먹을 분량을 덜어둔 후
  소금으로 간을 더하세요.

1 청포묵, 부추는 아이 한입 크기로 썬다.

2 청포묵을 끓는 물(4컵)에 넣어
투명해질 때까지
센 불에서 30초간 데친다.

3 청포묵만 체로 건져 물기를 없앤 후
뜨거울 때 참기름과 섞는다.
청포묵 데친 물은 계속 끓인다.

4 청포묵 데친 물에 부추를 넣고
10초간 데친 후 체에 밭쳐 찬물에
헹군 다음 물기를 꼭 짠다.

5 볼에 모든 재료를 넣고 무친다.

Tip

청포묵을 도토리묵으로 대체하기
동량(80g)의 도토리묵으로 대체해도
돼요. 단, 소금 대신 양조간장 1/2작은술
(월령에 따라 가감)을 넣으세요.

오징어 미역 초무침

제가 아이들에게 일부러도 자주 먹이는 해조류가
톳, 매생이, 미역입니다. 해조류는 철분, 단백질, 칼륨 등이
풍부해 다양하게 먹일수록 좋지만 사실, 엄마들도 선뜻 손이 잘 안 가는
식재료이기도 하지요. 미역을 매번 국으로만 끓였다면
식욕을 돋우는 새콤달콤한 무침을 만들어보세요.
의외로 우리 아이 입맛을 사로잡는 메뉴가 될지도 모르잖아요.

✔ 필독! 유아식 전략

신맛은 아이 월령, 선호도에 따라 조절하는 것이 좋아요.
다만, 초무침은 신맛이 너무 약하게 되면 해조류의
비린 맛이 심해져 아이들이 더 거부할 수 있답니다.

- ⏱ 20~30분
- 🍴 3/4컵
- 🥣 냉장 2일

- 마른 실미역 1과 1/2큰술
  (약 4g, 불린 후 40g)
- 손질 오징어 1/2마리(몸통만, 50g)

양념
- 식초 2작은술
  (또는 매실청)
- 올리고당 1작은술
- 소금 약간
  ▶ 어른이 함께 먹을 경우
  아이가 먹을 분량을 덜어둔 후
  양조간장으로 간을 더하세요.

1 미역은 잠길 만큼의 물에 담가 10분간 둔다.

2 끓는 물(4컵)에 넣고 30초간 데친다.

3 체로 미역만 건져 찬물에 담가 주물러
거품이 나오지 않을 때까지 헹군다.
물기를 꼭 짠 후 작게 썬다.
이때, 물은 계속 끓인다.
*물기를 꼭 짜야 싱겁지 않아요.

4 ③의 끓는 물에 식초(1작은술),
오징어를 넣고 1분간 데친다.

5 오징어는 가늘고 작게 채 썬다.
*아이의 월령, 씹는 숙련도에 따라
더 작게 썰어도 돼요.

Tip

남은 오징어 다리 활용하기
248쪽 오징어볼에 활용하세요.

더 건강하게 즐기기
파프리카, 오이 등을 작게 채 썰어서
함께 더해도 좋아요. 영양뿐만 아니라
아삭한 식감도 살릴 수 있지요.

6 볼에 모든 재료를 넣고 무친다.
*무친 후 10분 정도 냉장고에 넣어두면
양념이 배어 더 맛있어요.

든든하게 챙기는

국물 요리

한국인의 밥상에서 절대 빠질 수 없는 것, 바로 국이지요.
밥 먹을 때 뜨끈한 국이 있어야 뭔가 든든함도 더해지는 것 같기도 하고요.

하지만, 국물은 염도가 높아 아이들에게 위험할 수 있어요.
재료를 우려낸 국물에 최소한의 간을 하고,
국물보다 건더기를 더 풍성하게 만들도록 하세요.

핵심 전략 알아보기

1 ----- 한 번에 넉넉하게 만들어 냉동해두세요

2 ----- 어른들이 먹는 국물 요리에 비해 건더기를 더 채우세요

3 ----- 남은 국물 요리는 다양하게 활용하세요

4 ----- 얼음과 친해지세요

1 ----- 한 번에 넉넉하게 만들어 냉동해두세요.

다른 반찬에 비해 냉동해두기 좋은 국물 요리. 이렇게 하면 엄마도 편하고, 어설프게 냉장 보관한 것보다
훨씬 안전하게 보관할 수 있지요. 특히 미역국, 뭇국은 많은 양을 끓이게 되면 재료에서
진한 맛이 우러나면서 훨씬 더 맛있어지기에 넉넉하게 만들어 냉동해두길 추천합니다.

국물 요리 냉동하는 방법

1
끓인 국
완전히 식히기

- 냉동해 둘 국물 요리라면 바로 먹을 때보다 재료를 좀 더 크게 써는 것이 좋아요.
  그래야 해동 후에도 재료의 식감을 느낄 수 있지요.

↓

2
저장 용기에
담기

- 한 번 먹을 분량씩 담아주세요.
  이때, 건더기와 국물을 따로 담아도 됩니다.
- 국물은 얼면서 팽창하기 때문에 용기의 80% 정도만 채우세요.

↓

3
만든 날짜,
메뉴명 적기

- 냉동했더라도 2~3주 안에 먹는 것을 추천해요.
- 냉동하게 되면 건더기, 국물의 형태가 잘 보이지 않으므로 메뉴명을 적어두세요.

↓

4
해동하기

- 냉장실에서 자연해동하기, 뜨거운 물이 담긴 볼에
  냉동 용기 그대로 담가두기, 끓는 물에 냉동 용기 그대로 넣어 끓이기,
  전자레인지에 돌리기 등 다양한 방법이 있습니다.

국물 요리 냉동하기 좋은 용기

모유저장팩 ·································

모유저장팩과 같은 스탠딩 팩은 세워둘 수 있어서 편리해요.
국물 요리를 넣은 후 남은 공기를 최대한 빼도록 해요.

저장용기 ·································

환경 호르몬 걱정이 없는 스테인리스나 실리콘 소재를 추천해요.
또한 완전히 해동하지 않은, 언 상태로 냄비에 넣을 때를 감안해
집에서 사용하는 냄비보다 작은 크기의 용기가 좋습니다.

② 어른들이 먹는 국물 요리에 비해 건더기를 더 채우세요

국물 요리의 국물은 염도가 높은 편이에요. 때문에 아이들뿐만 아니라 어른도
국물보다는 건더기를 챙겨 먹자고 할 정도이지요. 다만, 어른은 스스로 조절이 가능하지만
아이들은 쉽지 않기에 만들 때부터 국물의 양이 좀 적다 싶을 정도로 건더기를 듬뿍 넣어주세요.

③ 남은 국물 요리는 다양하게 활용하세요

• 삶은 우동면이나 칼국수, 수제비 등을 더해 한 그릇으로 변신시켜주세요.
• 자투리 채소, 들깻가루 약간, 남은 밥을 더해 되직하게 죽처럼 끓여도 좋아요.
• 국에 녹말물을 더해 소스처럼 되직해지면 밥에 올려 덮밥처럼 즐겨요.
  녹말물은 녹말가루 1작은술 + 물 3큰술을 섞으면 됩니다.

④ 얼음과 친해지세요

금방 끓인 뜨거운 국은 아무래도 다른 반찬에 비해 아이들에게 주기 위험하죠.
식히기에는 너무 오랜 시간이 걸리고, 그럴 때 좋은 것이 바로 얼음 한 알!
얼음 한 알만 뜨거운 국에 더하면 먹기 딱 적절한 온도로 식는 것은 물론이고,
염도도 줄일 수 있어요. 소형 휴대용 선풍기로 식히는 것도 방법이에요.

달걀 부춧국

준이와 달리 훈이는 국 마니아로
식판에 국이 없으면 안 될 정도지요.
저희 아이처럼 국을 좋아한다면 국거리가
너무 마땅찮은 순간을 겪어 보셨을 거예요.
그럴 때 선택하는 스피드 국입니다.
단백질 가득한 달걀 하나면 끝!

토마토 달걀탕

담백한 달걀과 토마토의 감칠맛이
참 잘 어울리는, 자박자박 달걀탕이에요.
토마토의 식감을 제대로 느끼고 싶다면
만든 후 바로 맛보는 것이 좋지요.
조리가 간편해 바쁜 아침에도
후다닥 완성할 수 있답니다.

달걀 부춧국

토마토 달걀탕

✔ 필독! 유아식 전략

달걀을 열에 오래 익히면 특유의 부드러운 식감이 사라지므로
레시피의 시간을 지키세요. 토마토의 라이코펜은 기름에 볶을 경우
흡수율을 높일 수 있기에 조리 방법을 그대로 따라 하도록 해요.

달걀 부춧국

- ⏱ 10~15분
- 🍴 2~3회분
- 🍚 냉장 2일

- 달걀 1개
- 당근 1/10개(20g)
- 부추 3줄기
- 멸치육수 1과 1/2컵
  (또는 물, 300㎖, 48쪽)
- 소금 1/4작은술
  ▶ 어른이 함께 먹을 경우
  아이가 먹을 분량을 덜어둔 후
  양조간장으로 간을 더하세요.

당근은 작게 채 썰고,
부추도 당근과 비슷한 길이로 썬다.
볼에 달걀을 푼다.

냄비에 멸치육수, 당근을 넣고
센 불에서 끓어오르면 달걀을
둘러가며 넣고 그대로 30초간 끓인다.
＊달걀을 넣고 바로 휘저으면
국물이 탁해지므로 그대로 둡니다.

숟가락으로 2~3회 휘저은 후
1분간 끓인다.
부추, 소금을 넣고 바로 불을 끈다.

토마토 달걀탕

- ⏱ 10~15분
- 🍴 1~2회분
- 🍚 냉장 2일

- 달걀 1개
- 방울토마토 6개
  (또는 토마토 1/2개, 90g)
- 양파 1/10개(20g)
- 멸치육수 1/4~1/2컵
  (또는 물, 50~100㎖, 48쪽)
- 현미유 1작은술
- 소금 약간
  ▶ 어른이 함께 먹을 경우
  아이가 먹을 분량을 덜어둔 후
  소금으로 간을 더하세요.

볼에 달걀을 푼다.
양파는 작게 썰고,
방울토마토는 껍질을 벗긴 후
4~6등분한다.
＊방울토마토 껍질 벗기기 44쪽

달군 냄비에 현미유, 방울토마토,
양파를 넣고 중간 불에서
30초간 볶은 후 한쪽으로 밀어둔다.

반대쪽에 달걀물을 부어
20~30초간 저어가며 볶는다.
멸치육수, 소금을 넣고
센 불에서 끓어오르면 불을 끈다.

팽이버섯 맑은 두붓국

단백질이 풍부하고 부드러운 식감의 두부.
다양한 조리법 중에서 특히나 국에 더하면
더욱 부드럽게 즐길 수 있지요.
어린 월령도 술술~ 참 잘 먹을 거예요.

청경채 두부된장국

청경채는 특별한 향과 맛이 없고, 수분이 풍부해
이유식 때부터 자주 접하는, 아이들에게
친숙한 재료이지요. 특히 채소임에도
불구하고 칼슘, 베타카로틴이 풍부해
국에 더할 경우 단백질이 풍부한
두부와 환상의 궁합을 이룬답니다.

✔ 필독! 유아식 전략

된장은 종류에 따라. 브랜드에 따라 염도가 달라요.
따라서 레시피 양대로 한 번에 넣지 말고 조금씩,
그리고 마지막에 더하며 간을 조절하세요.

팽이버섯 맑은 두붓국

🕐 10~15분
🍴 2~3회분
🥣 냉장 2~3일

- 두부 1/3모(또는 연두부, 100g)
- 팽이버섯 1/6봉
  (또는 애호박, 양파, 25g)
- 멸치육수 2컵(400㎖, 48쪽)
- 소금 약간
  ▶ 어른이 함께 먹을 경우
  아이가 먹을 분량을 덜어둔 후
  소금으로 간을 더하세요.

1 팽이버섯, 두부는
아이 한입 크기로 썬다.
＊아이의 월령에 따라
크기를 조절하세요.

2 냄비에 멸치육수를 넣고
센 불에서 끓어오르면 두부를 넣어
중간 불에서 3~5분간 끓인다.

3 팽이버섯, 소금을 넣고 1~2분간 끓인다.

청경채 두부된장국

🕐 10~15분
🍴 2~3회분
🥣 냉장 2~3일

- 두부1/3모(100g)
- 새송이버섯 1/4개
  (또는 다른 버섯, 20g)
- 청경채 1개
  (또는 배추, 양배추 등, 40g)
- 멸치육수 2컵
  (또는 물, 400㎖, 48쪽)
- 된장 1작은술
  ▶ 어른이 함께 먹을 경우
  아이가 먹을 분량을 덜어둔 후
  된장으로 간을 더하세요.

1 청경채, 새송이버섯, 두부는
아이 한입 크기로 썬다.
＊아이의 월령에 따라
크기를 조절하세요.

2 냄비에 멸치육수를 넣고 센 불에서
끓어오르면 두부, 새송이버섯을 넣는다.
중간 불로 줄여 3~5분간 끓인다.

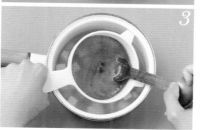

3 된장을 체에 밭쳐 넣고 숟가락으로 풀어준 후
청경채를 넣고 1~2분간 끓인다.
＊된장을 체에 밭쳐 넣어야
건더기 없이 부드럽게 즐길 수 있어요.

애호박 순두붓국

애호박의 달콤한 덕분인지 저희 아이들이 뽑은
'엄마표 국물 베스트 3'에 속하는 국이에요.
일반 순두부에 비해 식감이 더 살아 있는
전통 순두부를 사용하는 것이 포인트.
없다면 일반 찌개용 두부를 칼등으로 대강 으깨
더하면 비슷한 식감이 난답니다.

콩비지찌개

두부에 비해 식이섬유가 더 풍부한 콩비지,
다진 돼지고기, 배추김치로 찌개를 만들었어요.
훈이, 준이 저희 집 두 아이는 밥까지 비벼
먹을 정도로 좋아하지요. 어린 월령이라면
배추김치를 물에 담가두는 시간을 더 늘리거나
백김치를 활용해도 좋습니다.

애호박 순두붓국

콩비지찌개

✔ 필독! 유아식 전략
두부에는 단백질, 철분, 칼슘 함유량이 높아요.
특히 순두부는 수분이 많이 포함되어
부드러울 뿐만 아니라 소화도 훨씬 쉽지요.

애호박 순두붓국

- 🕐 15~20분
- 🍴 2~3회분
- 🥣 냉장 2일

- 전통 순두부 1봉
  (초당 순두부, 300g)
- 애호박 1/9개
  (또는 무, 30g)
- 양파 1/10개(20g)
- 멸치육수 1컵
  (200mℓ, 48쪽)
- 국간장 1작은술
  ⊙ 어른이 함께 먹을 경우
  아이가 먹을 분량을 덜어둔 후
  국간장으로 간을 더하세요.

 **더 고소하게 즐기기**
과정 ③에서 양파와 함께
들깻가루 1큰술을 더하거나
저염명란을 넣어도 좋아요.

1 순두부는 체에 밭쳐 간수를 뺀다.
*순두부 대신 일반 두부를 으깨서
사용해도 돼요.

2 애호박은 얇게 아이 한입 크기로,
양파는 작게 채 썬다.

3 냄비에 멸치육수, 애호박, 양파를
넣고 센 불에서 끓어오르면
중약 불로 줄여 3분, 순두부, 국간장을
넣고 끓어오르면 바로 불을 끈다.
*오래 끓이면 순두부에서 수분이
많이 빠지므로 짧은 시간만 끓이세요.

콩비지찌개

- 🕐 15~20분
- 🍴 2~3회분
- 🥣 냉장 2일

- 배추김치 1/3컵
  (또는 백김치, 50g)
- 느타리버섯 1/2줌
  (또는 다른 버섯, 25g)
- 다진 돼지고기 30g
  (또는 다진 쇠고기)
- 콩비지 1/2봉(150g)
- 멸치육수 3/4컵
  (또는 물, 150mℓ, 48쪽)
- 다진 마늘 약간
- 참기름 약간
- 국간장(또는 소금) 약간

1 배추김치는 씻은 후 물에 10분간 담가
짠맛을 없앤 후 작게 썬다.
버섯은 작게 찢고, 돼지고기는
키친타월로 감싸 핏물을 없앤다.
*어린 월령이라면 김치를 물에
담가두는 시간을 늘리거나
백김치로 대체해도 돼요.

2 달군 팬에 참기름, 다진 마늘,
다진 돼지고기를 넣어 중간 불에서 1분,
배추김치, 버섯을 넣고 30초간 볶는다.

3 콩비지, 멸치육수를 넣고
센 불에서 끓어오르면 중약 불로 줄여
국간장을 넣고 5분간 끓인다.

콩나물국

콩은 단백질이 풍부한 반면,
비타민C가 부족해요. 하지만,
콩이 싹을 틔워 콩나물이 되면
비타민C가 풍성해집니다.
콩나물국은 간단해 보이지만
비린내가 나면 아이가
거부할 수 있으니 레시피를
잘 따라 만들어 보세요.

콩나물국

단호박 김칫국

단호박 김칫국

달달한 단호박 김칫국은 제가 특히
추천하는 국 중 하나입니다. 식이섬유와
비타민이 풍부할 뿐 아니라 달콤한 향과
부드러운 맛이 매력적이거든요.

✔ 필독! 유아식 전략

아이들은 눈으로 먼저 요리를 먹기에 예쁜 요리를
선호한답니다. 맑은 국이 심심해 보인다면
빨간 파프리카나 부추를 작게 썰어 올려주세요.

콩나물국

- 🕐 10~15분
- 🍴 2~3회분
- 🥣 냉장 2~3일

- 콩나물 1줌(50g)
- 멸치육수 2컵(400mℓ, 48쪽)
- 소금 약간
- 국간장 약간
- 다진 마늘 약간
- 다진 파 약간
  - ▶ 어른이 함께 먹을 경우
    아이가 먹을 분량을 덜어둔 후
    소금, 국간장으로 간을 더하세요.

콩나물은 굵게 다진다.
＊아이의 월령, 취향에 따라
콩나물 머리를 떼도 좋아요.

냄비에 멸치육수, 콩나물을 넣고
센 불에서 끓어오르면 중간 불로 줄여
5분간 끓인다. 소금, 국간장, 다진 마늘,
다진 파를 넣고 1~2분간 끓인다.
＊계속 뚜껑을 열고 끓여야
콩나물 비린내가 나지 않아요.

단호박 김칫국

- 🕐 20~30분
- 🍴 2~3회분
- 🥣 냉장 2~3일

- 배추김치 1/3컵(50g)
- 미니 단호박 1/2개
  (또는 고구마, 단호박, 150g)
- 두부 1/6모(50g)
- 멸치육수 2와 1/2컵
  (500mℓ, 48쪽)
- 다진 마늘 약간
- 소금 약간
- 참기름 1작은술
  - ▶ 어른이 함께 먹을 경우
    아이가 먹을 분량을 덜어둔 후
    소금으로 간을 더하세요.

배추김치는 씻은 후 물에 10분간 담가
짠맛을 없앤 다음 작게 썬다.
＊어린 월령이라면 김치를 물에
담가두는 시간을 늘리거나
백김치로 대체해도 돼요.

단호박, 두부는
아이 한입 크기로 썬다.
＊단호박 손질 42쪽

달군 냄비에 참기름, 다진 마늘,
김치를 넣어 중약 불에서 1분간 볶는다.

멸치육수, 단호박을 넣고
센 불에서 끓어오르면
중간 불로 줄여 10분간 끓인다.
두부, 소금을 넣고 한번 끓인다.

들깨 버섯국

구수한 맛의 들깻가루는
적은 양으로도 국물의 감칠맛을
살려주는 고마운 재료이지요.
아이들의 선호도에 따라 들깻가루의 양을
조절해 더 진하게 끓여도 좋아요.

들깨 버섯국

들깨 감잣국

들깨 감잣국

만만한 재료인 감자. 알고 보면
탄수화물, 비타민C 등 다양한 영양에
포슬포슬한 식감까지 가진 든든한 채소입니다.
단백질을 더 추가하고 싶다면
마지막에 달걀 하나를 톡 깨서 넣어주세요.

✔ 필독! 유아식 전략

오메가3가 풍부한 들깻가루. 간혹 알레르기가
있을 수 있으니 꼭 확인 후 요리에 더해주세요.
들깻가루는 냉동해두면 6개월 정도 보관이 가능해요.

들깨 버섯국

⏱ 10~15분
🍴 2~3회분
🥣 냉장 2~3일

- 모둠 버섯 1줌(50g)
- 멸치육수 2컵
  (또는 물, 400㎖, 48쪽)
- 들깻가루 2큰술
- 국간장 1/2작은술
- 다진 마늘 약간
  ▶ 어른이 함께 먹을 경우
  아이가 먹을 분량을 덜어둔 후
  국간장으로 간을 더하세요.

 Tip 더 든든하게 즐기기
두부나 감자 100g을 아이 한입 크기로
썰어서 과정 ②에서
버섯과 함께 넣어도 좋아요.

1 모둠 버섯은 아이 한입 크기로 썬다.
＊아이의 월령에 따라
크기를 조절하세요.

2 냄비에 멸치육수를 넣고
센 불에서 끓어오르면 버섯을 넣고
중간 불에서 3~5분간 끓인다.

3 들깻가루, 국간장,
다진 마늘을 넣고 끓인다.

들깨 감잣국

⏱ 10~15분
🍴 2~3회분
🥣 냉장 2~3일

- 감자 1/2개(100g)
- 양파 약 1/7개(30g)
- 멸치육수 2컵
  (또는 물, 400㎖, 48쪽)
- 들깻가루 1큰술
- 국간장 1작은술
  ▶ 어른이 함께 먹을 경우
  아이가 먹을 분량을 덜어둔 후
  국간장으로 간을 더하세요.

1 감자는 아이 한입 크기로,
양파는 작게 채 썬다.
＊아이의 월령에 따라
크기를 조절하세요.

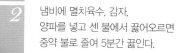

2 냄비에 멸치육수, 감자,
양파를 넣고 센 불에서 끓어오르면
중약 불로 줄여 5분간 끓인다.

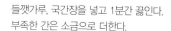

3 들깻가루, 국간장을 넣고 1분간 끓인다.
부족한 간은 소금으로 더한다.

채소 된장찌개

어른들이 먹는 된장찌개에 비해 국물은 적게, 건더기는 훨씬 많도록 끓인
아이를 위한 채소 된장찌개예요. 염분이 녹아든 국물보다는 채소를 많이 먹도록 하기
위해서이지요. 채소의 크기, 익힘 정도는 아이의 월령에 따라 조절해도 좋아요.

✔ 필독! 유아식 전략

채소는 다양하게 바꿔가며 더해주세요. 채소마다
가진 맛을 느끼다 보면 채소와 더 친해질 거예요.

⏱ 15~25분
🍽 2~3회분
🍲 냉장 2~3일

- 당근 1/7개(30g)
- 애호박 1/9개(30g)
- 양파 약 1/7개(30g)
- 두부 1/4모(75g)
- 쌀뜨물 2컵
  (또는 물, 멸치육수 48쪽, 400㎖)
- 된장 1/2큰술
- 다진 마늘 약간

  ▶ 어른이 함께 먹을 경우
  아이가 먹을 분량을 덜어둔 후
  된장으로 간을 더하세요.

1 당근, 애호박, 양파, 두부는
아이 한입 크기로 썬다.
*아이의 월령, 편식 여부에 따라
크기를 조절하세요.

2 냄비에 쌀뜨물, 당근을 넣어
센 불에서 끓어오르면 중간 불로 줄여
애호박, 양파를 넣고 5분간 끓인다.

3 된장을 체에 밭쳐 넣고 숟가락으로
살살 풀어준다.
*된장을 체에 밭쳐 풀어야
건더기 없이 부드럽게 즐길 수 있어요.

Tip

쌀뜨물 만들기
쌀을 씻은 첫 번째 물은 버리고,
두세 번째로 씻은 물이에요.
전분, 단백질, 각종 미네랄이
녹아 있어서 일반 물에 비해
영양도 풍부하고, 맛도 구수하지요.
냉장 2~3일 정도 보관 가능해요.

채소 대체하기
당근, 애호박, 양파 대신 동량(90g)의
다른 채소로 대체해도 돼요.
이때, 감자를 더하면 감자가 가진
전분 덕분에 살짝 걸쭉한 농도의
찌개로 맛볼 수 있답니다.

더 든든하게 즐기기
과정 ②에서 다진 쇠고기 50g이나
냉동 고기 큐브(47쪽)를 채소와 함께
더하면 더 든든하게 즐길 수 있어요.

4 두부, 다진 마늘을 넣고
끓어오르면 불을 끈다.

쇠고기 배추된장국

고기가 주재료인 국은 많은 양을 오래 끓였을 때
더 맛있어요. 고기에서 맛이 충분히 우러나기에
그러하지요. 쇠고기 배추된장국 역시 소개해드린
분량보다 더 넉넉하게 만든 다음 냉동해 두는 것을
추천합니다(국물 요리 냉동하기 192쪽).
마지막에 간을 더하거나 매콤한 고추를 추가하면
어른이 함께 먹기에도 좋아요.

양배추 새우된장국

양배추의 달큼함이 녹아든 된장국이에요.
들깻가루까지 더해 고소함이 배가 되니
아이들 밥 도둑이 따로 없지요.
흔한 된장국일지라도 재료에 따라
더 맛있고, 더 풍성해질 수도 있다는 것을
아이들에게 선보여 주세요.

쇠고기 배추된장국

양배추 새우된장국

✔ 필독! 유아식 전략

어린 월령이거나 고기를 잘 씹지 못하는 아이라면
두께가 얇은 불고기용, 샤부샤부용 우둔살로 사용하세요.

쇠고기 배추된장국

🕐 15~25분
🍴 2~3회분
🥣 냉장 3~4일

- 쇠고기 국거리용 50g
  (양지, 설도 등, 또는 다진 쇠고기나
  불고기용, 샤부샤부용)
- 알배기배추 2장(손바닥 크기, 60g)
- 멸치육수 2컵
  (또는 물, 쇠고기육수(48쪽), 400㎖)
- 된장 1작은술
- 다진 마늘 약간
  ▶ 어른이 함께 먹을 경우
  아이가 먹을 분량을 덜어둔 후
  된장으로 간을 더하세요.

Tip 알배기배추 대체하기
동량(60g)의 시금치, 청경채 등으로
대체해도 돼요.

1 쇠고기는 키친타월로 감싸
핏물을 없앤다. 알배기배추, 쇠고기는
아이 한입 크기로 썬다.
*아이의 월령, 씹는 숙련도에 따라
크기를 조절하세요.

2 냄비에 멸치육수를 넣고
센 불에서 끓어오르면 ①을 더한 다음
중간 불로 줄여 6~8분간 끓인다.
이때, 떠오르는 거품을 중간중간 걷어낸다.

3 된장을 체에 밭쳐 넣고 숟가락으로
풀어준다. 다진 마늘을 넣고
1~2분간 끓인다.
*된장을 체에 밭쳐 풀어야
건더기 없이 부드럽게 즐길 수 있어요.

양배추 새우된장국

🕐 15~25분
🍴 2~3회분
🥣 냉장 2~3일

- 양배추 2장(손바닥 크기, 60g)
- 부추 3줄기
- 냉동 생새우살 3마리(45g)
- 멸치육수 2컵(또는 물, 400㎖, 48쪽)
- 된장 1작은술
- 들깻가루 1큰술
  ▶ 어른이 함께 먹을 경우
  아이가 먹을 분량을 덜어둔 후
  된장으로 간을 더하세요.

1 양배추, 부추, 해동한 새우살은
아이 한입 크기로 썬다.
*아이의 월령, 편식 여부에 따라
크기를 조절하세요.

2 냄비에 멸치육수를 넣고 센 불에서
끓어오르면 양배추, 새우를 더한 다음
중간 불로 줄여 8분간 끓인다.
이때, 떠오르는 거품을 중간중간 걷어낸다.

3 된장을 체에 밭쳐 넣고
숟가락으로 풀어준 후
부추, 들깻가루를 넣고 한번 끓인다.
*된장을 체에 밭쳐 풀어야
건더기 없이 부드럽게 즐길 수 있어요.

황태국

여러 필수아미노산 중 특히 세포 발육에 도움을 주는 리신 성분을 많이 갖고 있는 황태.
덕분에 성장기 아이에게 참 이로운 식재료이지요.
게다가 보관도 용이해 비상식량으로도 훌륭하답니다. 다양한 요리에 활용하세요.

✔ **필독! 유아식 전략**
황태채는 어린이용이나 유기농 매장에서 '이유식용'으로 구입하되,
요리 전에 남은 가시가 없는지 한 번 더 확인해 주세요.

🕐 20〜30분

🍴 2〜3회분

🥡 냉장 2〜3일

- 아이용 부드러운 황태채 1컵
  (이유식용, 또는 북어채, 20g)
- 무 지름 7cm, 두께 1cm(70g)
- 황태채 불린 물 2컵(400㎖)
- 국간장 1작은술
- 참기름 1작은술
- 다진 마늘 약간
  (월령에 따라 가감 또는 생략)
  ▶ 어른이 함께 먹을 경우
  아이가 먹을 분량을 덜어둔 후
  국간장으로 간을 더하세요.

1 황태채는 가위로 잘게 자른다.
따뜻한 물(3컵)에 담가
10〜15분간 부드럽게 불린다.

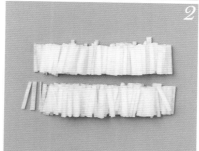

2 무는 작게 채 썬다.

3 황태채는 물기를 꼭 짠 후
참기름, 다진 마늘과 버무린다.
이때, 황태채 불린 물(2컵)은 따로 둔다.

4 달군 냄비에 황태채를 넣어
중간 불에서 30초,
무를 넣고 1분간 볶는다.

5 황태채 불린 물(2컵)을 넣고
끓어오르면 국간장을 넣고
6〜7분간 끓인다.

더 든든하게 즐기기
작게 썬 두부 1/3모(100g)나
풀어둔 달걀 1개를 마지막에 넣고 끓여요.

베이비 닭개장

맑게 끓인 고단백 보양국, 닭개장이에요.
푹 끓인 닭육수에 숙주, 버섯, 고사리까지 더했으니 맛이 없을 수가 없겠죠?
부드러운 닭다릿살로 만들어 어린 월령이거나 씹는 것에 익숙지 않은
아이들도 참 잘 먹는 메뉴입니다. 넉넉히 만들어 냉동해두면
천하를 얻은 것처럼 든든하답니다(국물 요리 냉동하기 192쪽).

✔ 필독! 유아식 전략

비타민B₂가 풍부한 숙주. 주로 국물 요리에 많이 넣는데요,
전이나 나물로도 즐겨보세요. ＊새콤 숙주무침 166쪽

⏱ 40~45분
🍴 5~6회분
🥣 냉장 5일

- 닭다릿살 4쪽
  (또는 닭안심 16쪽, 400g)
- 삶은 고사리 1/2컵(50g)
- 숙주 1줌(50g)
- 느타리버섯 1/2줌(25g)
- 다진 마늘 약간

국물

- 양파 1/2개(100g)
- 대파 흰 부분 10cm
- 통후추 5알
- 쌀뜨물 5컵(또는 물, 1ℓ)
  ▶ 어른이 함께 먹을 경우
  아이가 먹을 분량을 덜어둔 후
  소금으로 간을 더하세요.

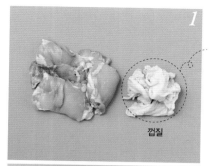

1 닭다릿살은 껍질을 벗긴다.

껍질

2 냄비에 닭다릿살, 국물 재료를 넣는다.
센 불에서 끓어오르면 뚜껑을 덮고
중약 불로 줄여 30분간 끓인다.

3 닭고기만 건져 한 김 식힌 후
잘게 찢는다.
체에 밭쳐 국물은 따로 둔다.

Tip

삶은 고사리 구입하기
온라인, 마트, 백화점에서 구입 가능해요.

말린 고사리로 만들기
말린 고사리를 삶은 후 사용하면 돼요.
1_ 냄비에 잠길 만큼의 물, 말린 고사리를
   담고 센 불에서 끓어오르면
   약한 불로 줄여요.
2_ 뚜껑을 덮고 20~30분간
   삶은 후 물기를 없애요.
3_ 맑은 물이 나올 때까지 2~3번 헹궈요.
   볼에 삶은 고사리, 잠길 만큼의 물을
   넣고 6~12시간 정도 둬 냄새를 없애요.

쌀뜨물 만들기
쌀을 씻은 첫 번째 물은 버리고,
두세 번째로 씻은 물이에요. 전분, 단백질,
각종 미네랄이 녹아 있어서 일반 물에 비해
영양도 풍부하고, 맛도 구수하지요.
냉장 2~3일 정도 보관 가능해요.

4 삶은 고사리, 느타리버섯, 숙주는
굵게 다진다.
＊아이의 월령에 따라
크기를 조절하세요.

5 냄비에 ③의 국물과 닭고기, ④,
다진 마늘을 넣고 센 불에서 끓어오르면
1~2분간 끓인다.
부족한 간은 국간장으로 더한다.

쇠고기 뭇국

아이들이 참 좋아하는 쇠고기 뭇국.
실패 없이 끓이는 핵심은 아이가 선호하는
고기 부위를 찾는 거예요.
부드러운 국거리용 고기조차 씹기
힘들어하는 아이라면 불고기용이나
샤부샤부용, 다진 고기를 활용하는 것이
좋습니다. 마지막에 고춧가루를 팍팍 넣으면
아빠, 엄마 입맛에도 딱이지요.

[남은 무로 만드는 무나물 155쪽]

✔ **필독! 유아식 전략**

고기가 주재료인 국은 많은 양을 오래 끓여서 먹으면
더 진하고, 더 맛있게 즐길 수 있어요. 한 번 먹을 분량씩
냉동해두면 좋지요. ＊국물 요리 냉동하기 192쪽

- ⏱ 20~30분
- 🍴 4~5회분
- 🥣 냉장 5일

- 쇠고기 국거리용 100g
  (양지, 설도 등, 또는 다진 쇠고기나
  불고기용, 샤부샤부용)
- 무 지름 10cm, 두께 1cm(100g)
- 다시마 5×5cm 4장
- 물 3컵(600mℓ)
- 다진 마늘 약간
- 다진 파 약간
- 국간장 1큰술
- 참기름 1작은술
  ▶ 어른이 함께 먹을 경우
  아이가 먹을 분량을 덜어둔 후
  소금, 후춧가루, 고춧가루로
  간을 더하세요.

쇠고기를 다른 재료로 대체하기
쇠고기 대신 동량(100g)의
황태채나 오징어로 대체해도 돼요.

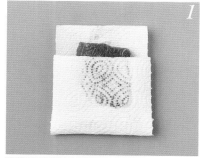

1 쇠고기는 키친타월로 감싸
핏물을 없앤다.

2 무, 쇠고기는 아이의 한입 크기로 썬다.
＊아이의 월령, 씹는 숙련도에 따라
고기의 크기를 조절해요.

3 달군 냄비에 참기름을 두르고
쇠고기를 넣어 중간 불에서 1분,
무를 넣고 1분간 볶는다.

4 물을 넣고 센 불에서 끓어오르면
다시마, 다진 마늘, 다진 파, 국간장을
넣는다.

5 뚜껑을 덮고 중약 불에서
10~15분간 끓인다. 이때,
떠오르는 거품을 중간중간 걷어낸다.
부족한 간은 소금으로 더한다.

맑은 오징어 뭇국

언제 먹어도 시원하고, 재료도 쉽게 구할 수 있는 국 중 하나가 바로 '뭇국'입니다.

오징어를 더해 끓이면 씹는 재미가 있어 아이들이 훨씬 좋아하지요.

오징어 씹는 것을 부담스러워하거나 어린 월령이라면

조금 번거롭더라도 오징어 껍질을 벗기거나 더 작게 썰어 더해주세요.

✔ 필독! 유아식 전략

오징어 다리의 빨판은 아이가 씹기에 많이 질겨요. 따라서
몸통만 사용하되, 더 부드럽게 만들고 싶다면 껍질을 벗기세요.

⏱ 15~25분
🍴 2~3회분
🍚 냉장 2~3일

- 손질 오징어 1/2마리(몸통만, 50g)
- 무 지름 5cm, 두께 1cm(50g)
- 애호박 1/9개(30g)
- 멸치육수 2컵
  (또는 물, 400㎖, 48쪽)
- 다진 마늘 약간
  (월령에 따라 가감 또는 생략)
- 국간장 약간
  (월령에 따라 가감 또는 생략)

▶ 어른이 함께 먹을 경우
  아이가 먹을 분량을 덜어둔 후
  국간장으로 간을 더하세요.

1 무, 애호박은 얇게 아이 한입 크기로 썬다.

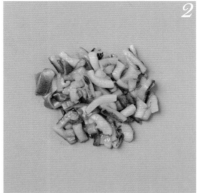

2 오징어는 작게 채 썬다.
＊어린 월령이라면 오징어의 껍질을 벗기고,
큰 월령이라면 큼직하게 썰어
칼집을 넣어도 돼요.

3 냄비에 무, 애호박, 멸치육수를 넣고
센 불에서 끓어오르면 중약 불로 줄여
무가 익을 때까지 5~6분간 끓인다.
이때, 떠오르는 거품을 중간중간 걷어낸다.

4 오징어, 다진 마늘, 국간장을 넣고
중간 불에서 3분간 끓인다.
＊오래 끓이면 오징어가 질겨지므로
시간을 지키세요.

Tip
남은 오징어 다리 활용하기
248쪽 오징어볼에 활용하세요.

쇠고기 미역국

미역국을 끓일 때 자른 미역을 사용하면 훨씬
더 부드럽게 만들 수 있지요. 완성된 미역국에 밥을 넣고
푹 끓여 죽으로 즐겨도 좋고, 미역국 수제비,
미역국 칼국수 등 다양하게 활용이 가능하답니다.

닭고기 들깨미역국

매번 쇠고기를 넣은 미역국만 끓였다면
담백한 닭안심, 고소한 들깻가루를 더한
미역국을 만들어 보세요. 아이는 물론이거니와
저도 참 좋아하는 메뉴랍니다.

닭고기 들깨미역국

쇠고기 미역국

✔ 필독! 유아식 전략

미역국은 많은 양을 끓이면 더 깊은 맛이 우러나요.
다른 국에 비해 넉넉한 양으로 레시피를 소개합니다.
냉동해두었다가 활용하세요. *국물 요리 냉동하기 192쪽

쇠고기 미역국

🕐 30~35분
🍴 5~6회분
🥘 냉장 4~5일

- 자른 미역 3큰술
  (7.5g, 불린 후 75g)
- 쇠고기 국거리용 100g
  (양지, 설도 등, 또는 다진 쇠고기나
  불고기용, 샤부샤부용)
- 참기름 1/2큰술
- 물 5컵(1ℓ)
- 국간장 1작은술
  (월령에 따라 가감 또는 생략)
  ▶ 어른이 함께 먹을 경우
  아이가 먹을 분량을 덜어둔 후
  국간장, 소금으로 간을 더하세요.

1 손질한 미역은 작게 썬다.
쇠고기는 키친타월로 감싸 핏물을
없앤 후 아이 한입 크기로 썬다.
*미역 손질 45쪽
*아이의 월령, 씹는 숙련도에 따라
크기를 조절하세요.

2 달군 냄비에 참기름을 두르고
쇠고기를 넣어 중간 불에서 1분,
미역을 넣고 1분간 볶는다.

3 물, 국간장을 넣고 센 불에서 끓어오르면
중약 불로 줄여 뚜껑을 덮고
15~20분간 끓인다. 부족한 간은
소금이나 멸치액젓으로 더한다.

닭고기 들깨미역국

🕐 30~35분
🍴 5~6회분
🥘 냉장 4~5일

- 자른 미역 3큰술
  (7.5g, 불린 후 75g)
- 닭안심 4쪽
  (또는 닭다릿살, 닭가슴살, 100g)
- 물 5컵(1ℓ)
- 들깻가루 2큰술
- 들기름(또는 참기름) 1/2큰술
- 국간장 1작은술
- 다진 마늘 약간
  ▶ 어른이 함께 먹을 경우
  아이가 먹을 분량을 덜어둔 후
  국간장으로 간을 더하세요.

1 손질한 미역은 작게 썬다.
닭안심은 아이 한입 크기로 썬다.
*미역 손질 45쪽
*아이의 월령, 씹는 숙련도에 따라
크기를 조절하세요.

2 달군 냄비에 들기름을 두르고
닭안심을 넣어 중간 불에서 1분,
미역을 넣고 1분간 볶는다.

3 물, 국간장, 다진 마늘을 넣고
센 불에서 끓어오르면 중약 불로 줄여
뚜껑을 덮고 10분간 끓인다.
들깻가루를 넣고 뚜껑을 덮어
10분간 끓인다. 부족한 간은
소금이나 멸치액젓으로 더한다.

바지락 부춧국

바지락 살을 쏙쏙 빼 먹는 재미가 있는 국이에요.
아이가 어리다면 엄마가 미리 조갯살을 발라줘도 되지만,
가능하면 아이 스스로 해결할 수 있도록 해주세요.
사소한 것 하나까지 놀이가 되고,
혼자서 해냈다는 뿌듯함도 느낄 거예요.

순두부 굴국

겨울 대표 보양식, 바다의 우유라 불리는 굴.
많은 영양 중에서도 특히 칼슘, 철분이
풍부하답니다. 굴이 제철인 겨울이면
자주 맛볼 수 있도록 다양하게 먹으려고 해요.
순두부와 함께 국을 끓이면
굴 자체의 짠맛이 중화되면서
동시에 단백질도 업그레이드되지요.

☑ 필독! 유아식 전략

바지락, 굴과 같은 해산물은 기본적으로 염도(짠맛)를 가지고
있어요. 따라서 별도의 간을 최소로 하는 것이 좋답니다.

바지락 부춧국

🕐 10~15분
🍴 2~3회분
🥘 냉장 2일

- 해감 바지락 1봉
  (또는 모시조개, 200g)
- 물 1과 1/2컵(300㎖)
- 부추 3줄기
- 청주 1큰술

Tip 조개 해감하기

조개가 품은 흙, 이물질을 토하게 하는
과정을 해감이라고 해요. 해감된 조개를
구입하되, 아니라면 꼭 해감한 후
요리에 더하세요. 불투명한 볼에
조개를 담고 잠길 만큼의 물,
짜다 싶을 정도의 소금을 넣으세요.
검은 봉지로 어둡게 덮어 1시간 정도
두면 조개가 이물질을 토해내지요.

1 바지락은 씻은 후
체에 밭쳐 물기를 뺀다.
부추는 송송 썬다.

2 냄비에 물, 바지락, 청주를 넣고
센 불에서 끓어오르면
조개의 80% 정도가 입을 벌릴 때까지
1분 30초~2분간 익힌다.

3 부추를 넣고 1~2분 정도 더 끓인다.
부족한 간은 소금으로 더한다.
＊바지락은 살만 발라내서 더해도 좋다.

순두부 굴국

🕐 10~15분
🍴 2~3회분
🥘 냉장 2일

- 굴 1/2봉(100g)
- 순두부 1/3봉(100g)
- 무 지름 5cm, 두께 1cm(50g)
- 멸치육수 2컵
  (또는 물, 400㎖, 48쪽)
- 멸치액젓 약간
  (월령에 따라 가감 또는 생략)
  ▶ 어른이 함께 먹을 경우
  아이가 먹을 분량을 덜어둔 후
  멸치액젓으로 간을 더하세요.

1 무는 아이 한입 크기로 썬다.
손질한 굴 중 큰 것은 2~3등분한다.
＊굴 손질 45쪽

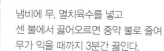

2 냄비에 무, 멸치육수를 넣고
센 불에서 끓어오르면 중약 불로 줄여
무가 익을 때까지 3분간 끓인다.

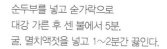

3 순두부를 넣고 숟가락으로
대강 가른 후 센 불에서 5분,
굴, 멸치액젓을 넣고 1~2분간 끓인다.

맑은 대구탕

이유식 때부터 많이 접하는 생선인 대구살은 생선 중에서 특히 비린내가 적고
살이 부드러운 편이에요. 덕분에 아이들과 친해지기 참 좋지요.
부드럽고 담백한 대구살과 잘 어울리는 채소인 애호박, 양파를 듬뿍 넣어 탕을 끓였습니다.
자주 접하는 된장국이나 미역국에 지루함을 느낀다 싶을 때 별식처럼 만드세요.

✔ 필독! 유아식 전략

대구살은 이유식 전용 대구살, 또는 생선전 용도로 구입하되,
먹기 전에 가시가 없는지 한 번 더 확인하세요. 냉동 상태일 경우
미리 하루 전날 냉장실에 옮겨두고, 해동한 것은 재냉동하지 않습니다.

⏱ 15~20분
🍴 2~3회분
🥣 냉장 2일

- 손질 대구살 3쪽(약 50g)
- 무 지름 5cm, 두께 1cm(50g)
- 애호박 1/9개(30g)
- 양파 1/10개(20g)
- 멸치육수 2컵
  (또는 물, 400㎖, 48쪽)
- 다진 마늘 약간
- 국간장 약간
- 소금 약간
  ▶ 어른이 함께 먹을 경우
  아이가 먹을 분량을 덜어둔 후
  국간장, 소금으로 간을 더하세요.

1

무, 애호박은 얇게 아이 한입 크기로,
양파는 작게 채 썬다.

2

대구살은 아이의 한입 크기로 썬다.
＊아이의 월령, 씹는 숙련도에 따라
크기를 조절하세요.

3

냄비에 무, 멸치육수를 넣고
센 불에서 끓어오르면 중약 불로 줄여
무가 익을 때까지 3~4분간 끓인다.

4

애호박, 양파를 넣고 3분,
대구살, 다진 마늘, 국간장, 소금을 넣고
센 불에서 1분간 끓인다.
＊흰살 생선은 오래 끓이면
쉽게 부서지므로 레시피대로 짧게 끓여요.

채소 대체하기
애호박, 양파는 동량(50g)의 배추, 버섯,
부추 등으로 대체해도 돼요.

게살수프

부드러운 대게살에 감칠맛 가득한 국물의 게살수프는 밥맛없을 때 해주기에
훌륭한 메뉴입니다. 녹말물을 넣어서 식감이 걸쭉한데요,
애호박, 양배추와 같은 채소를 추가로 더하면 덮밥 소스로 활용하기에도 좋답니다.

✔ **필독! 유아식 전략**

걸쭉한 농도를 만드는데 필요한 녹말물.
없거나 생소하다면? 연두부나 달걀 흰자로
대체하면 돼요. 더 건강하게 즐길 수 있지요.

222

- ⏱ 10~15분
- 🍴 2~3회분
- 🥣 냉장 2~3일

- 냉동 대게살 1팩(80g)
- 모둠 채소 75g
  (당근, 양파, 팽이버섯 등)
- 달걀 1개
- 녹말물(녹말가루 1작은술 + 물 3큰술)
- 멸치육수 2컵
  (또는 물, 400㎖, 48쪽)
- 다진 마늘 약간
  (월령에 따라 가감 또는 생략)
- 양조간장 약간
- 참기름 약간
  ▶ 어른이 함께 먹을 경우
  아이가 먹을 분량을 덜어둔 후
  양조간장으로 간을 더하세요.

1 모둠 채소는 작게 채 썬다.
다른 볼에 달걀을 풀어둔다.
＊아이의 월령, 편식 여부에 따라
크기를 조절하세요.

2 냄비에 멸치육수, 대게살,
①의 채소를 넣고 센 불에서 끓어오르면
중약 불로 줄여 3분간 끓인다. 이때,
떠오르는 거품을 중간중간 걷어낸다.

3 다진 마늘, 양조간장을 넣고
달걀물을 둘러가며 부은 후
30초간 그대로 둔다.
＊달걀을 넣고 바로 휘저으면
국물이 탁해지므로 그대로 둡니다.

4 숟가락으로 2~3회 휘저으며
1분간 끓인다.

5 녹말물을 넣고 센 불에서 저어가며
끓인다. 끓어오르면 바로 불을 끄고
참기름을 넣는다. ＊녹말물은
넣기 전에 한 번 섞어주세요.

Tip

냉동 대게살 구입하기
유기농 매장에서 이유식용 대게살로
구입이 가능해요. 또는 대게가
제철인 1~3월에 직접 삶아서
살만 발라낸 후 냉동해둬도 좋아요.

오이 미역냉국

더운 여름이 되면 어른뿐만 아니라
아이들 역시 따뜻한 국물을 먹기 힘들어해요.
이럴 때는 새콤달콤 입맛 돋우는
오이 미역냉국을 만들어보세요.
어린 월령이라면 식초 대신 조금
순한 신맛을 가진 레몬즙을 더해도 좋아요.

가지냉국

가지는 몸에 수분을 공급해 주고, 동시에
몸의 열을 내려주는, 여름에 참 고마운
채소이지요. 가지는 익으면서 크기가 많이
줄어들게 되므로 큼직하게 써는 것이 좋아요.
만약 아이가 가지를 편식한다면? 익힌 후에
더 작게 썰어 냉국을 완성시켜 주세요.

✔ 필독! 유아식 전략

냉국에 사과, 배, 수박, 참외, 자두 등 여름 과일을
작게 채 썰어 더해보세요. 과일의 단맛, 아삭한 식감과
풍부한 칼륨 덕분에 더 건강하게 즐길 수 있답니다.

오이 미역냉국

🕐 10~15분
🍴 2~3회분
🍚 냉장 2~3일

- 자른 미역 1큰술
  (2.5g, 불린 후 25g)
- 오이 1/4개(50g)
- 파프리카 1/10개(20g)
- 차가운 멸치육수 1과 1/2컵
  (300㎖, 48쪽)

양념
- 올리고당 1큰술
- 식초 2작은술
- 통깨 부순 것 약간
- 양조간장 약간
- 소금 약간
  ▶ 어른이 함께 먹을 경우
  아이가 먹을 분량을 덜어둔 후
  양조간장, 소금으로 간을 더하세요.

볼에 미역, 잠길 만큼의 따뜻한 물을 담고
5~10분간 불린다. 주물러 거품이
나오지 않을 때까지 씻는다.
오이, 파프리카는 작게 채 썬다.
＊아이의 월령, 편식 여부에 따라
크기를 조절하세요.

끓는 물(3컵)에 미역을 넣고 30초간
데친 후 찬물에 헹궈 물기를 꼭 짠다.
한입 크기로 작게 자른다.

볼에 미역, 오이, 파프리카, 양념을 넣고
무친 후 차가운 멸치육수를 붓는다.

가지냉국

🕐 10~15분
🍴 2~3회분
🍚 냉장 2~3일

- 가지 1개(150g)
- 차가운 멸치육수 1과 1/2컵
  (300㎖, 48쪽)

양념
- 식초 2작은술
- 국간장 1작은술
- 올리고당 2작은술
- 다진 마늘 약간
- 통깨 부순 것 약간
- 참기름 약간
  ▶ 어른이 함께 먹을 경우
  아이가 먹을 분량을 덜어둔 후
  국간장으로 간을 더하세요.

가지는 6등분한 후
다시 길이로 열십(+) 자로 썬다.

평평한 내열용기에 키친타월을 깐다.
가지 껍질이 바닥에 닿도록 펼쳐 담고
뚜껑을 덮어 전자레인지에서
3분 30초간 익힌다.
한 김 식힌 후 가위로 3~4등분한다.

볼에 가지, 양념을 넣고 무친 후
차가운 멸치육수를 붓는다.

미리 만들어두면 좋은

홈메이드
냉동식품

삼 시 세끼 매일 새로운 요리를 식판에 채워준다? 생각만 해도 피곤하지요.
또 그렇다고 해서 밖에서 산 냉동식품을 데워서 담자니 미안한 마음이 커지고요.
참 어려운 숙제네요.
그렇다면, 아이들이 좋아하는 냉동식품을 직접 만들어보는 건 어떨까요?

냉동식품의 주재료는 대부분 닭고기, 돼지고기, 쇠고기 등의 단백질군!
이들은 냉동실에 들어갔다 나와도 맛의 차이가 크지 않다는 장점까지 있으니
망설일 필요가 없답니다.

1 '유아식용 냉동식품'을 표로 정리해두세요

2 기본 고기 반죽 비법만 알아두면 응용이 가능해요

3 넉넉하게 만들고, 한 번 먹을 분량씩 냉동하세요

1 **'유아식용 냉동식품'을 표로 정리해두세요**

대표적인 냉동식품을 주재료별로, 모양별로, 조리 방법별로 정리해보았습니다.
아래의 기본에 응용만 더해도 엄마표 홈메이드 냉동식품은 정말 무궁무진해진답니다.
＊유아식에 맞게 조정했기 때문에 정통적인 방법과는 차이가 있을 수 있어요.

냉동식품		주재료	부재료	모양	조리방법
~가스 (예; 돈가스) 230쪽		얇게 저민 고기나 생선	빵가루, 달걀	작게 납작한 모양	굽기, 튀기기
너겟 232쪽		닭고기	밀가루, 달걀, 빵가루	길쭉한 모양	굽기, 튀기기
완자 234쪽		다진 고기 + 다진 채소	달걀, 빵가루	작게 동글동글한 모양	찌기
동그랑땡 234쪽		다진 고기 + 다진 채소	달걀, 밀가루	작게 둥글납작한 모양	굽기
함박스테이크 242쪽		다진 고기 + 다진 채소	빵가루, 달걀	작게 둥글납작한 모양	굽기
미트볼 244쪽		다진 고기 + 다진 채소	밀가루, 달걀, 빵가루	작게 동글동글한 모양	굽기
멘치가스 244쪽		다진 고기 + 다진 채소	빵가루, 달걀	작게 둥글납작한 모양	굽기, 튀기기
떡갈비 246쪽		다진 고기 + 다진 떡	떡	작게 둥글납작한 모양	굽기

기본 고기 반죽 비법만 알아두면 응용이 가능해요

앞서 소개한 다양한 종류의 냉동식품의 기본이 되는 고기 반죽을 소개합니다.
기본 반죽에 아이 식성에 따라, 환경에 따라, 부족한 영양에 맞춰 다양한 재료를 더해보세요.

기본 고기 반죽 만들기(지름 2~3cm 45~50개 / 냉동 2~3주)

다진 고기 500g

• 쇠고기만 넣을 경우 식감이 퍽퍽해질 수 있어서
  쇠고기, 돼지고기를 2:1 또는 1:1 비율로 더하는 것이 좋아요.
• 어린 월령이라서 돼지고기를 못 먹는다면 고구마, 두부로 대체해도 돼요.

+

다진 양파 볶은 것 1/2개(100g)

• 양파를 볶아 더하면 특유의 단맛, 감칠맛이 좋아지고,
  반죽에 물이 덜 생긴답니다. 단, 볶은 후 완전히 식혀서 반죽에 더해주세요.

+

달걀 1개

• 고기 반죽에 점성을 주는 재료입니다. 반죽이 손에 달라붙지 않을 정도의
  질척이는 농도가 되도록 양을 조절해 주세요.
• 달걀 알레르기가 있다면 우유나 슬라이스 아기치즈로 대체해요.

+

빵가루 1/2컵(25g)

• 반죽이 서로 잘 뭉쳐질 수 있도록 접착제 역할을 해요.
  반죽의 상태에 따라 양을 조절해요.
• 녹말가루, 밀가루, 쌀가루 등 다양한 재료로 대체해도 돼요.

+

양조간장 1작은술

• 소금과 달리 감칠맛도 주기에 양조간장을 추천해요.

⫼

기본 고기 반죽

반죽을 오래 치댈수록 찰기가 생겨요. 구웠을 때 쉽게 부서지지 않고 더 맛있답니다.

Tip 기본 고기 반죽 응용하기
다진 마늘, 다진 채소, 후춧가루, 말린 허브가루, 카레가루, 슬라이스 아기치즈,
토마토 소스(337쪽) 등 다양한 재료를 아이 취향에 맞게 약간씩 더해보세요.

③ ## 넉넉하게 만들고, 한 번 먹을 분량씩 냉동하세요

• 냉동, 해동법은 저마다 차이가 있으므로 230쪽부터 소개하는 레시피에서 확인하세요.
  단, 세균 증식의 우려가 있으므로 한 번 해동한 것 다시 재냉동하지 않습니다.
• 모양을 만든 재료의 경우 겹쳐서 냉동하면 하나씩 떼어내기가 힘들어요.
  겹칠 경우 종이포일을 깐 후 펼쳐서 담아주세요.

아이 과일 돈가스

사과, 양파를 갈아 넣어 고기의 육질은 더 부드럽게, 동시에 잡내까지 싹 없앤 과일 돈가스입니다.
과일의 향이 은은하게 느껴질 정도지요. 시간 날 때 넉넉하게 만들어두면 든든해요!

✔ 필독! 유아식 전략
아이가 칼질을 할 수 없기에 돈가스는 튀긴 후 엄마가 잘라줘야 해요.
고기를 처음부터 작게 썰어 만들면 자르는 번거로움을 줄일 수 있고,
돈가스를 익히는 시간도 훨씬 짧아진답니다.

⏱ 30~40분

(+ 숙성 시키기 2시간)

🍴 8~9회분

🍲 냉동 2~3주

- 돼지고기 돈가스용 450g(6장)
- 빵가루 3컵(150g)
- 오일 스프레이 적당량

반죽

- 달걀 2개
- 사과 1/2개(100g)
- 양파 1/2개(100g)
- 다진 마늘 1큰술
  (아이 월령에 따라 가감 또는 생략)
- 소금 1/4작은술
- 후춧가루 약간
- 청주 약간(또는 맛술, 생략 가능)

1 사과, 양파는 한입 크기로 썬다.
믹서에 반죽 재료를 모두 넣고
곱게 갈아 넓고 평평한 그릇에 담는다.

2 돼지고기는 3등분한 다음
①의 반죽에 담가 2시간 이상 숙성 시킨다.

3 ②의 고기를 건져 살짝 털어낸다.
빵가루가 담긴 그릇에 넣고
손으로 꾹꾹 눌러가며 앞뒤로 입힌다.

4 에어프라이어에 펼쳐 담은 후
오일을 뿌린다. 180℃에서 15~18분간
노릇하게 굽는다. 이때, 중간에
2~3회 뒤집어가며 오일을 더 뿌린다.
＊에어프라이어에 따라 차이가 있으므로
상태를 보며 굽는 시간을 조절하세요.

기름에 튀기기

팬에 현미유 3컵(600㎖)을 넣고
180℃로 달군 다음 중약 불에서
4~5분간 튀겨요.
＊기름에 빵가루를 조금 넣었을 때
바로 떠오르면 180℃예요.

반죽 재료에 달걀 생략하기

달걀 알레르기가 있다면 달걀을
생략 후 반죽을 아래와
같이 대체해도 돼요. 단, 풍미는
조금 부족할 수 있답니다.
: 밀가루 1컵 + 물 1컵~1과 1/4컵
(200~250㎖) + 다진 마늘 1큰술
+ 소금 1/4작은술 + 후춧가루 약간
+ 청주 약간
: 과정 ②에서 돼지고기는
2시간 숙성 없이 반죽에 담갔다가
바로 건지세요.

냉동 & 해동

5 과정 ③까지 진행한 후
평평한 밀폐용기에 펼쳐 담아 냉동한다.

6 2단으로 겹쳐 담을 경우
중간에 종이포일을 깔고 쌓는 것이 좋다.
해동 없이 과정 ④부터 진행한다.

베이비 치킨너겟

유명 패스트푸드점에서 맛보던 너겟에 결코 뒤처지지 않는 엄마표 치킷너겟이에요.
닭안심을 사용해서 닭가슴살에 비해 더 부드럽고요, 미리 우유에 담가둬 촉촉함도 살렸지요.
짜지 않고 건강한 너겟이다 보니 엄마도 걱정 없이 맘껏 먹일 수 있답니다.

✔ **필독! 유아식 전략**

아이가 달걀 알레르기가 있다면 반죽 재료를
밀가루 1/2컵 + 물 약 1/3컵(80㎖) 섞은 것
→ 빵가루 순으로 입혀주세요.

⏱ 25~35분
　　(+ 닭안심 우유에 담가두기 30분)
🍴 8개분
🥣 냉동 2~3주

- 닭안심 8쪽(200g)
- 오일 스프레이 적당량

밑간
- 말린 파슬리가루 1작은술(생략 가능)
- 소금 1/2작은술
- 후춧가루 약간

반죽
- 밀가루 5큰술
- 달걀 2개
- 빵가루 2컵(100g)

1 볼에 닭안심, 잠길 만큼의 우유를 넣고
30분 정도 둔 후 물에 헹군다.
＊닭고기를 우유에 담가두면
냄새가 없어지고, 더 부드러워져요.

2 볼에 ①의 닭안심, 밑간 재료를 넣고 버무린다.

3 3개의 그릇에 밀가루, 달걀, 빵가루를
각각 담고, 달걀은 잘 풀어둔다.

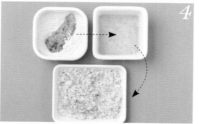

4 ②의 닭안심을 밀가루 → 달걀 → 빵가루
순으로 입힌다. 이때, 빵가루는
손으로 꾹꾹 눌러가며 앞뒤로 입힌다.

5 에어프라이어에 펼쳐 담은 후
오일을 뿌린다. 180℃에서 15~18분간
노릇하게 굽는다. 이때, 중간에
2~3회 뒤집어가며 오일을 더 뿌린다.
＊에어프라이어에 따라 차이가 있으므로
상태를 보며 굽는 시간을 조절하세요.

Tip

기름에 튀기기
팬에 현미유 3컵(600㎖)을 넣고
180℃로 달군 다음 중약 불에서
4~5분간 튀겨요.
＊기름에 빵가루를 조금 넣었을 때
바로 떠오르면 180℃예요.

냉동
& 해동

6 과정 ④까지 진행한 후 평평한
밀폐용기에 펼쳐 담아 냉동한다.
해동 없이 과정 ⑤부터 진행한다.
＊2단으로 겹쳐 담을 경우
중간에 종이포일을 깔고
쌓는 것이 좋아요.

닭고기 완자찜 & 치킨랑땡 & 치킨볼

닭안심, 모둠 채소로 만든 '기본 반죽' 하나면
아이들이 좋아하는 냉동식품을 무려 3개나 만들 수 있어요.
그대로 쪄서 촉촉한 닭고기 완자찜, 달걀을 입혀
부드러운 치킨랑땡, 빵가루 덕분에 바삭한 치킨볼까지!
엄마가 선사하는 마법을 한번 보여줘 볼까요?

닭고기 완자찜

치킨볼

치킨랑땡

✔ 필독! 유아식 전략

빵가루에 치즈, 말린 허브 가루, 파프리카가루와 같은
재료를 조금씩 더해보세요. 다양한 맛을 느낄 수 있으며,
더 맛있어 보이기에 아이들의 호기심도 끌 수 있지요.

기본 반죽 ────

🕐 **10~15분**
   (+ 닭안심 우유에 담가두기 30분)
🍴 **지름 3cm 25~30개분**
🥣 **냉동 2~3주**

- 닭안심 12쪽
   (또는 닭가슴살 3쪽, 300g)
- 다진 모둠 채소 1컵
   (애호박, 양파, 파프리카 등, 100g)
- 소금 약간
- 후춧가루 약간

볼에 닭안심, 잠길 만큼의 우유를 넣고
30분 정도 둔 후 물에 헹군다.
*닭고기를 우유에 담가두면
냄새가 없어지고, 더 부드러워져요.

푸드프로세서나 믹서에 곱게 간다.

다진 채소, 소금, 후춧가루를 넣고
충분히 치대어가며 섞는다.

냉동 & 해동

요리에 한 번 활용할 만큼
지퍼백에 넣고 납작하게 펼쳐 담아
냉동한다. 냉장실에서 해동한 후
원하는 요리로 만든다.
*매번 모양을 만드는 것이 번거롭다면
236~237쪽의 마지막 과정처럼
모양을 만들어서 냉동해도 돼요.

닭고기 완자찜

- 🕐 15~25분
- 🍴 지름 3cm 25~30개분
- 🥣 냉동 2~3주

- 기본 반죽 235쪽

기본 반죽을 만든다.
*기본 반죽 235쪽

지름 3cm 크기로 동그랗게 빚는다.
김이 오른 찜기에 넣고
약한 불에서 5~7분간 단단하게 익힌다.

냉동
& 해동

과정 ②의 모양까지 만든 후
평평한 밀폐용기에 펼쳐 담아 냉동한다.
해동 없이 과정 ②부터 진행한다.
*2단으로 겹쳐 담을 경우 중간에
종이포일을 깔고 쌓는 것이 좋아요.

치킨랑땡

- 🕐 20~30분
- 🍴 지름 3cm, 지름 1cm 25~30개분
- 🥣 냉동 2~3주

- 기본 반죽 235쪽
- 밀가루 3큰술
- 달걀 2개
- 현미유 3큰술

기본 반죽을 만든다.
다른 볼에 달걀을 풀어둔다.
*기본 반죽 235쪽

지름 3cm, 두께 1cm 크기로 둥글납작하게
만든 다음 밀가루 → 달걀 순으로 묻힌다.
달군 팬에 현미유를 두르고
약한 불에서 3~4분간 앞뒤로 뒤집어가며
노릇하게 굽는다.

냉동
& 해동

과정 ②의 둥글납작한 모양까지
만든 후 평평한 밀폐용기에 펼쳐 담아
냉동한다. 해동 없이
과정 ②부터 진행한다.
*2단으로 겹쳐 담을 경우 중간에
종이포일을 깔고 쌓는 것이 좋아요.

치킨볼

- ⏱ 20~30분
- 🍴 지름 3cm 25~30개분
- 🥣 냉동 2~3주

- 기본 반죽 235쪽
- 빵가루 1컵(50g)
- 오일 스프레이 적당량

1

기본 반죽을 만든다.
＊기본 반죽 235쪽

2

지름 3cm 크기로 동그랗게 빚은 후
빵가루를 입힌다.

3

에어프라이어에 펼쳐 담은 후
오일을 뿌린다. 180℃에서
10~15분간 노릇하게 굽는다. 이때,
중간에 2~3회 뒤집어가며 오일을 더 뿌린다.
＊에어프라이어에 따라 차이가 있으므로
상태를 보며 굽는 시간을 조절하세요.

냉동 & 해동

4

과정 ②까지 진행한 후 평평한
밀폐용기에 펼쳐 담아 냉동한다.
해동 없이 과정 ③부터 진행한다.
＊2단으로 겹쳐 담을 경우 중간에
종이포일을 깔고 쌓는 것이 좋아요.

Tip

기름에 튀기기
팬에 현미유 3컵(600㎖)을 넣고
180℃로 달군 다음 중약 불에서
4~5분간 튀겨요.
＊기름에 빵가루를 조금 넣었을 때
바로 떠오르면 180℃예요.

치킨 강정으로 즐기기
물 2큰술 + 올리고당 2큰술 +
설탕 2작은술 + 양조간장 2작은술을
팬에 넣고 센 불에서 끓어오르면
익힌 치킨볼을 넣고 버무려요.

ⓝⓞ pork 두부 미트볼

No 돼지고기! No 빵가루! 미트볼입니다. 돼지고기를 더하면 훨씬 부드럽지만 유아식 초기,
돼지고기를 아직 먹지 못하는 아이를 위해 쇠고기만 사용했어요. 퍽퍽할 수 있는 식감은
두부로 보완했지요. 두부 대신 삶은 고구마나 단호박을 으깬 후 더해도 좋아요.

[파스타로 즐기기 239쪽]

✔ 필독! 유아식 전략

아이가 평소 편식하는 채소가 있다면
잘게 다져서 미트볼에 더해주세요.

238

⏱ 30~40분

🍴 지름 3cm 40~45개분

🥘 냉동 2~3주

- 두부 2/3모(200g)
- 다진 쇠고기 200g
- 양파 1/5개(40g)
- 새송이버섯 1/4개
  (또는 다른 버섯, 20g)
- 애호박 1/5개(약 50g)
- 달걀 1개
- 토마토 소스 1컵
  (200㎖, 337쪽, 또는 시판 토마토 소스)
- 후춧가루 약간

1 끓는 물(4컵)에 1cm 두께로 썬 두부를 넣고
30초간 데친다. 면보로 감싸
물기를 꼭 짜고 으깬다.

2 양파, 새송이버섯, 애호박은 잘게 다진다.
다진 쇠고기는 키친타월로 감싸
핏물을 없앤다.

3 큰 볼에 두부, 다진 쇠고기,
②의 채소, 달걀, 후춧가루를 넣고
찰기가 생길 때까지
2분 이상 충분히 치댄다.

4 지름 3cm 크기로 동그랗게 빚는다.
달군 팬에 토마토 소스와 함께 넣고
약한 불에서 5~6분간
뚜껑을 덮고 중간중간 저어가며 끓인다.

냉동 & 해동

5 과정 ④의 모양까지 만든 후 평평한
밀폐용기에 펼쳐 담아 냉동한다.
해동 없이 과정 ④의 익히는 것부터 진행한다.
＊2단으로 겹쳐 담을 경우 중간에
종이포일을 깔고 쌓는 것이 좋아요.

 Tip

파스타로 즐기기
삶은 쇼트 파스타(푸실리, 펜네 등)를
마지막에 섞어요. 이때, 토마토 소스가
부족하면 더하도록 하세요.

고기 사용하기
다진 쇠고기 200g은 다진 쇠고기 100g
＋ 다진 돼지고기 100g으로 대체해도
돼요. 돼지고기를 더하면 훨씬 더
촉촉하답니다.

치즈 카레볼

쇠고기, 돼지고기를 넣은 가장 기본이 되는 함박스테이크 반죽의 응용 버전이에요. 카레가루를 조금 더해 감칠맛을 확 살렸지요. 카레가루를 생략하면 담백한 기본 스타일로도 맛볼 수 있답니다.

✔ 필독! 유아식 전략

달걀 대신 치즈를 더해 점성을 살렸어요. 달걀 알레르기가 있는
아이도 맛있는 카레볼을 만날 수 있도록 해주세요.

240

- ⏱ 30~40분
- 🍽 **지름 3cm 30~32개분**
- 🥣 **냉동 2~3주**

- 다진 쇠고기 200g
- 다진 돼지고기 100g
- 다진 양파 1/3개
  (또는 다진 모둠 채소, 약 60g)
- 슬라이스 아기치즈 2장
- 빵가루 1컵(50g)
- 카레가루 1큰술
- 오일 스프레이 적당량

1 다진 쇠고기, 다진 돼지고기는
키친타월로 감싸 핏물을 없앤다.
볼에 다진 양파와 함께 넣고
2분 이상 충분히 치댄다.

2 슬라이스 아기치즈는 껍질째 칼집을
넣은 후 ①에 넣고 충분히 섞는다.

3 지름 3cm 크기로 동그랗게 빚는다.
＊점성이 부족하다면
달걀이나 치즈를 더해도 좋아요.

4 평평한 그릇에 빵가루, 카레가루를 섞는다.
③을 넣고 굴려가며 입힌다.

5 에어프라이어에 펼쳐 담은 후
오일을 뿌린다. 180℃에서 10~15분간
노릇하게 굽는다. 이때, 중간에
2~3회 뒤집어가며 오일을 더 뿌린다.
＊에어프라이어에 따라 차이가 있으므로
상태를 보며 굽는 시간을 조절하세요.

냉동 & 해동

6 과정 ④까지 진행한 후 평평한
밀폐용기에 펼쳐 담아 냉동한다.
해동 없이 과정 ⑤부터 진행한다.
＊2단으로 겹쳐 담을 경우 중간에
종이포일을 깔고 쌓는 것이 좋아요.

Tip

팬으로 익히기
달군 팬에 현미유 2큰술을 두르고
치즈 카레볼을 넣어요. 뚜껑을 덮고
약한 불에서 5~7분간 굴려가며
익힙니다.

(no egg) 고구마 함박스테이크

기본 함박스테이크 반죽에
고구마를 더했어요. 고구마는
수분감이 있고, 단맛을 가지고
있어 스테이크를 더 촉촉하고,
달콤하게 만들어준답니다.

[햄버거로 즐기기]

[치즈 고구마 함박스테이크로 즐기기]

✔ 필독! 유아식 전략

모닝빵 사이에 채소와 함께 더해보세요. 빵 덕분에
탄수화물까지 챙길 수 있다보니 한 끼 식사로도
훌륭하지요. 치즈를 올려 단백질을 챙겨줘도 좋아요.

⏱ 20~30분

🍴 지름 6cm, 두께 1.5cm 10개분

🍲 냉동 2주

- 다진 쇠고기 200g
- 다진 돼지고기 100g
- 익힌 고구마 1/2개
  (또는 감자, 100g, 41쪽)
- 양파 1/4개(50g)
- 당근 1/5개(40g)
- 빵가루 2큰술
- 우유 2큰술(생략 가능)
- 현미유 약간 + 2큰술
- 소금 약간
- 후춧가루 약간

1 양파, 당근은 잘게 다진다.
다진 쇠고기, 돼지고기는
키친타월로 감싸 핏물을 없앤다.

2 달군 팬에 현미유 약간을 두른 후
양파, 당근을 넣고 약한 불에서
2분간 볶은 다음 한 김 식힌다.

3 큰 볼에 현미유를 제외한
모든 재료를 넣고
으깨가며 충분히 치댄다.

4 지름 6cm, 두께 1.5cm 크기로
둥글납작하게 만든다.
달군 팬에 현미유 2큰술을 두르고
반죽을 넣어 뚜껑을 덮는다.
약한 불에서 3분, 뒤집어서 2분,
불을 끄고 3분간 그대로 둬 완전히 익힌다.

냉동 & 해동

5 과정 ④의 모양 만드는 과정까지
진행한 후 평평한 밀폐용기에 펼쳐 담고
윗면에 현미유를 살짝 발라 냉동한다.
냉장실에서 해동한 후
과정 ④부터 진행한다.
＊2단으로 겹쳐 담을 경우 중간에
종이포일을 깔고 쌓는 것이 좋아요.

 Tip

오븐으로 익히기
오븐 팬에 종이포일을 깐 후
함박스테이크를 올려요.
180℃로 예열한 오븐의 가운데 칸에서
15~18분간 노릇하게 굽습니다.

멘치가스 & 미트볼

앞서 소개한 고구마 함박스테이크 반죽(243쪽)을 활용한 또 다른 엄마표 냉동식품이에요.
빵가루를 입혀 더 바삭하고 고소한 멘치가스, 어린 월령을 위해 작게 모양을 빚은 미트볼이지요.

멘치가스

미트볼

✔ **필독! 유아식 전략**
하나의 고기 반죽에 재료를 넣고 안 넣고, 빵가루를
입히고 안 입히고에 따라 다양한 변신이 가능합니다.
냉장고 속 재료를 맘껏 활용해 보세요.

멘치가스

- 🕐 20~30분
- 🍴 지름 3cm 30~32개분
- 🥣 냉동 2주

- 고구마 함박스테이크 반죽 243쪽
- 밀가루 3큰술
- 달걀 2개
- 빵가루 1컵(50g)
- 오일 스프레이 적당량

 기름에 튀기기
팬에 현미유 3컵(600㎖)을 넣고
170℃로 달군 다음 중약 불에서
4~5분간 튀겨요.
*빵가루를 기름에 조금 넣었을 때
2~3초 있다가 떠오르면 170℃예요.

고구마 함박스테이크 반죽을
만든다(243쪽). 지름 3cm 크기로 빚은 후
밀가루 → 달걀 → 빵가루 순으로 입힌다.

에어프라이어에 펼쳐 담은 후
오일을 뿌린다. 180℃에서 10~15분간
노릇하게 굽는다. 이때, 중간에 2~3회
뒤집어가며 오일을 더 뿌린다.
*에어프라이어에 따라 차이가 있으므로
상태를 보며 굽는 시간을 조절하세요.

냉동
& 해동

과정 ①까지 진행한 후 평평한
밀폐용기에 펼쳐 담아 냉동한다.
해동 없이 과정 ②부터 진행한다.
*2단으로 겹쳐 담을 경우 중간에
종이포일을 깔고 쌓는 것이 좋아요.

미트볼

- 🕐 20~30분
- 🍴 지름 3cm 30~32개분
- 🥣 냉동 2주

- 고구마 함박스테이크 반죽 243쪽
- 오일 스프레이 적당량

고구마 함박스테이크 반죽을
만든다(243쪽). 지름 3cm 크기로 빚는다.

에어프라이어에 펼쳐 담은 후
오일을 뿌린다. 180℃에서 10~15분간
노릇하게 굽는다. 이때, 중간에 2~3회
뒤집어가며 오일을 더 뿌린다.
*에어프라이어에 따라 차이가 있으므로
상태를 보며 굽는 시간을 조절하세요.

냉동
& 해동

과정 ①까지 진행한 후 평평한
밀폐용기에 펼쳐 담아 냉동한다.
해동 없이 과정 ②부터 진행한다.
*2단으로 겹쳐 담을 경우 중간에
종이포일을 깔고 쌓는 것이 좋아요.

떡 품은 떡갈비

다진 쇠고기와 다진 돼지고기를 동량으로 넣어 촉촉함이 참 좋은 떡갈비입니다.

떡볶이 떡을 썰어 넣은 덕분에 쫄깃함도 느껴지지요.

양조간장, 올리고당으로 양념을 했기에 다른 반찬 없이 떡갈비 하나로도 식탁이 든든해져요.

✔ 필독! 유아식 전략

고기만 먹으면 영양 불균형이 생길 수 있지요.
오이, 당근을 그대로, 또는 아이가 좋아하는 채소를
살짝 익혀 함께 담아주세요. ＊채소 익히기 275쪽

⏱ 20~30분
(+ 숙성 시키기 1시간)

🍚 지름 5cm, 두께 1.5cm 15~16개분

🥡 냉동 2주

- 다진 쇠고기 250g
- 다진 돼지고기 250g
  (또는 다진 쇠고기)
- 떡볶이 떡 1/3컵
  (또는 떡국 떡, 50g)
- 부추 1/2줌(25g)
- 양파 1/5개(40g)
- 현미유 1작은술

양념
- 다진 마늘 1큰술
- 배즙 3큰술
  (또는 매실청, 생략 가능)
- 양조간장 2큰술
- 올리고당 2큰술
- 참기름 1큰술
- 후춧가루 약간

1 떡볶이 떡은 작게 썬다.
＊떡이 딱딱하다면 썬 후
끓는 물(2컵)에서 1분간 데쳐
말랑하게 만들어 주세요.

2 부추, 양파는 잘게 다진다.

3 볼에 현미유를 제외한 모든 재료를 넣고
2분 이상 충분히 치댄다.
지름 5cm, 두께 1.5cm 크기로
둥글납작하게 만든 다음
냉장실에서 1시간 숙성 시킨다.

4 반죽의 가운데를 손가락으로 살짝 눌러준다.
＊고기는 익으면서 가운데 부분이
특히 두꺼워지기 때문에
살짝 눌러주는 것이 좋아요.

5 달군 팬에 현미유, ④를 넣고
약한 불에서 뚜껑을 덮고 뒤집어가며
4~5분간 노릇하게 익힌다.
불을 끄고 뚜껑을 덮은 그대로
3분간 둬 완전히 익힌다.

냉동
& 해동

6 과정 ④까지 진행한 후 평평한
밀폐용기에 펼쳐 담아 냉동한다.
냉장실에서 해동한 후
과정 ⑤부터 진행한다.
＊2단으로 겹쳐 담을 경우 중간에
종이포일을 깔고 쌓는 것이 좋아요.

 Tip

배즙 만들기
배즙 3큰술 기준 배 1/10개(50g)를
강판에 갈면 돼요. 아이용
시판 배즙을 활용해도 좋아요.

no egg

오징어볼

감칠맛 가득한 오징어의 향이 참 좋은 볼입니다.
아이 간식, 반찬뿐만 아니라 어른 반찬으로도
정말 훌륭하지요. 오징어를 거부하거나
어린 월령의 아이라면 오징어는 최대한 곱게 갈아주세요.
아이가 씹는 맛을 좋아한다면 굵게 썰거나 다져도 좋아요.

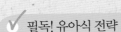 필독! 유아식 전략

오징어, 새우는 자체로도 찰기가 있어 다른 재료 없이도
쉽게 모양을 만들 수 있어요. 단, 이런 특징 때문에
손으로 반죽을 만지면 많이 묻게 되므로 숟가락을 이용하세요.

248

⏱ 20〜30분
🍴 지름 3cm 23〜25개분
🍲 냉동 2주

- 오징어 1마리
  (270g, 손질 후 180g)
- 파프리카 1/8개(25g)
- 양파 1/8개(25g)
- 오일 스프레이 적당량

1 파프리카, 양파는 잘게 다진다.

2 오징어는 손질한 후 푸드프로세서
(또는 믹서)에 넣고 최대한 곱게 간 다음
①의 채소와 섞는다.
*오징어 손질 45쪽

3 에어프라이어에 오일을 뿌린다.

4 ②의 반죽을 2/3큰술씩 떠서 에어프라이어에
펼쳐 담는다. 이때, 다른 숟가락 뒷면으로
반죽을 밀면 더 쉽게 떼어낼 수 있다.
180℃에서 7〜8분간 노릇하게 굽는다.
*에어프라이어에 따라 차이가 있으므로
상태를 보며 굽는 시간을 조절하세요.

냉동
& 해동

5 과정 ②까지 진행한다.
요리에 한 번 활용할 만큼
지퍼백에 넣고 납작하게 펼쳐 담아
냉동한다. 냉장실에서 해동한 후
과정 ③부터 진행한다.

Tip

찜기에 익히기
김이 오른 찜기에 과정 ④와 같은
방법으로 펼쳐 담은 후
약한 불에서 6〜8분간 익혀요.

채소 대체하기
양파, 파프리카는 아이가 평소
편식하는 다른 채소나,
냉장고 자투리 채소로 대체해도 돼요.
단, 총량이 50g이 되도록 하세요.

오징어 대체하기
동량(180g)의 냉동 생새우살,
흰살 생선 등으로 대체해도 돼요.

엄마에게 힘이 되는

저장
밑반찬

아이들 반찬은 어른 반찬에 비해 간이 약하다 보니 오래 두고 먹기 힘들어요.
게다가 바로 만들었을 때 영양이 가장 풍부하다 보니 대부분 즉석 반찬 위주이고요.

하지만 엄마들은 아실 거예요. 식판식을 하다 보면 매번 바로 만들 수 없다는 것을.
그럴 때를 대비한 유아식 저장 밑반찬을 소개합니다.
염도를 줄이고, 각종 영양을 더하고, 게다가 아이들이 좋아하는 모양까지 살렸습니다.
주말을 이용해 만들어 두면 엄마도 편하지요.
엄마가 행복해야 아이의 식판식도, 다양한 요리에 대한 도전도 지속할 수 있답니다.

핵심 전략 알아보기

1 소금, 간장보다는 재료(해산물, 육수)가 가진
염도로 간을 맞춰요

2 국물이나 양념을 넉넉하게 만들어서 보관하면
오랜 시간 촉촉하게 맛볼 수 있어요

3 재료를 골고루 잘 익히기 위해
팬이나 냄비는 큰 것을 사용하세요.

부드러운 잔멸치볶음

밑반찬의 대표 주자, 잔멸치볶음입니다.
어린 월령이라면 까슬거리는 식감 때문에 잔멸치를
거부할 수 있어요. 잔멸치를 미리 물에 담가
식감은 부드럽게, 동시에 소금기도 없애는 것이 중요해요.

바삭 김 잔멸치볶음

참 좋은 재료 김. 식이섬유, 칼슘, 그리고
나트륨 배출에 도움을 주는 칼륨까지 풍부하지요.
게다가 고유의 짭조름함 덕분에
간을 따로 하지 않아도 돼요.

부드러운 잔멸치볶음

바삭 김 잔멸치볶음

견과류 건새우볶음

견과류 건새우볶음

아이에게 견과류를 먹일까, 말까, 고민인가요?
칼슘과 필수아미노산이 풍부한 건새우를
견과류와 함께 볶아 더 고소하고 건강해요.
세 돌전에는 알레르기 반응이 있는 경우가
간혹 있으니 아이에 맞춰가며 조절해 주세요.

✓ 필독! 유아식 전략

잔멸치, 건새우는 이미 염도를 갖고 있으므로
따로 간을 하지 않는 것이 좋습니다. 또한 어린 월령의
아이에게는 잘게 다져서 주는 것도 방법이에요.

부드러운 잔멸치볶음

- 🕐 15~20분
- 🍴 3~4회분
- 🥣 냉장 1주

- 잔멸치 1컵(50g)
- 올리고당 1작은술
- 참기름 약간
- 통깨 약간
- ▶ 어른이 함께 먹을 경우
  아이가 먹을 분량을 덜어둔 후
  양조간장으로 간을 더하세요.

1 볼에 잔멸치, 잠길 만큼의 물을 넣고
10분 정도 둔다.
＊물에 담가두면 잔멸치가 부드러워지고,
소금기도 없어져요.

2 체에 밭쳐 물기를 뺀다.

3 달군 팬에 잔멸치를 넣어
수분이 살짝 남아 있을 정도로
중간 불에서 1분간 볶은 후 불을 끈다.
＊너무 오래 볶으면 잔멸치가
단단해지므로 살짝만 볶아주세요.

4 올리고당, 참기름,
통깨를 넣고 버무린다.

5 그릇에 펼쳐 한 김 식힌다.
＊다진 견과류를 넣어도 좋아요.

바삭 김 잔멸치볶음

- 🕐 15~20분
- 🍽 3~4회분
- 🥡 냉장 1주

- 잔멸치 1컵(50g)
- 구운 김(또는 김가루) 1장
- 참기름 1큰술
- 올리고당 1큰술
- 통깨 약간

1 볼에 잔멸치, 잠길 만큼의 물을 넣고
10분 정도 둔다.
＊물에 담가두면 잔멸치가 부드러워지고,
소금기도 없어져요.

2 구운 김은 위생백에 넣어 잘게 부순다.
＊김가루를 사용한다면
이 과정은 생략하세요.

3 달군 팬에 잔멸치를 넣고
중약 불에서 3분,
참기름을 넣고 3분간 바삭하게
볶은 다음 불을 끄고 한 김 식힌다.

4 올리고당을 넣고 버무린다.

5 김, 통깨를 넣고 섞는다.

견과류 건새우볶음

- ⏱ 15~20분
- 🍴 3~4회분
- 🥣 냉장 1주

- 건새우 1컵(30g)
- 다진 견과류 2큰술
- 올리고당 1큰술
- 참기름 1/2큰술
- 통깨 약간
  - ▶ 어른이 함께 먹을 경우
  - 아이가 먹을 분량을 덜어둔 후
  - 양조간장, 설탕으로 간을 더하세요.

1 건새우는 2등분한다.
＊어린 월령이라면
더 작게 썰거나 다져 주세요.

2 달군 팬에 건새우를 넣고
약한 불에서 바삭해질 때까지
2분간 볶는다.

3 체에 밭쳐 가루를 털어낸 후 한 김 식힌다.
＊번거롭다면 이 과정은 생략해도 돼요.

4 달군 팬에 모든 재료를 넣고
약한 불에서 30초간 볶는다.
＊볶은 건새우를 식히지 않고
올리고당과 섞으면 뭉치게 되므로
꼭 한 김 식히도록 하세요.

황태채 강정

황태채 강정을 만들 때면 완성되기가 무섭게 두 아이가 서로 먹겠다고 아우성인지라
식판에 정해진 양만큼 조절해 주는 메뉴예요. 반찬뿐만 아니라 간식으로도 좋답니다.

[주먹밥으로 즐기기 257쪽]

✔ 필독! 유아식 전략

황태채는 어린이용이나 유기농 매장에서 '이유식용'으로 구입하되,
요리 전에 남은 가시가 없는지 한 번 더 확인해 주세요.

🕐 10~15분
🍴 3~4회분
🥣 냉장 1주

- 손질 황태채 2컵
  (이유식용, 또는 북어채, 40g)
- 현미유 1과 1/2큰술
- 올리고당 2큰술

1 황태채는 가위로 작게 자른다.

2 달군 팬에 현미유를 두르고
황태채를 넣어 중간 불에서 2분간
바삭하게 볶는다.

3 약한 불로 줄인 후 올리고당을 넣고
섞은 후 불을 끈다.

4 넓게 펼쳐 한 김 식힌다.

주먹밥으로 즐기기
황태채강정, 밥, 김가루를 섞어
주먹밥으로 만들어도 좋아요.

아삭 우엉볶음

저희 집 둘째 준이는 우엉볶음 하나면 밥 한 그릇 뚝딱이에요.
우엉, 당근을 가늘고 작게 채 썰어서 아이가 먹기에도 부담 없지요.

✔ 필독! 유아식 전략

따뜻한 밥과 함께 버무려 주먹밥으로, 유부초밥이나
김밥 속재료로 활용하기 참 좋답니다. 이때, 단백질을
채우고 싶다면 다진 고기를 볶아서 더해주세요.

🕐 20~30분
🍴 3~4회분
🫙 냉장 1주

- 우엉 지름 2cm, 길이 50cm(100g)
- 당근 1/5개(40g)
- 현미유 1큰술
- 참기름 1작은술
- 통깨 부순 것 약간

양념
- 물 1큰술
- 양조간장 1큰술
- 올리고당 1큰술
- 설탕 1작은술
  ▶ 어른이 함께 먹을 경우
  아이가 먹을 분량을 덜어둔 후
  설탕으로 간을 더하세요.

우엉, 당근은 필러로 껍질을 벗긴 후
가늘고 작게 채 썬다.
＊우엉은 껍질을 벗겨두면
색깔이 변하므로 바로 요리에 활용하세요.

큰 볼에 우엉, 잠길 만큼의 물,
식초(1큰술)를 넣고 10분간 담가
특유의 아린 맛을 없앤다.

체에 밭쳐 흐르는 물에 씻은 후
물기를 뺀다. 작은 볼에 양념 재료를 섞는다.

달군 팬에 현미유를 두르고
우엉, 당근을 넣어
중간 불에서 2분간 볶는다.

양념을 넣고 중약 불에서
8~10분간 볶은 후 불을 끈다.
참기름, 통깨 부순 것을 섞는다.

콕콕 찍어 먹는 우엉조림

콕콕~ 아이가 혼자서 포크나 젓가락으로 찍어 먹을 수 있도록 우엉을 동글동글하게 썰었어요.
스스로 먹다 보면 성취감이 생기면서, 요리에 더 친근감을 느끼게 되지요.
이처럼 아이가 도구사용이 서툴 때는 재료의 모양을 변형시켜 아이 스스로 먹을 수 있도록 도와주세요.

✔️ 필독! 유아식 전략

어린 월령이거나 씹는 것에 익숙지 않은 아이,
부드러운 식감을 좋아하는 아이라면 우엉 삶는 시간을
5분 이상 늘려 푹 익히는 것도 좋아요.

- ⏱ 20~25분
- 🍴 3~4회분
- 🥣 냉장 1주

- 우엉 지름 2cm, 길이 50cm(100g)
- 올리고당 1큰술
- 참기름 1/2큰술
- 통깨 부순 것 약간

양념
- 물 1컵(200㎖)
- 다시마 5×5cm 2장(생략 가능)
- 설탕 1/2큰술
- 양조간장 1/2큰술
  ▶ 어른이 함께 먹을 경우
  아이가 먹을 분량을 덜어둔 후
  양조간장으로 간을 더하세요.

1 우엉은 필러로 껍질을 벗긴 후
0.5cm 두께로 동그랗게 썬다.
＊우엉은 껍질을 벗겨두면 색깔이
변하므로 바로 요리에 활용하세요.

2 끓는 물(4컵) + 식초(1큰술)에
우엉을 넣고 3~4분간 삶는다.

3 체에 밭쳐 물기를 뺀다.

4 냄비에 우엉, 양념 재료를 넣고
센 불에서 끓어오르면 중간 불로 줄인다.
양념이 1/4정도 남을 때까지
6~8분간 중간중간 저어가며 조린 다음
다시마를 건져낸다.

Tip

우엉 대체하기
동량(100g)의 연근으로 대체해도 돼요.

조린 다시마 활용하기
과정 ④에서 건져둔 다시마는
가늘게 채 썰어 우엉조림과 함께
그릇에 담아도 좋아요. 오독오독한
식감 덕분에 생각보다 잘 먹는답니다.

5 올리고당을 넣고 센 불에서
2분간 저어가며 국물이 거의 없도록 조린다.
참기름, 통깨 부순 것을 섞는다.

파프리카양념 무조림

양념에 파프리카를 갈아서 무와 함께
조렸어요. 이때 다른 양념은 최소로 사용,
무와 파프리카가 가진 고유의 단맛이 제대로
느껴지게 했지요. 노랗게 물든 무가 꼭
아이들이 좋아하는 단무지처럼 생겨서
망설임 없이 젓가락이 가는 밑반찬이랍니다.

새송이버섯조림

비타민C가 풍부한 새송이버섯은
계절에 상관없이 만날 수 있는 식재료예요.
조림으로 만들게 되면 살캉살캉한 식감 덕분에
아이들이 참 좋아하지요. 매실청의 은은한
새콤달콤함이 따뜻하게, 또는 차게 먹어도
입맛을 돋아줘요.

파프리카양념 무조림

새송이버섯조림

✔ 필독! 유아식 전략

채소 조림 반찬은 아이의 취향에 맞게 차게,
또는 따뜻하게 주세요. 냉장 보관 중이라면 먹을 만큼
용기에 담아 전자레인지에 살짝 데우면 됩니다.

파프리카양념 무조림

- ⏱ 20~30분
- 🍴 3~4회분
- 🥣 냉장 1주

- 무 지름 10cm, 두께 1.5cm(150g)

파프리카양념
- 노란 파프리카 1/2개(100g)
- 멸치육수 1컵
  (또는 물, 200㎖, 48쪽)
- 양조간장 1큰술
- 올리고당 1작은술(생략 가능)
- 참기름 1작은술

무는 아이 한입 크기로 썬다.
＊아이의 월령에 따라
크기를 조절하세요.

믹서에 노란 파프리카, 멸치육수를 넣고
곱게 간 후 나머지 양념 재료와 섞는다.

냄비에 ①, ②를 넣고 센 불에서
끓어오르면 뚜껑을 덮는다.
중약 불로 줄여 국물이 자작하게
남을 때까지 10분,
센 불로 올려 2분간 조린다.

새송이버섯조림

- ⏱ 10~15분
- 🍴 4~5회분
- 🥣 냉장 3~4일

- 새송이버섯 2개(160g)

양념
- 멸치육수 1/2컵
  (또는 물, 100㎖, 48쪽)
- 다진 마늘 1/2큰술
  (아이 월령에 따라 가감 또는 생략)
- 매실청 1큰술
- 양조간장 2작은술
- 참기름 1작은술
- 통깨 부순 것 약간

볼에 양념 재료를 섞는다.
새송이버섯은 아이 한입 크기로 썬다.
＊아이의 월령에 따라
크기를 조절하세요.

냄비에 새송이버섯, 양념을 넣고
센 불에서 끓어오르면 중간 불로 줄여
국물이 자작하게 남을 때까지
3분간 조린다.

 새송이버섯을 다른 버섯으로 대체하기
동량(160g)의 양송이버섯,
느타리버섯으로 대체해도 돼요.

부드러운 돼지고기장조림

첫째 훈이는 세 돌이 다 되도록 고기 씹는 것을 힘들어했어요.
그런데 유독 할머니표 돼지고기 장조림은 참 잘 먹더라고요.
할머니의 비법은 바로 부드러운 돈가스용 고기를 사용하고,
고기를 데칠 때 매실청을 더해 잡냄새를 확 잡은 것이더군요.
따뜻한 밥에 장조림, 무염버터, 오이를 올려 장조림 비빔밥으로 즐겨도
별미인 레시피를 소개합니다.

[장조림 비빔밥으로 즐기기]

✔ 필독! 유아식 전략

아이가 고기 편식이 심하다면? 냄새가 나거나,
고기가 질기거나 등 다양한 이유가 있을 거예요.
아이와 함께 이야기를 하며 다양한 방법을 찾아주세요.

- ⏱ 50~60분
- 🍴 8~10회분
- 🥡 냉장 2주

- 돼지고기 돈가스용 300g
  (안심, 등심)
- 청주 약간
- 매실청 1큰술

고기 삶는 물
- 물 3컵(600mℓ)
- 양파 1/4개(50g)
- 대파 10cm
- 통후추 5알

양념
- 고기 삶은 물 2컵(400mℓ)
- 양조간장 2큰술
- 올리고당 2큰술

1 냄비에 돼지고기, 잠길 만큼의 물, 청주, 매실청을 넣고 센 불에서 끓어오르면 고기만 건져낸다.

2 고기는 흐르는 물에 씻은 후 체에 밭쳐 물기를 없앤다.
＊과정 ①, ②는 고기의 잡내를 빠르게 없애는 방법이에요.

3 냄비에 고기 삶는 물 재료를 넣고 센 불에서 끓어오르면 ②의 고기를 넣고 약한 불로 줄여 뚜껑을 덮고 30분간 삶는다.

4 고기는 체에 밭쳐 한 김 식힌 후 가위로 작게 자른다.
이때, 고기 삶은 물 2컵은 따로 둔다.
＊고기 삶은 물의 양이 부족할 경우 따뜻한 물을 더하세요.

따뜻하게 즐기기
냉장 보관 후 그대로 즐겨도 좋지만
따뜻하게 데우면 더 맛있어요.
한 번 먹을 만큼 건더기와 국물을
덜어낸 후 전자레인지,
또는 냄비에 한소끔 끓이세요.

돼지고기를 닭고기로 대체하기
동량(300g)의 닭안심, 닭가슴살로
대체해도 돼요.

5 냄비에 양념, 고기를 넣고 센 불에서 끓어오르면 중간 불로 줄여 15~20분간 국물이 넉넉하도록 조린다.

담백한 쇠고기장조림

흔히 장조림이라고 하면 간이 센 양념을 생각하기 쉽지만, 아이들을 위해
담백하게 만들었습니다. 양념에 사과를 갈아 넣어 고기를 부드럽게 만들었고,
천연의 단맛도 살렸지요. 돼지고기 장조림(264쪽)과 마찬가지로 따뜻한 밥에
쇠고기 장조림, 무염버터 조금을 올려 장조림밥으로 즐겨도 별미랍니다.

✔ 필독! 유아식 전략

고기를 부드럽게 만드는 연육 작용. 가장 좋은 것이
바로 간 과일을 더하는 것이에요. 양념에, 또는 밑간에
간 과일을 더해보세요. 잡내까지 없애준답니다.

- ⏱ 80~85분
  (+ 쇠고기 핏물 빼기 30분)
- 🍴 8~10회분
- 🥣 냉장 2주

- 쇠고기 장조림용 300g

고기 삶는 물
- 물 5컵(1ℓ)
- 양파 1/4개(50g)
- 대파 10cm
- 통후추 5알

양념
- 고기 삶은 물 2컵(400㎖)
- 양조간장 2큰술
- 올리고당 2큰술
- 사과 간 것 1/2개
  (100g, 생략 가능)

1 쇠고기는 4~5cm 두께로 썬다.
볼에 쇠고기, 잠길 만큼의 물을 넣고
30분 이상 핏물을 뺀 후
체에 밭쳐 물기를 없앤다.

2 냄비에 고기 삶는 물 재료를 넣고
센 불에서 끓어오르면 쇠고기를 넣는다.
뚜껑을 덮고 약한 불로 줄여 50분간 삶는다.
이때, 떠오르는 거품을 중간중간 걷어낸다.

3 쇠고기는 체에 밭쳐 물기를 빼고,
고기 삶은 물 2컵은 따로 둔다.
*고기 삶은 물의 양이 부족할 경우
따뜻한 물을 더하세요.

4 삶은 고기는 한 김 식힌 후
가위로 작게 자른다.
*아이의 월령, 씹는 숙련도에 따라
크기를 조절하세요.

5 냄비에 양념, 고기를 넣고 센 불에서
끓어오르면 중간 불로 줄여
15~20분간 국물이 넉넉하도록 조린다.

Tip

따뜻하게 즐기기
냉장 보관 후 그대로 즐겨도 좋지만
따뜻하게 데우면 더 맛있어요.
한 번 먹을 만큼 건더기와 국물을
덜어낸 후 전자레인지,
또는 냄비에 한소끔 끓이세요.

다시마 메추리알장조림

메추리알은 단백질과 엽산이 풍부해 어린이 성장발육에 좋다고 알려져 있어요.
달걀과 맛이 비슷해 아이들이 유독 잘 먹는 식재료 중 하나이지요.
다시마를 함께 조리면 따로 밑국물을 내지 않더라도 감칠맛이 살아난답니다.

✔ 필독! 유아식 전략

식이섬유, 칼륨이 풍부한 다시마. 아이들이 쉽게 접할 수 없는
재료예요. 조린 다시마를 가늘게 썰어 함께 담아주세요.
오독오독한 식감 덕분에 생각보다 참 잘 먹어요.

- ⏱ 25~30분
- 🍴 8~10회분
- 🥣 냉장 10일

- 삶은 메추리알 30개
  (또는 달걀 6개, 270g)
- 다시마 5×5cm 2장

양념
- 물 1컵(200㎖)
- 올리고당 1큰술
- 양조간장 2작은술

1 삶은 메추리알은 체에 밭쳐
물에 헹군 다음 물기를 없앤다.

2 냄비에 삶은 메추리알, 다시마,
양념을 넣고 센 불에서 끓어오르면
뚜껑을 덮고 약한 불로 줄여
중간중간 저어가며 국물이 자작하게
남을 때까지 13~15분간 조린다.

3 다시마는 건져내 잘게 썬 다음 더한다.
＊아이의 취향에 따라
다시마를 더하지 않아도 돼요.

Tip

메추리알 삶기
냄비에 메추리알, 잠길 만큼의 물,
소금 1/2큰술, 식초 2큰술을 넣고
센 불에서 끓어오르면 5분간 삶아요.
찬물에 바로 헹군 다음 껍질을 벗겨요.

버섯 더하기
양송이버섯이나 새송이버섯을
한입 크기로 썬 후 더해보세요.
더하는 버섯의 양만큼
메추리알의 양을 줄이면 됩니다.

메추리알 비트 피클

비트 고유의 천연 붉은빛이 메추리알에
스며들어 색이 참 예쁜 피클이에요.
그 모습이 마치 공룡알 같아서 아이들에게
인기 만점이지요. 얼마나 잘 먹는지,
되려 좀 천천히 먹어줬으면 싶을 때도 있답니다.

✔ **필독! 유아식 전략**

메추리알 5개는 달걀 1개와 유사한 열량과 영양소를 가졌어요.
하루 단백질 섭취 권장량(3~5세, 20g)을 고려,
양을 조절해서 먹을 수 있게 해주세요.

270

⏱ 15~20분
(+ 숙성 시키기 2일)
🍴 8~10회분
🥣 냉장 2주

- 삶은 메추리알 30개
  (또는 달걀 6개, 270g)
- 비트 1/5개(80g)
- 물 1과 3/4컵(350㎖)
- 매실청 1/2컵(100㎖)

1 삶은 메추리알은 체에 밭쳐
물에 헹군 다음 물기를 없앤다.

2 비트는 필러로 껍질을 벗긴 후
0.5cm 두께의 부채꼴 모양으로 얇게 썬다.
＊비트의 빨간즙은 그릇이나 손, 도마에
물들기 쉬우므로 손질 후 바로 씻으세요.

3 끓는 물(2컵)에 비트를 넣고
센 불에서 10초간 데친 후
체에 밭쳐 물기를 뺀다.

4 냄비를 씻은 후 물 1과 3/4컵,
매실청을 넣고 센 불에서 끓어오르면
불을 끄고 그대로 한 김 식힌다.

 Tip

메추리알 삶기
냄비에 메추리알, 잠길 만큼의 물,
소금 1/2큰술, 식초 2큰술을 넣고
센 불에서 끓어오르면 5분간 삶아요.
찬물에 바로 헹군 다음 껍질을 벗겨요.

내열용기 소독하기
소독한 용기에 담아둬야 더 오래
보관할 수 있어요. 냄비에 내열용기,
잠길 만큼의 물을 넣고 중간 불에서
끓입니다. 끓어오르면 중약 불로 줄여
집게로 굴려가며 10분 정도 끓이세요.
물기가 없도록 완전히 말려주세요.

5 소독한 내열용기에 모든 재료를 넣고
냉장실에서 2일간 숙성 시킨 후 먹는다.

잔멸치 깻잎찜

아이들은 저마다 편식하는 포인트도 참 각양각색이지요. 이건 잘 먹을 것 같은데 실패하기도,
또 그 반대의 경우도 있고요. 향과 맛에 참 민감한 첫째는 깻잎향을 싫어할 거라 생각했는데
저와 남편이 먹던 깻잎찜 한 장을 물에 씻어줬더니 잘 먹더라고요.
그래서 만든 아이용 깻잎찜입니다. 칼슘을 더 챙겨주고 싶어서 잔멸치도 갈아서 더했답니다.

✔️ 필독! 유아식 전략
깻잎의 잔털에는 이물질이 묻기 쉬워요. 따라서
꼼꼼하게 씻는 것이 중요하지요. 물에 5분 이상 충분히
담가 둔 후 흐르는 물에서 다시 1장씩 씻어주세요.

🕐 20~30분
🍴 8~10회분
🥣 냉장 10일

- 깻잎 60g(약 30장)

양념
- 잔멸치 3큰술(15g)
- 양파 1/7개(30g)
- 당근 1/7개(30g)
- 양조간장 1큰술
- 들기름 1큰술
  (또는 참기름)
- 올리고당 1큰술
- 다진 마늘 1작은술
  (아이 월령에 따라 가감 또는 생략)

1 잔멸치, 양파, 당근은 잘게 다진다.

2 볼에 양념 재료를 넣고 섞는다.

3 내열용기에 깻잎 2장을 겹쳐 깔고
②의 양념을 1작은술 펴 바른다.
깻잎의 꼭지를 좌우로 엇갈리게
담으며 이 과정을 반복한다.
＊깻잎의 꼭지를 엇갈리게 담으면
먹을 때 수월하답니다.

4 내열용기의 뚜껑을 덮는다.
김이 오른 찜기에 넣고
약한 불에서 10분간 익힌다.
＊내열용기의 뚜껑이 없다면
쿠킹포일로 감싸도 좋아요.

 Tip

찜기 대신 전자레인지로 만들기
과정 ③까지 진행한 후 뚜껑을 덮어요.
전자레인지에 넣고 1분~1분 30초 정도
깻잎이 숨이 죽을 때까지 익혀요.

273

그대로 먹어도 참 좋은

원물
곁들이기

식판의 빈칸을 채우기에 가장 좋은 방법이자,
부족한 영양을 챙기는 훌륭한 선택은 바로 원물입니다.
게다가 간식으로도 완벽하지요.

그대로 담거나, 또는 익혀서 담는 원물— 두 가지 방식을 소개할게요.

아이 한입 크기, 포크나 젓가락으로 잡기 쉬운 크기로 썰어요.

당근 & 오이 & 양배추	토마토	아보카도	과일	셀러리

치즈	연두부	낫또	김	떠먹는 요거트

익히기만 하면 되는 원물

빠르고 간편하게 만들 수 있도록 한입 크기로 썰어 전자레인지로 익히는 시간을 제안합니다.
재료의 크기, 전자레인지 출력 등에 따라 익히는 시간을 가감하세요.

*소개하는 조리 시간은 각 재료 50g 기준입니다. 전자레인지 대신 찌거나 삶아도 좋아요.

감자 : 물 3큰술과 함께 3분~3분 30초	고구마 : 물 3큰술과 함께 3분~3분 30초	당근 : 물 3큰술과 함께 3분	단호박 : 물 1큰술과 함께 3분	가지 : 1분 30초

양배추 : 물 2큰술과 함께 2분	브로콜리(콜리플라워) : 물 3큰술과 함께 2분	애호박 : 1분~1분 30초	두부 : 잠길 만큼의 물에 담가 1분

chapter 3

편식 재료를 꼭꼭 숨긴

한 그릇 밥

이유식을 막 뗀 아이들이 각각의 밥, 반찬에 익숙하지 않을 때,
가장 편하게 접할 수 있는 것이 바로 한 그릇입니다.
첫 번째 챕터에서는 바쁜 아침을 위해 빠르게 만드는 10분 한 그릇이었다면,
이번에는 편식 재료를 꽁꽁 숨긴, 밥이 주재료인 다양한 한 그릇을 소개합니다.

한 그릇에만 익숙해진 아이의 경우 식판식을 거부할 수 있으니
식판식과 번갈아가며 주고,
한 그릇 요리에 몇 가지 곁들임(275쪽)을 함께 주는 것도 좋아요.

핵심 전략 알아보기

1 — 다양한 종류의 한 그릇 밥을 만들어주세요

2 — 평소 먹지 않는 식재료는 꼭꼭 숨겨서 더해주세요

3 — 아이 마음을 사로잡을 수 있도록 요리를 꾸며주세요

① 다양한 종류의 한 그릇 밥을 만들어주세요

한 그릇에 담을 수 있는 밥에도 많은 것들이 있어요.
아이가 다양한 종류를 접할 수 있도록 엄마의 시도가 필요해요.

영양밥　　덮밥　　카레　　비빔밥　　리조또

볶음밥　　김밥　　주먹밥　　유부초밥

② 평소 먹지 않는 식재료는 꼭꼭 숨겨서 더해주세요

먹지 않는 재료라고 주지 않기보다는 다지거나 곱게 갈아서 숨겨주세요. 이 방법은
아이 식습관 개선을 위한 푸드 브릿지에도 나오는 편식 해결 방법 중 하나랍니다.

푸드 브릿지(Food bridge)

아이가 싫어하는 재료, 요리를 서서히 노출시키는 것이에요.
각 단계별로 최소 5~6회, 또는 그 이상 꾸준히 진행하는 것이 중요해요.

1단계 - 먼저 재료와 친해지기
- 직접 만져보면서 재료의 향을 맡고, 촉감을 느끼는 단계
- 당근으로 도장을 만들고, 오이 조각으로 자동차놀이를 해보세요.

2단계 - 간접적으로 접하기
- 재료를 갈거나, 작게 다져 형태가 없도록 하는 단계(298쪽)
- 채소의 즙을 더한 반죽을 만들거나(356쪽),
　곱게 갈아 스무디, 주스 형태로 만들어보세요(377쪽).

3단계 - 소극적으로 노출시키기
- 재료의 형태는 있지만 다른 모양으로 만들어보는 단계
- 모양 틀로 찍거나, 아이용 칼로 썰어보도록 해주세요.

4단계 - 적극적으로 노출시키기
- 재료 형태에서부터 시작하는 단계(275쪽)

다양한 모양의 틀이에요!

③ 아이 마음을 사로잡을 수 있도록 요리를 꾸며주세요

예쁜 요리가 더 손이 가는 법. 평범한 한 그릇 밥이라도 엄마표 장식을 더한다면 아이들은
호기심을 갖고 먹을 거예요. 만드는 엄마도 힘들지 않아야 하니깐 간단한 방법을 소개합니다.

다양한 모양 틀 활용하기

오프라인 천원 숍이나 인터넷 쇼핑몰에서 모양 틀, 데코 틀 등의 이름으로 판매해요.
별, 하트, 토끼, 고양이와 같이 다양한 모양이 있답니다. 틀을 활용해 밥을 담거나,
슬라이스 아기치즈를 틀을 이용해 모양만 내도 특별해져요.

토핑 활용하기

- **검은깨, 견과류 가루, 햄프시드, 김가루, 채 썬 파프리카, 송송 썬 부추**
  : 그대로 마지막에 뿌리면 돼요.
- **슬라이스 치즈** : 틀로 찍어 모양을 만들어 올려요.

하트 모양 틀로 찍어낸
슬라이스 치즈예요!

콩나물 쇠고기밥

어른, 아이 할 것 없이 모두 함께 맛있게 즐기기 좋은 효자 메뉴, 콩나물 쇠고기밥이에요.
저희 집 아이들은 특히나 콩나물의 아삭한 식감을 좋아하는데요, 쇠고기를 추가해 영양을 더 챙겼지요.
어린 월령이라면 양념장 없이, 재료는 가위로 더 작게 잘라줘도 좋아요.

✔ 필독! 유아식 전략

아삭한 콩나물의 식감을 특히 좋아한다면 콩나물을
따로 익힌 다음 밥, 쇠고기볶음과 함께 담아도 좋아요.
＊콩나물 익히기 165쪽

○ 10~15분
(+ 멥쌀 불리기 30분, 밥 짓기)

🍴 어른 2인 + 아이 2인분

- 멥쌀 2컵(320g, 불린 후 400g)
- 콩나물 2줌(100g)
- 다진 쇠고기 100g
  (또는 쇠고기 불고기용)
- 물 1과 3/4컵(350㎖)

밑간
- 양조간장 1큰술
- 올리고당 1큰술
- 참기름 1큰술

부추 양념장
- 다진 부추 2큰술
- 물 4큰술
- 양조간장 2큰술
- 참기름 1/2큰술

  ▶ 어른이 함께 먹을 경우
  양념장을 아이가 먹을 분량만큼
  덜어둔 후 양조간장으로 간을 더하세요.

1 콩나물은 씻은 후 체에 받쳐 물기를 빼고 가위로 작게 자른다.
*멥쌀은 미리 물에 담가 30분 이상 불린 후 체에 받쳐 물기를 빼 두세요.

2 밥솥에 불린 쌀, 콩나물, 물을 넣고 평소와 동일하게 밥을 짓는다.

3 다진 쇠고기는 키친타월로 감싸 핏물을 없앤 후 밑간과 버무린다.

4 볼에 부추 양념장 재료를 섞는다.

5 달군 팬에 ③의 쇠고기를 넣고 중약 불에서 2~3분간 볶는다.

6 그릇에 밥, 쇠고기를 나눠 담고 양념장을 곁들인다.
*어린 월령이라면 양념장을 생략해도 돼요.

부추 양념장 활용하기
전이나 튀김을 찍어 먹거나
설탕, 고춧가루를 취향에 따라 더해
비빔국수 양념으로 활용해도 좋아요.

돼지고기 가지밥

가지를 돼지고기와 함께 요리해보세요. 가지에 부족한 단백질을
돼지고기가 보충해 주기에 서로가 참 좋은 궁합이지요.
돼지고기 가지밥은 큰아이 친구들이 놀러 오면 자주 만들어주는
요리 중 하나인데요, '훈이 엄마는 요리사야!'라며 엄지 척! 해주는
친구들 덕분에 제 어깨도, 우리 아들 어깨도 한껏 올라간답니다.

✓ 필독! 유아식 전략

돼지고기 가지밥은 영양밥 중에서도 촉촉한 편이에요.
덕분에 냉동 후 해동했을 때 다른 영양밥에 비해 더 맛있지요.
넉넉하게 만들어 냉동하는 것을 추천해요. *냉동하기 283쪽

⏰ 15~20분
(+ 멥쌀 불리기 30분, 밥 짓기)
🍴 어른 2인 + 아이 2인분

- 멥쌀 2컵
  (320g, 불린 후 400g)
- 물 1과 3/4컵(350㎖)
- 가지 1과 1/2개(약 230g)
- 다진 돼지고기 150g
- 다진 파 2큰술
  (생략 가능)
- 양조간장 2작은술
- 들기름(또는 참기름) 1작은술
- 후춧가루 약간

1 가지는 길이로 2등분한 후
1cm 두께로 썬다.
*멥쌀은 미리 물에 담가 30분 이상
불린 후 체에 밭쳐 물기를 빼 두세요.

2 다진 돼지고기는 키친타월로 감싸
핏물을 없앤 다음 후춧가루와 버무린다.

3 달군 팬에 들기름, 다진 파,
다진 돼지고기를 넣고
중간 불에서 1분간 볶아 덜어둔다.

4 달군 팬에 가지를 넣고
숨이 약간 죽을 때까지
중약 불에서 2분간 볶는다.
양조간장을 섞은 후 불을 끈다.

5 밥솥에 모든 재료를 넣고
평소와 동일하게 밥을 짓는다.

냉동 보관하기
밥이 뜨거울 때 한번 먹을 분량씩
밀폐용기에 담아 냉동.
(2주 보관 가능)

시래기밥

무의 잎인 무청을 말린 '시래기'는 철분뿐만 아니라 비타민A, C, 칼슘, 식이섬유가
풍부한 식재료예요. 나물을 꺼려 하는 아이라면 그릇에 담아주는 대신 김에 싸서
입에 쏙쏙 넣어주세요. 먹지 않을 것 같은 재료라고 안 주는 것이 아닌, 다양한 방법으로
계속 가까이에서 만날 수 있게, 더 친해질 수 있도록 하는 것이 중요하답니다.

✔ 필독! 유아식 전략

시래기밥에 부족한 영양은 단백질! 단백질이 풍부한
달걀프라이나 연두부를 곁들이면 영양균형을 맞출 수 있어요.

○ 15~20분
　　(+ 멥쌀 불리기, 밥 짓기)
🍴 어른 2인 + 아이 2인분

- 멥쌀 2컵(320g, 불린 후 400g)
- 다시마 우린 물 2컵(또는 물, 400㎖)
- 삶은 시래기 100g
- 무 지름 5cm, 두께 1cm(50g)
- 당근 1/4개(50g)

양념
- 된장 1/2큰술
- 양조간장 1작은술
- 들기름(또는 참기름) 약간

삶은 시래기는 줄기의 얇은 섬유질을
벗긴 다음 아이 한입 크기로 썬다.
＊멥쌀은 미리 물에 담가 30분 이상
불린 후 체에 밭쳐 물기를 빼 두세요.

볼에 시래기, 양념을 넣고 버무린다.

무, 당근은 작게 채 썬다.
＊아이의 월령, 편식 여부에 따라
크기를 조절하세요.

달군 팬에 ②의 시래기를 넣고
중간 불에서 1분간 볶는다.
＊시래기를 볶은 후 밥에 더하면
훨씬 더 식감이 부드러워져요.

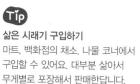

Tip

삶은 시래기 구입하기
마트, 백화점의 채소, 나물 코너에서
구입할 수 있어요. 대부분 삶아서
무게별로 포장해서 판매한답니다.

말린 시래기로 만들기
말린 시래기는 삶아 사용하면 돼요.
이때, 2·2·2 법칙을 외우세요.
1_ 말린 시래기를 물에 담가
　　20분간 불려요.
2_ 잠길 만큼의 물에 담가
　　센 불에서 20분간 삶습니다.
3_ 뚜껑을 덮어 2시간 불린 다음
　　찬물에 여러 번 씻어요.

밥솥에 모든 재료를 넣고
평소와 동일하게 밥을 짓는다.

두부 양념장 뿌리채소밥

땅속의 기운을 그대로 품은 연근, 우엉, 당근과
같은 뿌리채소는 볶아서, 조림으로, 밥에 넣어도
참 맛있지요. 뿌리채소를 더한 밥에 부족한 단백질은
두부 양념장으로 채웠답니다. 채소를 거부하는
아이라면 뿌리채소를 잘게 다져 넣어보세요.

고구마 김치밥

지금은 김치 없는 밥상을 서운해하는 첫째지만
유아식 초기에는 김치를 거부했었어요.
어떻게 하면 좋을까 고민하다가 만든 메뉴가
고구마 김치밥이지요. 달콤한 고구마 덕분에
어찌나 잘 먹던지. 고구마와 김치에는 식이섬유가
풍부해서 변비가 있는 아이들에게도 참 좋답니다.

두부 양념장 **뿌리채소밥**

고구마 김치밥

✔ 필독! 유아식 전략

슬라이스 아기치즈를 모양 틀로 찍어 밥에 올려
장식해보세요. 예쁜 요리는 아이의 시선을
사로잡을 수 있어서 편식을 해결에 도움을 주지요.

286

두부 양념장 뿌리채소밥

🕐 **10~15분**
　　(+ 멥쌀 불리기 30분, 밥 짓기)
🍽 **어른 2인 + 아이 2인분**

- 멥쌀 2컵(320g, 불린 후 400g)
- 물 2와 1/4컵(450mℓ)
- 연근 두께 5cm, 길이 2cm(30g)
- 우엉 두께 2cm, 길이 15cm(30g)
- 당근 1/4개(50g)
- 양송이버섯 3개(또는 다른 버섯, 60g)

두부 양념장

- 으깬 두부 2/3모(200g)
- 다진 양파 2큰술
- 양조간장 2큰술
- 다진 마늘 약간
　(아이 월령에 따라 가감 또는 생략)
- 통깨 약간
- 참기름 약간
　▶ 어른이 함께 먹을 경우
　양념장을 아이가 먹을 분량만큼
　덜어둔 후 양조간장으로 간을 더하세요.

1 연근, 우엉, 당근은 0.5cm 두께로,
양송이버섯은 아이 한입 크기로 썬다.
*멥쌀은 미리 물에 담가 30분 이상
불린 후 체에 받쳐 물기를 빼 두세요.

2 밥솥에 양념장을 제외한
모든 재료를 넣고
평소와 동일하게 밥을 짓는다.

3 달군 팬에 두부 양념장의 참기름,
다진 양파를 넣고 중약 불에서 2분,
나머지 두부 양념장 재료를 모두 넣고
2분간 볶은 후 밥에 곁들인다.

고구마 김치밥

🕐 **10~15분**
　　(+ 멥쌀 불리기 30분, 밥 짓기)
🍽 **어른 2인 + 아이 2인분**

- 멥쌀 2컵(320g, 불린 후 400g)
- 물 2컵(400mℓ)
- 고구마 1과 1/2개
　(또는 단호박, 300g)
- 배추김치 1컵(150g)
- 참기름 약간

1 배추김치는 씻은 후 물에 10분간 담가
짠맛을 없앤 다음 작게 썬다.
*어린 월령이라면 김치를 물에
담가두는 시간을 늘리세요.
*멥쌀은 미리 물에 담가 30분 이상
불린 후 체에 받쳐 물기를 빼 두세요.

2 고구마는 큼직하게 썬다.
*고구마는 익은 후 쉽게 부서지므로
큼직하게 써는 것이 좋아요.
*고구마 껍질에도 영양이 많으니
깨끗하게 씻어 껍질째 넣어도 돼요.

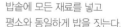

3 밥솥에 모든 재료를 넣고
평소와 동일하게 밥을 짓는다.

들깨 애호박덮밥

만들기 쉬운데 아이들 또한 잘 먹어주어 참 고마운 메뉴예요. 집에 늘 있는
애호박, 양파에 다진 쇠고기만 더하면 완성! 놀이터에서 땀 뻘뻘 흘리며 놀고 온
아이가 갑자기 배고프다고 아우성일 때, 빠르게 만들기도 참 좋답니다.

팽이버섯 소스 채소덮밥

요리하기 힘든 임신 시기에 많이 해 먹었던,
좋아하는 채소를 듬뿍 더한 덮밥입니다. 그때가 생각나서
간을 줄여서 만들었더니 아이들도 거부감 없이
참 잘 먹더라고요. 엄마 배 속에서 멀었던 맛을
기억하는 것만 같아서 참 뭉클했어요. 아이들에게
채소 본연의 맛을 느끼게 해주고 싶다면 추천합니다.

✔ **필독! 유아식 전략**
덮밥 소스에 들어가는 재료는 처음에는 작게 썰더라도,
큰 월령이 되면 크게 썰어 주세요. 채소의 식감을
즐길 수 있도록 말입니다.

들깨 애호박덮밥

🕐 10~15분
🍽 2~3인분

- 따뜻한 밥 1공기(200g)
- 애호박 1/3개(또는 가지, 약 100g)
- 양파 1/5개(40g)
- 다진 쇠고기 50g
- 멸치육수 1/2컵(또는 물, 100mℓ, 48쪽)
- 들깻가루 1큰술
- 양조간장 2작은술
- 들기름(또는 참기름) 1/2큰술
- 현미유 약간

  ▶ 어른이 함께 먹을 경우
  아이가 먹을 분량을 덜어둔 후
  양조간장으로 간을 더하세요.

1 애호박은 0.5cm 두께로 얇게 썰고,
양파는 작게 채 썬다. 다진 쇠고기는
키친타월로 감싸 핏물을 없앤다.

2 달군 팬에 현미유, 다진 쇠고기를 넣고
중간 불에서 1분간 볶는다.
애호박, 양파, 멸치육수를 넣고
2~3분간 끓인다.

3 들깻가루, 양조간장, 들기름을
넣은 후 불을 끈다.
그릇에 모든 재료를 나눠 담는다.

팽이버섯 소스 채소덮밥

🕐 20~25분
🍽 2~3인분

- 따뜻한 밥 1공기(200g)
- 모둠 채소 100g
  (가지, 애호박, 방울토마토 등)
- 두부 1/4모(75g)
- 올리브유 1큰술
- 소금 약간

팽이버섯 소스
- 다진 팽이버섯 1/2컵(25g)
- 물 1/2컵(100mℓ)
- 양조간장 1작은술
- 된장 1작은술
- 참기름 약간
- 녹말물(물 3큰술 + 녹말가루 1작은술)

Tip 오븐 대신 팬으로 익히기
달군 팬에 썬 현미유 약간, 모둠 채소,
두부를 넣고 중약 불에서 뒤집어가며
3~4분간 구워요.

1 오븐은 180℃로 예열한다.
모둠 채소, 두부는 사방 2cm 크기로
썬 다음 올리브유, 소금과 버무린다.
오븐 팬에 펼쳐 올린 후 180℃에서
10~15분간 노릇하게 굽는다.

2 팬에 팽이버섯 소스의 물, 양조간장,
된장, 참기름을 넣고 센 불에서
끓어오르면 다진 팽이버섯을 넣어 1분,
녹말물을 넣고 저어가며 1분간 끓인다.
*녹말물은 넣기 전에 한 번 더 섞어요.

3 그릇에 모든 재료를 나눠 담고,
팽이버섯 소스를 곁들인다.

순한 마파두부덮밥

두부, 갖은 채소, 칼칼한 양념이 포인트인 일반적인 마파두부. 맵고 칼칼한 맛만 없다면
아이에게 먹이기 참 좋겠다는 생각이 들어서 만들어 본 순한 버전이에요.
채소는 작게, 두부는 크게 더했기에 아이 스스로 떠먹는 재미도 느낄 수 있을 거예요.

✔️ 필독! 유아식 전략

요리에 더하는 채소의 종류는 최소 2가지 이상으로,
늘 먹는 것 말고 다양한 것을 선택해 주세요. 채소마다
가진 고유의 영양을 섭취할 수 있도록 말이에요.

⏱ 15~25분

🍴 2~3인분

- 따뜻한 밥 1공기(200g)
- 두부 1/4모
  (또는 순두부, 80g)
- 모둠 채소 100g
  (양파, 가지, 애호박, 파프리카 등)
- 다진 돼지고기 50g
- 멸치육수 1/2컵(100㎖, 48쪽)
- 다진 마늘 약간
  (아이 월령에 따라 가감 또는 생략)
- 녹말물
  (물 4큰술 + 녹말가루 1작은술)
- 양조간장 1큰술(기호에 따라 가감)
- 올리고당 1큰술
- 참기름 약간
  ▶ 어른이 함께 먹을 경우
  아이가 먹을 분량을 덜어둔 후
  양조간장, 올리고당으로 간을 더하세요.

1 두부는 사방 1.5cm 크기로
큼직하게 썬다.

2 모둠 채소는 굵게 다진다.
돼지고기는 키친타월로 감싸
핏물을 없앤다.
＊아이의 월령, 편식 여부에 따라
크기를 조절하세요.

3 달군 팬에 참기름, 다진 마늘,
돼지고기를 넣고 중간 불에서 2분 30초,
모둠 채소를 넣고 2분간 볶는다.

4 두부, 멸치육수, 양조간장, 올리고당을 넣고
중간 불에서 1~2분간 끓인다.

5 녹말물을 넣고 섞은 다음 불을 끈다.
그릇에 모든 재료를 나눠 담는다.
＊녹말물은 넣기 전에 한 번 더 섞어요.

술술 연두부 치즈덮밥

덮밥은 이유식과 유아식의 중간 단계에 활용하면
좋은 조리법 중 하나입니다. 부드러운 연두부를
더한 덮밥은 특히 추천하지요.
평소 편식하는 재료를 잘게 다져 넣어보세요.
술술~ 넘어가는 맛에 잘 먹을 거예요.

어린잎 채소 연두부덮밥

어린잎 채소는 일반 채소에 비해 영양이 훨씬
응축되어 있어요. 하지만 특유의 쓴맛 때문에
그냥 먹이기 부담스러운 것도 사실이지요.
살짝 데쳐 새콤달콤한 양념장, 부드러운
연두부와 함께 내면 아이는 잘 먹고,
엄마도 만들기 편한 한 그릇 덮밥이 완성돼요.

술술 연두부 치즈덮밥

어린잎 채소 연두부덮밥

☑ 필독! 유아식 전략

연두부는 부드러운 식감 덕분에 소스의 역할도
해요. 연두부가 없다면 순두부로 대체해도 돼요.

술술 연두부 치즈덮밥

당근, 새송이버섯은 작게 채 썬다.
볼에 달걀을 풀어준 후
연두부, 쪽파를 넣고 대강 섞는다.
*아이의 월령, 편식 여부에 따라
크기를 조절하세요.

🕐 10~15분
🍴 2~3인분

- 따뜻한 밥 1공기(200g)
- 달걀 1개
- 연두부 70g
- 다진 쪽파 1작은술(생략 가능)
- 당근 약 1/8개(20g)
- 새송이버섯 1/4개
  (또는 다른 버섯, 20g)
- 슬라이스 아기치즈 1장
- 현미유 약간

양념장
- 참기름 1큰술
- 양조간장 1작은술
- 통깨 약간

달군 팬에 현미유, 당근, 새송이버섯을
넣고 중간 불에서 1분,
①의 달걀을 넣고 1분간 볶는다.

그릇에 밥, ②를 나눠 담고
슬라이스 아기치즈를 올린 후
양념장을 곁들인다.

어린잎 채소 연두부덮밥

연두부는 체에 담는다.
끓는 물(2컵)에 30초간 넣었다가
바로 건져둔다. 이때, 물은 계속 끓인다.

🕐 10~15분
🍴 2~3인분

- 따뜻한 밥 1공기(200g)
- 연두부 140g
- 어린잎 채소 3줌(60g)

양념장
- 생수 1큰술
- 양조간장 1큰술
- 매실청 1큰술
- 통깨 약간
- 참기름 약간

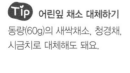 **어린잎 채소 대체하기**
동량(60g)의 새싹채소, 청경채,
시금치로 대체해도 돼요.

①의 끓는 물에 체에 담긴
어린잎 채소를 넣었다가 바로 건져낸다.
찬물에 헹군 후 물기를 꼭 짠 다음
굵게 다진다.

그릇에 모든 재료를 나눠 담고
양념장을 곁들인다.

닭안심 덮밥

기름이 적고 고소해 아이들이 특히 좋아하는
닭안심을 더한 촉촉한 덮밥이에요.
멸치육수 덕분에 별도의 간을 많이 안 해도 된답니다.

시금치 돼지고기덮밥

액젓을 살짝 넣어 이국적인 맛을 낸
덮밥입니다. 비타민A, C와 칼슘이
풍부한 시금치이지만 초록 잎이라는
이유로 거부하는 아이들이 많지요.
이렇게 돼지고기와 볶아주면
감칠맛 덕분에 잘 먹는답니다.

닭안심 덮밥

시금치 돼지고기덮밥

✔ 필독! 유아식 전략

덮밥은 간을 약하게 하는 것이 좋아요. 부족한 간은
밥에 뿌려 먹는 시판 가루나 김가루로 채워 보세요.
맛도, 예쁜 모양도 모두 챙길 수 있어요.

닭안심 덮밥

🕐 15~25분
🍴 2~3인분

- 따뜻한 밥 1공기(200g)
- 닭안심 3쪽
  (또는 닭가슴살 2/3쪽, 75g)
- 양파 1/5개(40g)
- 느타리버섯 1/2줌(25g)
- 달걀 1개
- 현미유 약간
- 후춧가루 약간

양념
- 멸치육수 1/2컵
  (100mℓ, 48쪽)
- 양조간장 1작은술
- 올리고당 1작은술
  ▶ 어른이 함께 먹을 경우
  아이가 먹을 분량을 덜어둔 후
  양조간장, 올리고당으로 간을 더하세요.

1 닭안심은 키친타월로 감싸 핏물을 없앤다.
양파, 느타리버섯은 작게 채 썰고,
닭안심은 아이 한입 크기로 썬다.
볼에 달걀을 푼다.

2 달군 냄비에 현미유, 닭안심,
후춧가루를 넣고 중간 불에서 2분,
양파, 느타리버섯을 넣고 30초간 볶는다.

3 양념을 넣고 센 불에서 끓어오르면
중약 불로 줄인다. 달걀을 펼쳐 붓고
뚜껑을 덮어 1분간 익힌다.
그릇에 모든 재료를 나눠 담는다.

시금치 돼지고기덮밥

🕐 10~15분
🍴 2~3인분

- 따뜻한 밥 1공기(200g)
- 다진 돼지고기(또는 쇠고기) 50g
- 시금치 1/2줌(25g)
- 당근 1/10개(20g)
- 파프리카 1/10개(20g)
- 다진 파 1큰술(생략 가능)
- 다진 마늘 약간
  (아이 월령에 따라 가감 또는 생략)
- 현미유 약간

양념
- 참기름 1작은술
- 액젓(참치, 멸치) 1/2작은술
- 양조간장 약간
  ▶ 어른이 함께 먹을 경우
  아이가 먹을 분량을 덜어둔 후
  액젓, 양조간장으로 간을 더하세요.

1 시금치는 굵게 다진다.
당근, 파프리카는 작게 채 썬다.
다진 돼지고기는 키친타월로 감싸
핏물을 없앤다.

2 달군 팬에 현미유, 다진 파,
다진 마늘, 돼지고기, 당근을 넣고
중간 불에서 2분 30초간 볶는다.

3 시금치, 파프리카, 양념을 넣고
30초~1분간 볶는다.
그릇에 모든 재료를 나눠 담는다.

순한 고구마 닭고기 카레

어린 월령의 아이에게는 카레가루가 다소 자극적일 수 있어요.
그렇다고 카레가루의 양만 확 줄인다면 맛, 농도에서 2% 아쉬운 카레가 돼버리지요.
이럴 때는 으깬 고구마나 단호박과 같은 전분 채소를 더해보세요.
농도는 물론이거니와 단맛, 친근한 맛도 전할 수 있답니다.

✔ 필독! 유아식 전략

채소 편식이 심한 아이라면 마지막에 핸드블렌더로
재료를 완전히 갈아서 형태를 없애는 것도 방법입니다.

⏱ 30~40분

🍴 5~6인분

- 다진 닭가슴살 1쪽
  (또는 다진 닭안심 4쪽, 100g)
- 양파 1/2개(100g)
- 애호박 약 1/5개(50g)
- 당근 1/4개(50g)
- 파프리카 1/4개(50g)
- 익힌 고구마 1개
  (또는 단호박, 200g, 41쪽)
- 카레루 4큰술
- 물 3컵(600㎖)
- 현미유 1큰술

채소 대체하기

양파, 애호박, 당근, 파프리카는
한 종류만 사용하거나 양배추,
단호박 등 다른 채소로 대체해도 돼요.
단, 총량이 250g이 되도록 하세요.

냉동 보관하기

한 김 식힌 후 한번 먹을 분량씩
밀폐용기에 담아 냉동(2주).
해동 없이 냄비나
전자레인지에서 데우면 됩니다.

1 양파, 애호박, 당근, 파프리카는
굵게 다진다.
＊아이의 월령, 편식 여부에 따라
작게 다져도 돼요.

2 익힌 고구마는 뜨거울 때
볼에 담아 포크로 대강 으깬다.
＊고구마 익히기 41쪽

3 큰 냄비에 현미유, 다진 닭가슴살을 넣고
중간 불에서 1분간 볶는다.
＊닭가슴살은 다지기 전에 키친타월로
감싸 핏물을 없애도 좋아요.

4 양파, 애호박, 당근을 넣고
1분간 볶는다.

5 물(3컵)을 넣고 센 불에서 끓어오르면
중약 불로 줄여 10분간 끓인다.
이때, 떠오르는 거품을 중간중간 걷어낸다.

6 파프리카, 으깬 고구마, 카레가루를 넣고
1~2분간 저어가며 끓인다.

편식쟁이 새우 카레

아이들이 싫어하는 채소를 완전히 갈아서 더한 편식쟁이를 위한 카레입니다.
양파와 당근은 미리 충분히 볶은 후 갈아주세요. 그래야 채소 특유의 단맛을 완전히 끌어낼 수 있고,
별도의 단맛을 내는 양념을 더할 필요가 없지요. 씹는 즐거움을 느끼게 하기 위해
새우는 큼직하게 넣었는데요, 이 또한 편식 정도, 월령에 따라 채소처럼 다져도 됩니다.

✔️ 필독! 유아식 전략

어른들이 먹는 카레가루에는 생각보다 꽤 많은 향신료가
들어 있어요. 유기농 매장에서 판매하는 아이용 카레가루를
사용하면 더 순하게, 부드럽게 먹일 수 있답니다.

- 냉동 생새우살 8마리(160g)
- 양파 1개(200g)
- 당근 1/3개(70g)
- 브로콜리 1/2개(100g)
- 카레가루 1봉(100g)
- 물 2컵(400㎖)
- 우유 1과 1/2컵(300㎖)
- 현미유 1큰술

◐ 어른이 함께 먹을 경우
  아이가 먹을 분량을 덜어둔 후
  소금으로 간을 더하세요.

1 양파, 당근은 작게 채 썬다.
브로콜리, 해동한 새우살은
아이 한입 크기로 썬다.
*브로콜리 손질 43쪽
*아이의 월령, 편식 여부에 따라
크기를 조절하세요.

2 큰 냄비에 현미유, 양파, 당근을 넣고
투명해질 때까지
중약 불에서 3~4분간 볶는다.

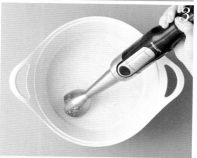

3 물, 우유를 넣고 핸드블랜더로 곱게 간다.

4 카레가루를 넣고 센 불에서
4~5분간 저어가며 끓인다.

5 새우, 브로콜리를 넣고
저어가며 5분간 끓인다.
*아이의 월령, 편식 여부에 따라
새우, 브로콜리를 넣고
한번 더 곱게 갈아도 돼요.

 Tip

재료 대체하기
양파, 당근은 동량(270g)의
파프리카, 양배추로, 브로콜리로,
새우는 동량(약 250g)의
삶은 콩이나 감자로 대체해도 돼요.
시간이 부족하다면 냉동 채소 큐브
(46쪽)를 사용하세요.

냉동 보관하기
한 김 식힌 후 한번 먹을 분량씩
밀폐용기에 담아 냉동(2주).
해동 없이 냄비나
전자레인지에서 데우면 됩니다.

바싹 불고기 사과비빔밥

아이가 있는 집에 언제나 빠지지 않는
재료가 바로 다진 쇠고기가
아닐까 싶어요. 달달한 밑간을 더해
다진 쇠고기를 바싹하게 볶아내고,
아삭아삭 수분감 가득한 사과, 양상추를
곁들였어요. 새콤달콤 아이들이
잘 먹는 특별한 비빔밥이 된답니다.

바싹 불고기 사과비빔밥

김치볶음 비빔밥

한국인의 소울푸드 김치볶음밥!
평범한 볶음밥처럼 보일지 모르지만
아삭한 김치와 고소한 애호박, 돼지고기를
따로 볶은 후 밥과 비벼 먹는,
담백한 김치볶음 '비빔밥'입니다.
따로 간을 하지 않으니 김가루로 조절하세요.

김치볶음 비빔밥

✔ **필독! 유아식 전략**

김치 편식 아이가 은근 많지요. 대개 식감이나 매운맛
때문이라고 해요. 김치를 물에 담가 매운맛을 빼거나,
아이용 저염김치나 백김치로 대체해 보세요.

바싹 불고기 사과비빔밥

🕐 10~15분
🍴 2~3인분

- 따뜻한 밥 1공기(200g)
- 다진 쇠고기 80g
- 사과 1/4개(또는 배, 50g)
- 양상추(또는 상추) 50g
- 현미유 약간

밑간
- 양조간장 1작은술
- 올리고당 1작은술
- 참기름 약간

양념장
- 양조간장 1큰술
- 배즙 1/2큰술(또는 올리고당, 매실청)
- 참기름 1/2큰술

다진 쇠고기는 키친타월로 감싸
핏물을 없앤 후 밑간과 버무린다.
사과, 양상추는 가늘게 채 썬다.

달군 팬에 현미유를 두르고
다진 쇠고기를 넣어 중약 불에
3분간 고슬고슬하게 볶는다.
＊볶을 때 잘 저어줘야
고기가 뭉치지 않아요.

그릇에 밥, 모든 재료를 나눠 담고
양념장을 곁들인다.
＊양념장은 한 번에 넣지 말고
조금씩 더하며 조절하세요.

김치볶음 비빔밥

🕐 10~15분
🍴 2인분

- 따뜻한 밥 2/3공기
- 배추김치 1/3컵(50g)
- 애호박 1/7개(40g)
- 돼지고기 잡채용 70g
- 김가루 약간
- 현미유 약간
  ▶ 어른이 함께 먹을 경우
  아이가 먹을 분량을 덜어둔 후
  양조간장으로 간을 더하세요.

김치는 씻은 후 물에 10분간 담가
짠맛을 없앤다. 애호박, 김치는
작게 채 썬다. 돼지고기는
키친타월로 감싸 핏물을 없앤다.
＊잡채용 돼지고기는 작게 썰어도 돼요.

달군 팬에 현미유를 두르고
김치, 애호박, 돼지고기를 넣어
중간 불에서 3~4분간 볶는다.

그릇에 모든 재료를 나눠 담는다.

아이 전주비빔밥

비빔밥 재료인 채소를 물에 데치거나 볶는 대신
적은 양의 물에 찌듯이 익혔어요. 덕분에
훨씬 간편하고 담백하며 게다가 영양도
잘 지킬 수 있지요. 양념장 또한 배즙을 활용,
맛이 강하지 않아 아이들에게 딱이랍니다.

아보카도 비빔밥

한때 선풍적인 인기를 끌었던 아보카도 비빔밥의
아이 버전입니다. 아보카도는 비타민과
칼륨이 풍부하고 밥과 비볐을 때 마치 버터처럼
부드러운 식감을 내주는 똑똑한 재료이지요.

아이 전주비빔밥

아보카도 비빔밥

✔ 필독! 유아식 전략

아이가 비빔밥을 스스로 섞도록 해주세요. 놀이로 인식되어
편식이 없어지고, 성취감도 생겨 더 잘 먹을 거예요.

302

아이 전주비빔밥

🕐 15~20분
🍴 2~3인분

- 따뜻한 밥 1공기(200g)
- 당근 1/10개(20g)
- 무 20g
- 애호박 1/13개(20g)
- 시금치 1/2줌(25g)
- 달걀 1개
- 현미유 1작은술

양념장
- 양조간장 1큰술
- 배즙 1/2큰술
  (또는 올리고당, 매실청)
- 참기름 1/2큰술

1 당근, 무, 애호박은 작게 채 썰고,
시금치는 굵게 썬다.
볼에 달걀을 푼다.

2 냄비에 물(4큰술) → 당근, 무 →
애호박 → 시금치 순으로 펼쳐 담고
뚜껑을 덮어 약한 불에서 4~6분간 익힌다.
＊단단한 채소를 아래에 넣어야
골고루 익는답니다.

3 달군 팬에 현미유를 두른 후
달걀을 넣고 중약 불에서 30초간 볶는다.
그릇에 모든 재료를 나눠 담고
양념장을 곁들인다.

아보카도 비빔밥

🕐 10~15분
🍴 2~3인분

- 따뜻한 밥 1공기(200g)
- 아보카도 1/2개
  (손질 후, 80g)
- 당근 1/10개(20g)
- 애호박 1/13개(20g)
- 느타리버섯 1/2줌
  (또는 다른 버섯, 25g)
- 달걀 1개
- 현미유 약간
- 소금 약간

양념장
- 양조간장 1큰술
- 배즙 1/2큰술
  (또는 올리고당, 매실청)
- 참기름 1/2큰술

1 당근, 애호박, 느타리버섯은
작게 채 썰거나 가늘게 찢는다.
아보카도는 손질 후 볼에 담아 으깨고,
다른 볼에 달걀을 푼다.
＊아보카도 손질 44쪽

2 달군 팬에 현미유를 두른 후
당근 → 애호박 → 느타리버섯 →
소금 순으로 넣으며 중간 불에서
2~3분 동안 볶은 후 덜어둔다.
＊시간이 오래 걸리는
단단한 채소부터 볶으세요.

3 달군 팬에 현미유를 두른 후
달걀을 넣고 중약 불에서 30초간 볶는다.
그릇에 모든 재료를 나눠 담고
양념장을 곁들인다.
＊김가루를 더해도 좋아요.

톳조림 비빔밥

열 번, 아니 백 번은 넘게 추천하고픈 요리예요. 무기질이 풍부한 톳은 특히 철분을 많이 갖고 있어서
성장이 중요한 아이에게 참 좋지만, 과연 잘 먹을까? 란 생각에 선뜻 도전하지 않게 되지요.
톳조림을 넉넉히 만들어 둔 후 따뜻한 밥과 쓱쓱 비비면 1분 만에 건강하고 맛있는 비빔밥 완성!
동네 엄마들에게 레시피 전수만 수십 차례 한 인기 메뉴인 만큼 꼭 만들어보세요.

✔ 필독! 유아식 전략

과정 ⑥의 양념을 넣고 조린 톳조림을 냉장 보관하세요(냉장 4일).
반찬, 주먹밥, 김밥 속재료로 다양하게 활용할 수 있답니다.

- 따뜻한 밥 1공기(200g)
- 생 톳 1/2컵(50g)
- 다진 돼지고기 50g
  (또는 다진 쇠고기)
- 당근 1/10개(20g)
- 느타리버섯 1/2줌
  (또는 다른 버섯, 25g)
- 현미유 1작은술

양념
- 양조간장 1큰술
- 물 1/2큰술
- 맛술 1/2큰술
- 올리고당 1/2큰술
- 참기름 1작은술
- 다진 마늘 약간

어른용으로 만들기
양념만 바꾸면 돼요.
양조간장 1큰술 + 맛술 2/3큰술 +
물 1/2큰술 + 올리고당 1/2큰술 +
다진 마늘 1/2작은술 + 참기름 1/2작은술

생 톳 대체하기
제철인 겨울에만 만날 수 있는 생 톳.
다른 재료로 대체할 수 있어요.
건톳 : 2~3큰술을 찬물에 담가 30분
정도 불려요. 끓는 물에 넣고 초록색이
될 때까지 삶은 후 찬물에 헹궈요.
염장톳 : 50g을 잠길 만큼의 물에
담가 중간중간 물을 갈아주며
1시간 정도 염도를 뺍니다.

1 톳은 물에 담가 바락바락 주물러
씻은 후 체에 밭쳐 물기를 뺀다.

2 체에 밭친 상태에서 가위로 잘게 자른다.
＊어린 월령일수록 더욱 잘게 다져주세요.

3 당근, 느타리버섯은 작게 다진다.

4 다진 돼지고기는 키친타월로 감싸
핏물을 없애고, 작은 볼에 양념을 섞는다.

5 달군 냄비에 현미유, 다진 돼지고기를
넣고 중간 불에서 2분,
톳, 당근, 느타리버섯을 넣고
1분간 볶는다.

6 양념을 넣고 자작해질 때까지
중간 불에서 1분 30초간 조린 후
따뜻한 밥과 섞는다.
＊찬밥을 더할 경우 약한 불에서
밥이 따뜻해질 때까지 볶아주세요.

전복 깻잎비빔밥

비타민B와 미네랄이 풍부해 보양식을 말할 때면 빠지지 않는 식재료, 전복.
꼬들꼬들한 식감 때문에 아이들의 호불호가 강한 재료 중 하나인데요,
저희 집 역시 둘째는 너무 좋아하고, 첫째는 너무 싫어했었지요.
그러나, 요 비빔밥을 맛본 이후로는 첫째도 전복을 아주 잘 먹고 있답니다.

✔ 필독! 유아식 전략

편식이 심한 재료를 잘게 다졌는데도 거부한다면?
한입 크기로 뭉쳐 달걀물을 입힌 후 살짝 팬에 구워주세요.

- ⏱ 15~20분
- 🍴 2~3인분

- 따뜻한 밥 1공기(200g)
- 전복 2마리(약 150g)
- 당근 1/10개(20g)
- 깻잎 4장
- 참기름 2작은술
- 김가루 약간

양념장
- 양조간장 1큰술
- 배즙 1/2큰술
  (또는 올리고당, 매실청)
- 참기름 1/2큰술

전복 내장으로 전복죽 끓이기
전복 내장은 특유의 바다 냄새가 있어
아이들은 먹지 않아요. 어른들을 위한
죽에 활용하세요.
1_ 끓는 물에 청주(약간), 내장을 넣고
   1분간 데친 후 잘게 다져요.
2_ 달군 냄비에 참기름, 내장, 쌀을
   넣고 중간 불에서 2~3분간 볶습니다.
3_ 재료가 자작하게 잠기도록
   멸치육수(48쪽)를 넣어요. 센 불에서
   끓어오르면 중약 불로 줄여 쌀이
   익을 때까지 저어가며 익히면 완성.

1 당근, 깻잎은 잘게 다진다.
*아이의 월령, 편식 여부에 따라
크기를 조절하세요.

2 손질한 전복은 최대한 작게 썬다.
*전복 손질 45쪽

3 달군 팬에 참기름을 두르고
당근을 넣어 중간 불에서 1분간 볶는다.
*참기름 대신 무염버터를 넣어도 좋아요.

4 전복을 넣고 1분 30초간 볶는다.
불을 끄고 밥, 깻잎을 넣어 비빈다.

5 그릇에 모든 재료를 나눠 담고
양념장을 곁들인다.

톡톡 버터오징어 볶음밥

오징어를 잘게 다져 무염버터에
볶은 고소한 볶음밥이에요.
톡톡 씹히는 오징어의 식감과 잘게 다진
부추, 양배추가 개운한 맛을 주지요.
아이의 월령에 따라
김치를 씻어서 더해도 좋습니다.

하와이안 새우볶음밥

달달한 파인애플과 짭조롬한 새우를 함께 넣어
일명 '단짠'의 조화를 맞춘, 별다른 간 없이도
맛있는 하와이안 새우볶음밥입니다.
채소를 편식하는 아이라면
채소를 잘게 다져도 돼요.

톡톡 버터오징어 볶음밥

하와이안 새우볶음밥

✔ 필독! 유아식 전략

볶음밥을 오목한 밥그릇에 넣은 후 엎어서 볼록하게 담거나, 틀을 이용해
모양을 만들어 보세요. 김밥 김으로 표정을 만들면 생동감까지 더해진답니다.
재미있는 모양 덕분에 아이들이 관심을 가지면서 편식이 줄어들 거예요.

308

톡톡 버터오징어 볶음밥

⏱ 10~15분
🍴 2인분

- 밥 2/3공기(140g)
- 손질 오징어 1/2마리(몸통만, 50g)
- 모둠 채소 40g
  (파프리카, 양파, 애호박 등)
- 부추 3줄기(생략 가능)
- 무염버터 1/2큰술
  (또는 현미유 약간)
- 양조간장 1작은술
- 올리고당 약간

 **더 맛있게 즐기기**

볶음밥을 오목하게 담고 가장자리에
풀어둔 달걀을 부어요. 전자레인지로
달걀만 살짝 익히면 우주선 모양과
함께 영양도 더 채울 수 있지요.
(308쪽 사진으로 확인)

1 모둠 채소, 부추, 오징어는 작게 썬다.
＊아이의 월령, 씹는 숙련도에 따라
잘게 다져도 돼요.
＊오징어 손질 45쪽

2 달군 팬에 버터, 모둠 채소를 넣고
중간 불에서 1분,
오징어를 넣고 30초간 볶는다.

3 밥, 부추, 양조간장, 올리고당을 넣고
1분간 볶는다.
＊김가루를 더해도 좋아요.

하와이안 새우볶음밥

⏱ 10~15분
🍴 2인분

- 밥 2/3공기(약 140g)
- 파인애플 링 1/2개(50g)
- 냉동 생새우살 4마리(또는 중하, 60g)
- 모둠 채소 40g
  (파프리카, 당근, 양파, 양배추 등)
- 현미유 약간
  ▶ 어른이 함께 먹을 경우
  아이가 먹을 분량을 덜어둔 후
  소금으로 간을 더하세요.

1 파인애플, 해동한 새우살은
아이 한입 크기로 썬다.

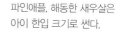

2 모둠 채소는 작게 썬다.
＊아이의 월령, 씹는 숙련도에 따라
잘게 다져도 돼요.

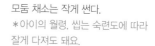

3 달군 팬에 현미유, 새우를 넣고
중간 불에서 30초,
모둠 채소를 넣고 1분,
밥, 파인애플을 넣고 1분간 볶는다.

토마토 해산물리조또

토마토 하나가 온전히 들어간 해산물리조또입니다.
은은한 토마토 향이 짭조름한 해산물과 어울려
별도의 간을 하지 않아도 감칠맛이 가득하지요.
시판 토마토 소스를 활용한 리조또에 비해
훨씬 건강하고 깔끔한 맛이랍니다.

가지 쇠고기 두유리조또

우유 대신 두유를 더한 리조또입니다.
두유에 쇠고기까지, 그야말로 단백질을
한 그릇에 담은 요리예요. 목 넘김이 부드럽고,
빠르게 만들 수 있어서 아침식으로도 추천합니다.

토마토 해산물리조또

가지 쇠고기 두유리조또

✔️ 필독! 유아식 전략

리조또는 주로 생크림으로 농도를 내요. 하지만 아이를 위한
리조또를 만들 때는 생크림에 비해 지방, 짠맛이 적은
아기치즈나 무첨가 두유를 활용하는 것이 더 좋아요.

토마토 해산물리조또

🕐 15~20분
🍴 2~3인분

- 밥 1공기(200g)
- 토마토 1개(150g)
- 시금치 1/2줌
  (또는 깻잎, 25g)
- 양파 1/10개(20g)
- 냉동 생새우살 2마리(30g)
- 손질 오징어 1/4마리(몸통만, 약 30g)
- 슬라이스 아기치즈 1장
- 다진 마늘 약간
- 현미유 약간
- 소금 1/2작은술
- 올리고당 1/2작은술

1 토마토는 껍질을 벗기고,
시금치는 데친 다음 한입 크기로 썬다.
양파는 굵게 다진다.
＊토마토 껍질 벗기기 44쪽
＊시금치 데치기 141쪽

2 해동한 새우살, 오징어는 작게 썬다.
달군 냄비에 현미유, 새우살, 오징어,
다진 마늘을 넣고 중간 불에서 2분간 볶는다.
＊아이의 월령, 씹는 숙련도에 따라
더 작게 다져도 돼요.

3 토마토, 양파를 넣고 주걱으로
으깨가며 2분간 볶는다.
밥, 시금치, 소금, 올리고당을 넣고
1~2분간 저어가며 끓인다.
마지막에 슬라이스 아기치즈를 섞는다.

가지 쇠고기 두유리조또

🕐 10~15분
🍴 2~3인분

- 밥 1공기(200g)
- 쇠고기 불고기용 50g
- 가지 1/3개(50g)
- 양송이버섯 1개(또는 다른 버섯, 20g)
- 양파 1/10개(20g)
- 두유 1컵(또는 우유, 200㎖)
- 다진 마늘 1/2작은술
- 양조간장 1작은술
- 현미유 1작은술
- 슬라이스 아기치즈 1장
  (생략 가능)

  ▶ 어른이 함께 먹을 경우
  아이가 먹을 분량을 덜어둔 후
  양조간장으로 간을 더하세요.

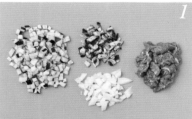

1 가지, 양송이버섯, 양파는 잘게 다진다.
쇠고기는 키친타월로 감싸 핏물을 없앤 후
아이 한입 크기로 썬다.
＊아이의 월령, 씹는 숙련도에 따라
크기를 조절하세요.

2 달군 냄비에 현미유, 쇠고기를 넣고
중간 불에서 1분 30초,
가지, 양송이버섯, 양파를 넣고
1분간 볶는다.

3 밥, 두유, 다진 마늘, 양조간장을 넣고
2~3분간 저어가며 끓인다.
불을 끄고 슬라이스 아기치즈를 섞는다.
부족한 간은 소금으로 더한다.

닭고기 단호박리조또

부드러운 달콤함과 베타카로틴이 풍부해 면역력 증진에 도움을 주는 단호박.
단호박으로 농도를 조절하고, 닭안심으로 식감까지 살린 리조또를 소개해요.
단호박이 가진 천연의 노란색 덕분에 더 예쁜 리조또로 탄생됩니다.

✔ **필독! 유아식 전략**

아기치즈를 아이가 좋아하는 모양으로 자르거나, 틀로 찍어
보세요. 직접 해보게 하면 식사에 더욱 흥미를 느낄 거예요.
틀은 온라인이나 천원 숍에서 쉽게 구입 가능해요.

- 밥 1/2공기(100g)
- 익힌 단호박 1/8개
  (또는 고구마, 100g, 41쪽)
- 닭안심 2쪽
  (또는 닭가슴살 1/2쪽, 50g)
- 브로콜리 1/6개(송이 부분, 30g)
- 양파 1/10개(20g)
- 현미유 1작은술
- 우유 1컵(200mℓ)
- 다진 마늘 약간

1
닭안심은 키친타월로 감싸 핏물을 없앤다.
양파는 굵게 다지고,
브로콜리, 닭안심은 아이 한입 크기로 썬다.
＊아이의 월령, 씹는 숙련도에 따라
크기를 조절하세요.

2
익힌 단호박은 껍질을 벗긴 후
볼에 담아 포크로 으깬다.
＊단호박 익히기 41쪽

3
달군 냄비에 현미유, 닭안심, 양파를 넣고
중간 불에서 2분간 볶는다.

4
우유, 으깬 단호박을 넣고
3분간 저어가며 끓인다.
밥, 브로콜리, 다진 마늘을 넣고
저어가며 1~2분간 되직하게 끓인다.

단호박 파스타로 즐기기
밥 대신 쇼트 파스타 2/3컵(50g, 펜네,
푸실리 등)을 삶아서 더해도 좋아요.

더 건강하게 만들기
냉동 채소 큐브(46쪽)를 함께 넣으면
더 건강하게 즐길 수 있어요.
과정 ④에서 우유와 함께 더하세요.

들깨 미역리조또

오메가3가 풍부한 들깻가루로 고소한 맛, 농도까지 모두 맞춘 리조또예요.
아이를 임신했을 때에 자주 해먹었던 메뉴인데 어느새 아이들과 함께 먹고 있네요.
부드럽고 간편하고, 속을 편하게 해주는 요리이다 보니 아침 메뉴로도 제격이랍니다.

✔ 필독! 유아식 전략

우유를 더한 리조또가 느끼하다고 말하는 아이가 있다면,
다진 마늘이나 후춧가루를 조금 더해주세요.
분량은 월령, 취향에 따라 조절합니다.

⏱ 15~20분
🍴 2~3인분

- 밥 1공기(200g)
- 양파 1/10개(20g)
- 느타리버섯 1/2줌
  (또는 다른 버섯, 25g)
- 자른 미역 1큰술
  (2.5g, 불린 후 25g)
- 물 1컵(200㎖)
- 우유 1/2컵(100㎖)
- 들깻가루 1과 1/2큰술
- 다진 마늘 약간
- 들기름 1큰술
- 국간장 2작은술

1
볼에 미역, 잠길 만큼의 따뜻한 물을 담고
5~10분간 불린다. 주물러 거품이
나오지 않을 때까지 씻는다.
물기를 꼭 짠 후 작게 자른다.

2
양파, 느타리버섯은
가늘게 채 썰거나 찢는다.

3
달군 냄비에 들기름, 다진 마늘,
양파를 넣고 중간 불에서 30초,
느타리버섯, 미역을 넣고 30초간 볶는다.

4
밥, 물을 넣고 밥알이 퍼질 때까지
중간 불에서 2~3분간 저어가며 끓인다.

5
우유, 들깻가루, 국간장을 넣고
약한 불에서 1~2분간 저어가며
끓인 후 불을 끈다.
부족한 간은 소금으로 더한다.

두부 묵밥

묵과 두부, 그리고 밥을 한 번에
담았습니다. 간을 거의 하지
않았으니 아이의 취향에 따라
김가루를 더하거나 함께 먹기 좋은
김치볶음(180쪽)을 곁들여주세요.
주도적으로 반찬을 선택하는 것
역시 아이에게 큰 경험과 탐색의
시간이 될 수 있어요.

✔ 필독! 유아식 전략

양배추와 비슷한 영양을 가졌지만 보랏빛을 지닌 적양배추.
색깔만 고운 것이 아니라 보라색 안토시아닌까지 풍부해서
피로 회복, 면역력 강화에도 도움을 주지요.

⏱ 15~20분

🍴 2~3인분

- 도토리묵 1/3모
  (또는 청포묵, 100g)
- 두부 1/5모(60g)
- 밥 2/3공기(140g)
- 멸치육수 2컵(400㎖, 48쪽)
- 국간장 약간

고명
- 배추김치 1/3컵(50g)
- 당근 1/10개(20g)
- 적양배추 1/3장(10g)
- 김가루 1큰술
- 양조간장 약간
- 올리고당 약간
- 현미유 약간

  ▶ 어린이 함께 먹을 경우
  아이가 먹을 분량을 덜어둔 후
  국간장으로 간을 더하세요.

1 배추김치는 씻은 후 물에 10분간 담가
짠맛을 없앤 다음 굵게 썬다.
＊어린 월령이라면 김치를 물에 담가두는
시간을 늘리거나 백김치로 대체해도 돼요.

2 당근, 적양배추는 작게 채 썬다.

3 도토리묵, 두부는 아이 한입 크기로 썬다.

4 냄비에 멸치육수, 두부, 국간장을 넣고
센 불에서 끓어오르면 불을 끈다.

5 달군 팬에 현미유, 당근, 적양배추를 넣고
중약 불에서 2분,
배추김치, 양조간장, 올리고당을 넣고
1분간 볶는다.

6 그릇에 모든 재료를 나눠 담는다.

채소 대체하기
당근, 적양배추는 동량(30g)의
양배추, 양파, 애호박 등으로
대체해도 돼요.

꼬마 김밥

소풍과 같은 특별한 날뿐만 아니라 평소에도
자주 해주는 꼬마 김밥이에요. 김을 2등분,
또는 4등분으로 작게 만드는 것이 포인트지요.
김밥을 말다가 옆구리가 터진다면? 당황하지 말고
남은 김으로 다시 한번 감싸주면 해결!

[함께 먹으면 좋은 콩나물식혜 376쪽]

✔ **필독! 유아식 전략**

김밥에 단무지를 더하고 싶다면 친환경 매장에서 구입,
찬물에 10분 정도 담가 뒀다가 사용하세요. 단, 너무
어린 월령이라면 단무지는 먹이지 않는 것이 좋아요.

1 김밥 김은 4등분한다.

2 오이, 당근은 최대한 가늘게 채 썬다.
볼에 달걀을 풀고,
다진 쇠고기는 밑간과 버무린다.

3 달군 달걀말이팬에 현미유를 펴 바른 후
달걀을 펼쳐 붓는다.
중약 불에서 1분간 익힌 후 덜어둔다.
한 김 식힌 다음 가늘게 채 썬다.
＊일반 작은 원형 팬을 사용해도 돼요.

4 달군 팬에 현미유, 당근, 소금을 넣고
중약 불에서 1분간 볶은 후 덜어둔다.
쇠고기를 넣어 중간 불에서 2분간 볶는다.

5 밥에 참기름을 섞은 후 한 김 식힌다.
김의 끝부분 조금을 남기고 밥을 펼친다.
＊밥이 너무 뜨거우면
김이 쪼글쪼글해지므로
한 김 식힌 후 사용하세요.

6 오이, 당근, 달걀, 쇠고기 1/8분량씩을
올리고 돌돌 만다. 같은 방법으로
7개 더 만든 다음 아이 한입 크기로 썬다.

🕐 20~30분

🍴 2~3인분

- 따뜻한 밥 1공기(200g)
- 김밥 김 2장
- 오이 1/10개(20g)
- 당근 1/10개(20g)
- 달걀 1개
- 다진 쇠고기 50g
- 현미유 약간
- 소금 약간
- 참기름 약간

밑간

- 양조간장 1/2작은술
- 올리고당 1/2작은술
- 참기름 1/2작은술

색다르게 즐기기
달걀 대신 아보카도 다진 것
(아보카도 손질 44쪽)을 넣거나,
오이 대신 아삭 우엉볶음(258쪽)을
더해도 좋아요.

달걀말이 김밥

김밥 속재료를 이것저것 준비하기 번거로울 때는 달걀말이 김밥을 추천해요. 다양한 채소를 더한 달걀말이 딱 하나면 간단하게 영양, 맛, 든든함까지 갖춘 김밥의 속재료가 완성되거든요.

필독! 유아식 전략

은근 많은 양을 먹게 되는 김밥이므로 간을 싱겁게 하는 것이 좋습니다. 만약 아이가 싱겁다는 표현을 하면 다양한 밑반찬(250쪽)이나 양념장(321쪽)을 곁들여주세요.

⏱ 20~30분
🍴 2줄

- 따뜻한 밥 1/2공기(100g)
- 김밥 김 1장
- 참기름 약간
- 현미유 약간

달걀말이
- 달걀 1개
- 잘게 다진 모둠 채소 1/4컵
  (파프리카, 양파, 당근 등, 25g)
- 소금 약간

1 김밥 김은 2등분한다.
볼에 달걀말이 재료를 넣고 섞는다.
*달걀말이용 채소는
최대한 작게 다져주세요.

2 달군 달걀말이팬에 현미유를 두른다.
①의 달걀물 1/2분량을 펼쳐 넣은 후
중간 불에서 30초~1분간 그대로 익힌다.
*일반 작은 원형 팬을 사용해도 돼요.

3 숟가락 2개를 이용해 돌돌 말아 덜어둔다.
같은 방법으로 1개 더 만든다.

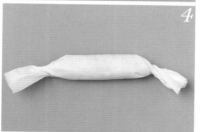

4 달걀말이가 뜨거울 때 종이포일로 감싸
모양을 동그랗게 만든 다음
그대로 한 김 식힌다.

5 밥에 참기름을 섞은 후 한 김 식힌다.
김의 끝부분 조금을 남기고 밥을 펼친 다음
달걀말이 1개를 올려 돌돌 만다.
*밥이 너무 뜨거우면
김이 쪼글쪼글해지므로
한 김 식힌 후 사용하세요.

6 같은 방법으로 1개 더 만든 다음
아이 한입 크기로 썬다.

Tip

양념장 곁들이기
아이용 : 생수 1큰술 + 양조간장 1큰술 +
매실청 1큰술 + 통깨 간 것, 참기름 약간씩
어른용 : 연겨자 1/2큰술 + 설탕 1작은술
+ 생수 2작은술 + 양조간장 2작은술 +
식초 1작은술

두 가지 채소 주먹밥

[닭고기 채소 주먹밥 / 치치 달걀 주먹밥]

채소밥 하나로 만드는 두 가지 주먹밥을 소개합니다. 단백질 가득한 닭가슴살을 더한 닭고기 채소 주먹밥,
치즈와 김치를 더한 일명 '치치' 달걀 주먹밥까지. 소개하는 재료 외에도 다양하게 활용 가능해요.

닭고기 채소 주먹밥

치치 달걀 주먹밥

✔ 필독! 유아식 전략

채소밥 활용법은 무궁무진해요. 우유와 함께 끓여 리조또로,
고기와 함께 볶아 볶음밥으로, 달걀과 섞어 밥전까지, 넉넉하게
만들어 냉동해두면 2주간 보관, 자연해동한 후 사용하세요.

⏱ 20~25분(+ 채소밥 짓기)

🍴 각 18~20개분

채소밥
- 멥쌀 1컵
  (160g, 불린 후 200g)
- 모둠 채소 다진 것 1/2컵
  (애호박, 당근, 파프리카, 버섯 등, 50g)
- 물 1컵(200㎖)

닭고기 채소 주먹밥
- 채소밥 1공기(200g)
- 닭가슴살 1/2쪽(50g)
- 마요네즈 1큰술
- 양조간장 1작은술
- 올리고당 약간

치치 달걀 주먹밥
- 채소밥 1공기(200g)
- 슬라이스 아기치즈 1장
- 배추김치 1/3컵(50g)
- 달걀 1개
- 참기름 약간
- 현미유 약간
- 소금 약간

[채소밥]

멥쌀은 잠길 만큼의 물에 담가
30분 이상 불린 후 체에 밭쳐 물기를 뺀다.
밥솥에 채소밥 재료를 넣고
평소와 동일하게 밥을 짓는다.

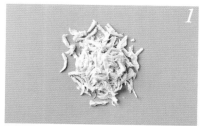

[닭고기 채소 주먹밥]

닭가슴살은 삶은 후 가늘게 찢는다.

＊닭가슴살 삶기 41쪽

볼에 모든 재료를 넣고 섞은 후
아이 한입 크기로 동글하게 만든다.

[치치 달걀 주먹밥]

배추김치는 씻은 후 물에 10분간 담가
짠맛을 없앤 다음 작게 썬다.
다른 볼에 달걀, 소금을 넣고 풀어둔다.
＊어린 월령이라면 김치를 물에
담가두는 시간을 늘리거나
백김치로 대체해도 돼요.

채소밥, 배추김치, 작게 뜯은
슬라이스 아기치즈, 참기름을 섞는다.
아이 한입 크기로
동글하게 만든 후 달걀물을 입힌다.

달군 팬에 현미유, ②를 넣고
약한 불에서 굴려가며 3~4분간 익힌다.

꼬마 유부초밥

한입에 쏙쏙 넣기 좋은 꼬마 유부초밥이에요.
일반 유부초밥용 유부를 4등분으로 자른 덕분에 큰 어른용 유부초밥에 비해
아이가 편하게 먹을 수 있답니다. 유부는 끓는 물에 한번 데쳐
기름을 없앴기에 더 건강하게 맛볼 수 있답니다.

✔ **필독! 유아식 전략**

아이가 편식하는 반찬이나 채소가 있다면 잘게 다져서
밥과 섞으세요. 이때, 아이와 함께 만들면 더 좋아요.
편식 재료를 먹일 수 있는 방법이랍니다.

⏱ 15~20분(+ 채소밥 짓기)
🍴 2~3인분

- 채소밥 1공기
  (200g, 323쪽)
- 시판 유부 5개(45g)
- 참기름 약간

쇠고기볶음
- 다진 쇠고기 50g
- 양조간장 1/2작은술
- 올리고당 1/2작은술
- 현미유 1/2작은술

  ❍ 어른이 함께 먹을 경우 재료와
  섞은 밥을 아이가 먹을 분량만큼
  덜어둔 후 양조간장으로 간을 더하세요.

큰 월령이나 어른용으로 만들기
배합초를 밥과 함께 버무리면
새콤달콤하게 즐길 수 있어요.
식초 1큰술, 설탕 2작은술,
소금 약간을 한번 끓이면 배합초 완성.

채소밥 대체하기
채소밥(323쪽)이 없다면 일반 밥으로
대체해도 돼요. 이때 통깨 간 것,
참기름 약간과 버무려서 사용해주세요.

1 시판 유부는 끓는 물(3컵)에 넣고
30초간 데쳐 기름기를 없앤다.

2 체에 밭쳐 찬물에 헹군 후
꼭 짜 물기를 없앤다.

3 유부는 사진과 같이 4등분한다.

4 달군 팬에 쇠고기볶음 재료를 넣고
중간 불에서 2분간 저어가며 볶는다.

5 볼에 유부를 제외한 모든 재료를 넣고
섞는다.

6 유부에 ④를 조금씩 넣고 꼭꼭 뭉쳐준다.

chapter 4

주말을 위한

특별한 별식

어릴 적, 엄마가 만들어주던 떡볶이, 피자 하나면
세상을 다 가진 듯한 기분이 들곤 했지요.
맛있는 요리를 뚝딱~ 만드는 엄마가 어찌나 대단해 보이던지.

매일 접하는 식판식이나 밥, 국, 반찬도 좋지만
가끔은 아이들을 위한 특별한 별식을 만들어보세요.
어쩌면 우리 아이들의 기억 속에서도 엄마는 멋진 사람으로 남을지도 모르잖아요.

핵심 전략 알아보기

1   어른들이 먹는 요리처럼 근사하게 꾸며주세요

2   유아식 홈메이드 소스를 만들어 활용해요

① 어른들이 먹는 요리처럼 근사하게 꾸며주세요

아이들 요리라고 무조건 작게, 맵지 않게 만들 필요는 없어요. 아이들은 어른이 먹는 요리에
특히 관심을 많이 가지는데요, 어른과 비슷한 음식을 먹는다는 마음에 호기심이 생겨
더욱 다양한 메뉴를 시도할 수 있지요. 그렇게 되면 자연스레 편식도 줄어들게 되고요.

✓ 멋진 카페에서 즐기는 것처럼 음료, 디저트를 함께 담아보세요. → 362쪽
✓ 파프리카가루(34쪽)나 비트로 빨간색을 더해서 매운 요리처럼 만들어 주세요.

② 유아식 홈메이드 소스를 만들어 활용해요

소스만 기억해두면 다양한 재료와 함께 특별한 별식을 즐길 수 있어요.
*소개하는 소스는 1~2인분 기준입니다.

**오일
소스**

올리브유 + 면 삶은 물 + 해산물

아이에게 어른처럼 오일을 듬뿍 더한 요리를
줄 순 없어요. 이럴 때는 약간의 올리브유에
면 삶은 물 + 해산물로 '오일 소스'를
흉내 낸 듯한 맛을 내보세요. 조개, 연어, 새우와 같은
해산물은 감칠맛이 워낙 좋아서
훌륭한 재료가 되지요.

*활용 레시피
촉촉 연어 오일 파스타 330쪽
쌀국수 봉골레 파스타 332쪽

**크림
소스**

우유 1컵(또는 두유, 200㎖)
+ 슬라이스 아기치즈 1장
+ 달걀노른자 1개(생략 가능)

지방이 많은 생크림 대신 우유나 두유로 고소함을,
슬라이스 아기치즈와 달걀노른자로 되직한 농도를
냈어요. 더욱 진한 소스를 만들고 싶거나
우유 알레르기가 있다면 익혀 으깬 단호박이나 고구마,
두부를 대신 넣어도 좋습니다.

*활용 레시피
견과류 두유 까르보나라 · 두부 크림 파스타 334쪽

**토마토
소스**

토마토 + 다진 양파 + 다진 고기
+ 양조간장, 올리고당 적당량

····································

시판 토마토 소스에 비해
연하고 가벼워 보일 수 있지만
생 토마토와 채소, 고기로 직접 만들어
더욱 건강하고 깔끔하지요.

＊활용레시피
토마토 소스 파스타 336쪽

**깻잎
페스토**

깻잎 15장(30g) + 견과류 1/3컵(40g)
+ 사과 1/2개(100g) + 양파 1/2개(100g)
+ 올리브유 2큰술

····································

페스토(Pesto)는 바질, 올리브유, 치즈, 잣 등을
함께 갈아 만드는 이탈리아 소스예요. 허브인 바질 대신
깻잎을 더해 부드러운 아이용 페스토를 만들었어요.
삶은 파스타면과 버무리거나
빵에 바르는 스프레드용으로 활용하면 좋아요.
3~4일정도 냉장 보관 가능해요.

＊활용 레시피
깻잎 페스토 파스타 340쪽

**통깨
양념**

통깨 부순 것 2작은술
+ 양조간장 2작은술 + 올리고당 2작은술
+ 참기름 2작은술 + 식초(또는 레몬즙) 약간

····································

삶은 우동면, 소면과 버무려도 좋고,
샐러드 드레싱으로도 좋은 통깨 양념이에요.
고소한 맛 + 짭조름한 맛 + 단맛 + 신맛까지
모두 담겨 있어서 아이들이 특히나 좋아하지요.

＊활용 레시피
통깨 닭고기 비빔우동 342쪽

촉촉 연어 오일 파스타

입 짧은 아이에게 면 요리는 언제나 인기 만점이지요.
파스타를 삶은 물만으로 담백하고 촉촉한 연어 파스타를 만들었습니다.
연어는 단백질과 오메가3, 비타민B, 칼륨이 풍부하고,
비린내도 없어서 아이들이 먹기 좋은 식재료예요.
어린 월령이라면 쇼트 파스타나, 스파게티를 잘게 잘라
숟가락으로 퍼먹도록 하는 것도 방법이랍니다.

✔ 필독! 유아식 전략

연어는 마트에서 파는 횟감이나 유아식용 냉동 연어를
사용하면 편리하답니다.

⏱ 15~20분

🍴 1~2인분

- 스파게티면 1/2줌
  (또는 쇼트 파스타, 40g)
- 연어 50g
- 양파 1/10개(20g)
- 파프리카 1/10개(20g)
- 다진 부추 1큰술
  (또는 다진 쪽파, 생략 가능)
- 스파게티 삶은 물 1/4컵(50㎖)
- 다진 마늘 약간
  (아이 월령에 따라 가감 또는 생략)
- 올리브유 약간
- 양조간장 약간
- 소금 약간
  ▶ 어른이 함께 먹을 경우
  아이가 먹을 분량을 덜어둔 후
  소금으로 간을 더하세요.

1 양파, 파프리카는 작게 채 썬다.
연어는 아이 한입 크기로 썬다.
＊아이의 월령, 편식 여부에 따라
크기를 조절하세요.

2 끓는 물(5컵) + 소금(1작은술)에
스파게티를 2등분으로 부숴 넣는다.
포장지에 적힌 시간대로 삶은 후
체에 밭쳐 물기를 뺀다. 이때,
스파게티 삶은 물 1/4컵(50㎖)을 덜어둔다.

3 달군 팬에 올리브유, 다진 마늘,
양파, 파프리카를 넣고
중간 불에서 1분간 볶는다.

4 연어를 넣고 1분간 볶는다.

5 스파게티 삶은 물을 넣고
센 불에서 끓어오르면
스파게티면, 부추, 양조간장, 소금을 넣고
중간 불로 줄여 1분간 볶는다.
＊파마산 치즈가루를 더해도 좋아요.

Tip

채소 대체하기
양파, 파프리카 대신 동량(40g)의
애호박, 양배추, 당근 등으로
대체해도 돼요.

쌀국수 봉골레 파스타

아이에게 좋은 것만 먹이고 싶은 엄마의 마음에 딱 부합하는 파스타입니다.
바지락의 감칠맛을 가득 담았고요, 밀가루 대신 쌀로 만든 쌀국수를 더해
쫀득쫀득한 식감과 건강까지 모두를 잡았지요.
톡톡 터지는 방울토마토, 쏙쏙~ 바지락 빼 먹는 재미까지도 말입니다.

✔ 필독! 유아식 전략

방울토마토를 익히면 껍질이 입에 걸리적거릴 수
있어요. 미리 껍질을 벗긴 후 요리에 활용해도 좋아요.
＊방울토마토 껍질 벗기기 44쪽

🕐 15~20분
(+ 쌀국수 불리기 20~30분)
🍴 1~2인분

- 쌀국수 1줌(50g)
- 해감 바지락 1봉
  (또는 해감 모시조개, 200g)
- 애호박 1/9개(30g)
- 양파 약 1/7개(30g)
- 방울토마토 3개(45g)
- 올리브유 1/2큰술
- 다진 마늘 약간
  ▶ 어른이 함께 먹을 경우
  아이가 먹을 분량을 덜어둔 후
  양조간장, 소금으로 간을 더하세요.

1
쌀국수는 2등분으로 부순다.
찬물에 담가 20~30분간 불린다.

2
바지락은 씻은 후 체에 밭쳐 물기를 뺀다.
＊해감되지 않은 바지락이라면
꼭 해감 후 사용하세요(219쪽).

3
애호박은 얇게 아이 한입 크기로 썰고,
양파는 작게 채 썬다.
방울토마토는 2~4등분한다.
＊아이의 월령, 편식 여부에 따라
크기를 조절하세요.

4
달군 팬에 올리브유, 다진 마늘,
애호박, 양파를 넣고 중약 불에서 1분,
바지락을 넣고 뚜껑을 덮어
2~3분간 익힌다.

Tip

쌀국수를 스파게티면으로 대체하기
동량(50g)의 스파게티면으로
대체해도 돼요. 과정 ①을 생략하고
끓는 물(5컵) + 소금(1작은술)에
스파게티면을 2등분으로 부숴 넣은 다음
포장지에 적힌 시간대로 삶아요.
이때, 스파게티 삶은 물 1/4컵(50㎖)을
덜어뒀다가 과정 ⑤에서 함께 더해요.

5
바지락의 70% 정도가 입을 벌리면
쌀국수, 방울토마토를 넣어
1~2분간 볶는다.
부족한 간은 소금으로 더한다.
＊파마산 치즈가루를 더해도 좋아요.

견과류 두유 까르보나라

아이용 크림 요리를 만들 때 생크림
대신 두유를 더해보세요. 여기에
달걀노른자, 견과류를 추가하면
훨씬 고소하게 즐길 수 있지요.
살짝 느끼한 맛을 잡기 위해
다진 마늘을 넣었는데요.
월령에 따라 양을 조절해도 돼요.

두부 크림 파스타

두부에 우유까지 더한 소스로 고소한 맛뿐만
아니라 단백질도 듬뿍 섭취할 수 있지요.
소스만 따로 만들어서 밥에 올려
덮밥처럼 즐겨도 좋아요.

견과류 두유 까르보나라

두부 크림 파스타

V 필독! 유아식 전략

달걀, 견과류 알레르기가 있는 아이라면 으깬 단호박으로
대체, 농도와 고소한 맛을 내는 것도 방법입니다. 단호박은
조금씩 더하며 양을 조절하세요. *단호박 익히기 41쪽

334

견과류 두유 까르보나라

⏱ 20~25분
🍴 1~2인분

- 스파게티면 1/2줌(40g)
- 두유 1컵
  (또는 우유, 200㎖)
- 달걀노른자 1개
- 양파 1/6개(30g)
- 시금치 1/2줌(25g)
- 다진 견과류 1큰술
- 파마산 치즈가루 1큰술
- 다진 마늘 1작은술
  (아이 월령에 따라 가감 또는 생략)
- 소금 1/2작은술
- 올리브유 약간
  ▶ 어른이 함께 먹을 경우
  아이가 먹을 분량을 덜어둔 후
  소금으로 간을 더하세요.

1 시금치는 데친 후 2cm 길이로 썰고,
양파는 작게 채 썬다.
＊시금치 데치기 141쪽
＊아이의 월령, 편식 여부에 따라
크기를 조절하세요.

2 끓는 물(5컵) + 소금(1작은술)에
스파게티를 2등분으로 부숴 넣고
포장지에 적힌 시간대로 삶는다.
체에 밭쳐 물기를 뺀다.

3 달군 팬에 올리브유, 다진 마늘,
양파를 넣고 중간 불에서 2분,
스파게티면, 두유, 소금,
파마산 치즈가루를 넣고
2~3분간 저어가며 끓인다.
불을 끄고 달걀노른자, 시금치,
다진 견과류를 넣고 비빈다.

두부 크림 파스타

⏱ 15~20분
🍴 1~2인분

- 쇼트 파스타 2/3컵
  (펜네, 푸실리 등, 50g)
- 브로콜리 1/5개(송이 부분, 40g)
- 느타리버섯 1/2줌(25g)
- 슬라이스 아기치즈 1장(생략 가능)
- 다진 마늘 1작은술
  (아이 월령에 따라 가감 또는 생략)
- 올리브유 약간

두부 크림 소스
- 두부 1/6모(50g)
- 우유 1컵(또는 두유, 200㎖)
- 소금 1/2작은술
- 후춧가루 약간

1 믹서에 두부 크림 소스 재료를 넣고 간다.
브로콜리, 느타리버섯은 작게 썬다.
＊아이의 월령, 편식 여부에 따라
크기를 조절하세요.

2 끓는 물(5컵) + 소금(1작은술)에
쇼트 파스타를 넣고 포장지에 적힌
시간에서 4분을 빼고 삶은 후
체에 밭쳐 물기를 뺀다.

3 달군 팬에 올리브유, 다진 마늘,
브로콜리, 느타리버섯을 넣고
중간 불에서 2분간 볶는다.
①의 소스, 쇼트 파스타를 넣고
4~5분간 저어가며 끓인 후
슬라이스 아기치즈를 더한다.

토마토 소스 파스타

채소를 고기만큼이나 풍성하게 더하고,
생 토마토 한 개를 그대로 넣어 토마토 소스를
만들었어요. 묵직한 소스가 쇼트 파스타
사이사이에 쏙쏙 박히면서 간이 딱 맞지요.
채소를 다져 넣었기에 아이들이 편식 없이
싹싹 먹는 마법의 파스타랍니다.

[함께 먹으면 좋은 새콤 오이무침 161쪽]

✔ 필독! 유아식 전략

토마토 소스는 넉넉하게 만들어 저장해두세요.
(냉장 2~3일, 냉동 2주 보관). 파스타, 덮밥, 볶음밥,
빵에 찍어 먹는 소스 등 다양하게 활용할 수 있어요.

🕐 20~30분

🍽 1~2인분

- 쇼트 파스타 2/3컵(펜네, 푸실리 등, 50g)
- 올리고당 2작은술
- 양조간장 약간
  ▶ 어른이 함께 먹을 경우
  아이가 먹을 분량을 덜어둔 후
  양조간장으로 간을 더하세요.

토마토 소스
- 토마토 1개(150g)
- 다진 모둠 채소 1/2컵
  (애호박, 당근 등, 50g)
- 다진 양파 1큰술
- 다진 쇠고기 50g
- 파스타 삶은 물 1/4컵(50㎖)
- 올리브유 1큰술

토마토는 꼭지 반대쪽에 열십(+) 자
모양으로 칼집을 살짝 낸다.
끓는 물(5컵) + 소금(1작은술)에 넣고
10초간 데친다.

토마토를 체로 건져 바로 찬물에 헹궈
껍질을 벗긴 후 아이 한입 크기로 썬다.
이때, 물은 계속 끓인다.

②의 끓는 물에 쇼트 파스타를 넣고
포장지에 적힌 시간대로 삶은 후
체에 밭쳐 물기를 뺀다. 이때,
파스타 삶은 물 1/4컵(50㎖)을 덜어둔다.

달군 팬에 토마토 소스의
올리브유, 다진 쇠고기, 다진 양파를 넣고
중간 불에서 1분간 볶는다.

토마토, 다진 모둠 채소,
파스타 삶은 물을 넣고 대강 으깨가며
3~4분간 뭉근하게 끓인다.

삶은 쇼트 파스타, 올리고당,
양조간장을 넣고 30초간 볶는다.
*파마산 치즈가루를 더해도 좋아요.

토마토 카레 소스 파스타

좋은 것만 먹이고 싶은 것이 엄마 마음이지만, 가끔은 엄마표 패스트푸드도 필요한 법!
앞서 생 토마토로 만드는 소스를 소개했다면, 이번에는 홀토마토와 고형카레,
냉동 양파 큐브로 맛을 낸 '간편 토마토 카레 소스'를 알려드릴게요. 큰 월령의 아이에게 추천합니다.

✔ 필독! 유아식 전략

토마토 카레 소스는 넉넉하게 만들어 저장해두세요.
(냉장 1주, 냉동 2주). 파스타, 덮밥, 햄버거나
샌드위치 소스 등 활용해보세요.

⏱ 20~25분
🍴 1~2인분

- 쇼트 파스타 2/3컵
  (펜네, 푸실리 등, 50g)

토마토 카레 소스
(냉장 1주, 냉동 2주 보관 가능)
- 통조림 홀토마토 1캔(400g)
- 고형카레 큐브 1개
- 냉동 양파 큐브 1개(47쪽)
- 올리고당 약간

 Tip

냉동 양파 큐브 대체하기
냉동 양파 큐브(47쪽)가 없다면
대체해도 돼요.
1_ 달군 팬에 현미유 약간,
   다진 양파 1개(200g),
   송송 썬 대파 2큰술을 넣고
   중약 불에서 양파가 갈색이
   될 때까지 3~4분간 볶아요.
2_ 다진 쇠고기 50g을 넣고 2~3분간
   볶은 후 과정 ④부터 진행해요.

영양 더하기
당근, 브로콜리, 파프리카 등 다양한 채소를
다져 넣거나, 새우, 닭안심 등을 익혀
마지막에 더해도 좋아요.

1 끓는 물에 쇼트 파스타를 넣고 포장지에
적힌 시간대로 삶는다.

2 체에 밭쳐 물기를 뺀다.

3 달군 팬에 물(4~5큰술),
냉동 양파 큐브를 넣어 중약 불에서
3~4분간 큐브가 완전히
녹을 때까지 볶는다.
*냉동 양파 큐브 만들기 47쪽

4 홀토마토, 고형카레 큐브, 올리고당을 넣고
중간 불에서 3~4분간 저어가며 끓여
소스를 완성한다.

5 삶은 파스타, ④의 완성된 소스
1/4분량을 버무린다.
*토마토 카레 소스는 취향에 따라
양을 조절하세요.

깻잎 페스토 파스타

몸에 좋은 지방이 풍부한 견과류, 향긋한 깻잎으로 이탈리아 소스 중 하나인
페스토(Pesto)를 만들어 파스타로 선보여보세요. 일반적인 페스토와 달리
사과와 양파로 단맛을 더해 아이들 입맛에 더욱 잘 맞고, 훨씬 건강하게 즐길 수 있지요.

✔ 필독! 유아식 전략

깻잎 특유의 향을 싫어한다면 동량(30g)의 시금치로 대체해도
돼요. 페스토는 리조또 소스로 활용해도 맛있답니다.

340

- 쇼트 파스타 2/3컵
  (펜네, 푸실리 등, 50g)
- 냉동 생새우살 3마리(45g)
- 깻잎 페스토 3~4큰술
  (기호에 따라 가감)
- 파마산 치즈가루 1작은술
- 다진 마늘 1작은술
- 파스타 삶은 물 3큰술
- 올리브유 1작은술

깻잎 페스토
(냉장 1주일 보관 가능)

- 깻잎 15장
  (또는 시금치, 30g)
- 견과류 1/3컵(잣, 아몬드 등, 40g)
- 사과 1/2개(100g)
- 양파 1/2개(100g)
- 올리브유 2큰술

  ▶ 어른이 함께 먹을 경우
  아이가 먹을 분량을 덜어둔 후
  파마산 치즈가루로 간을 더하세요.

깻잎 페스토 보관하기
깻잎 페스토는 믹서에 갈아서 만들어요.
믹서는 재료의 양이 너무 적으면
갈리지 않기 때문에 페스토는 한 번에
넉넉하게 만드는 것이 좋습니다.
냉장 1주일 보관 가능해요.
보관 시에는 윗면에 올리브유를
부어줘야 마르지 않게 보관할 수 있어요.

깻잎 페스토 활용하기
리조또 소스, 빵에 바르는 스프레드
등으로 활용 가능해요.

1 냉동 새우살은 해동한 후
아이 한입 크기로 썬다. 깻잎 페스토
재료를 믹서에 넣고 곱게 간다.
＊아이의 월령, 편식 여부에 따라
크기를 조절하세요.

2 끓는 물(5컵) + 소금(1작은술)에
쇼트 파스타를 넣고 포장지에 적힌 시간대로
삶은 후 체에 밭쳐 물기를 뺀다.
이때, 파스타 삶은 물 3큰술은 덜어둔다.

3 달군 팬에 올리브유, 다진 마늘, 새우를 넣고
중약 불에서 1분 30초간 볶는다.

4 쇼트 파스타, 깻잎 페스토 3~4큰술,
파스타 삶은 물을 넣고 센 불에서
2~3분간 볶는다.
불을 끄고 파마산 치즈가루를 뿌린다.
부족한 간은 소금으로 더한다.
＊방울토마토를 더해도 좋아요.

통깨 닭고기 비빔우동

오동통한 우동면은 식감 덕분인지, 포크로 콕~ 찍기 편해서인지 아이들이 참 좋아해요.
하지만 자칫하면 면의 탄수화물만 섭취하게 돼버려 영양가 있는 한 끼로 맛보기는 어렵지요.
우동에 닭안심과 적양배추, 당근, 오이를 듬뿍 넣어 영양까지도 가득한 별식이 되게 해주세요.
채소는 냉장고 속 어떤 재료를 활용해도 좋습니다.

✔️ **필독! 유아식 전략**

채소 편식이 심한 아이라면 채소를 잘게 다져서,
잘 먹는 아이라면 마지막에 양상추나 오이 같은
수분감 많은 생채소를 더 넣어도 됩니다.

🕐 20~30분

🍴 1~2인분

- 우동면 1/2개(100g)
- 닭안심 2쪽
  (또는 닭가슴살 1/2쪽, 50g)
- 적양배추 1장(손바닥 크기, 30g)
- 당근 1/10개(20g)
- 오이 1/10개(20g)
- 현미유 약간

통깨 양념
- 통깨 부순 것 2작은술
- 양조간장 2작은술
- 올리고당 2작은술
- 참기름 2작은술
- 식초(또는 레몬즙) 약간

큰 월령 아이나 어른용으로 만들기
양념만 바꾸면 돼요.
통깨 부순 것 2큰술 + 식초 2큰술
+ 마요네즈 5큰술 + 올리고당 2큰술
+ 참기름 1큰술

채소 대체하기
적양배추, 당근, 오이는 동량(70g)의
양배추, 양파, 애호박, 양상추 등으로
대체해도 돼요.

1 적양배추, 당근, 오이는 작게 채 썬다.
큰 볼에 통깨 양념을 섞는다.
＊아이의 월령, 편식 여부에 따라
크기를 조절하세요.

2 끓는 물(4컵)에 닭안심을 넣고
10분간 삶은 후 건져낸다.
이때, 물은 계속 끓인다.

3 ②의 끓는 물에 우동면을 넣고
젓지 말고 그대로 센 불에서
2분간 삶는다. 체에 밭쳐
찬물에 헹군 후 물기를 뺀다.
＊우동면은 넣고 젓게 되면
끊어지므로 그대로 삶으세요.

4 ②의 닭안심은 한 김 식힌 후
가늘게 찢는다.

5 달군 팬에 현미유, 적양배추, 당근을 넣고
중약 불에서 1분 30초간 볶는다.

6 ①의 통깨 양념에 삶은 우동면, 닭안심,
⑤의 볶은 채소, 오이를 넣고 비빈다.

아삭 채소 비빔국수

무더운 여름이면 아이들도 어른처럼 입맛이 사라지곤
해요. 이럴 때는 아삭하게 씹히는 채소와 매실청으로
감칠맛을 더한 비빔국수를 만들어보세요.
사과는 사각사각 씹는 재미가 있기에 꼭 넣는
재료랍니다. 아빠, 엄마가 함께 먹어도 좋아요.

[함께 먹으면 좋은 고소한 오이무침 161쪽]

✔ 필독! 유아식 전략

당근, 무와 같이 땅 가까이에서 자라는 뿌리채소는 빈혈을 유발할 수
있는 질산염 함량이 높아 주의가 필요해요. 구입 후 최대한 빠르게 먹되,
데치거나 절여 질산염을 줄이는 것도 방법이랍니다.

- 소면 1/2줌
  (또는 우동면, 35g)
- 쇠고기 샤부샤부용 50g
- 사과 1/10개(20g)
- 오이 1/10개(20g)
- 파프리카 1/10개(20g)
- 팽이버섯 1/6봉(25g)
- 현미유 약간
- 통깨 부순 것 약간

밑간
- 양조간장 약간
- 참기름 약간
- 후춧가루 약간

양념
- 양조간장 2작은술
- 매실청 1작은술
- 올리고당 1작은술
- 래몬즙(또는 식초) 약간
- 참기름 1작은술
  ▶ 어른이 함께 먹을 경우
  아이가 먹을 분량을 덜어둔 후
  양조간장, 매실청, 올리고당으로
  간을 더하세요.

채소 대체하기
오이, 파프리카, 팽이버섯은
동량(65g)의 양배추, 양상추,
당근 등으로 대체해도 돼요.

1 사과, 오이, 파프리카,
팽이버섯은 작게 채 썬다.
  * 아이의 월령, 편식 여부에 따라
  크기를 조절하세요.

2 쇠고기는 키친타월로 감싸
핏물을 없앤 다음 밑간과 버무린다.

3 끓는 물(4컵)에 소면을 2등분으로
부숴 넣고 센 불에서
2분 30초~3분간 저어가며 삶는다.
  * 삶는 도중 끓어오를 때마다
  찬물(1컵)을 여러 번 나눠 넣으면
  더 쫄깃하게 삶을 수 있어요.

4 체에 밭쳐 찬물에 헹군 후
물기를 뺀다.

5 달군 팬에 현미유, 쇠고기, 팽이버섯을 넣고
중간 불에서 2~3분간 볶는다.

6 볼에 양념을 제외한 모든 재료를 넣는다.
양념을 조금씩 넣으며 비빈다.
  * 아이의 월령에 따라
  양념의 양을 조절하세요.

해산물 볶음 쌀국수

숙주는 아이에 따라 호불호가 크게 갈리는 식재료라서 그런지
유아식에는 잘 등장하지 않지요. 통통한 숙주를 해물, 쌀국수와 함께 볶아보세요.
적당히 아삭아삭한 식감 덕분에 아이의 손이 자꾸만 갈 거예요.

✔ 필독! 유아식 전략

단백질뿐만 아니라 피로회복에도 좋은 타우린과
칼슘이 풍부한 새우. 생새우살 대신 건새우나 밥새우를
넣어도 감칠맛을 살릴 수 있답니다.

- 쌀국수 1줌(50g)
- 손질 오징어 1/2마리(몸통만, 50g)
- 냉동 생새우살 3마리(45g)
- 모둠 채소 50g
  (양배추, 당근, 양파 등)
- 숙주 1/4줌(10g)
- 현미유 약간
- 다진 마늘 약간
- 들기름 약간(또는 참기름)

양념
- 물 1큰술
- 양조간장 2작은술
- 올리고당 1작은술
  ▶ 어른이 함께 먹을 경우
  아이가 먹을 분량을 덜어둔 후
  멸치액젓으로 간을 더하세요.

1

쌀국수는 2등분으로 부순 다음
찬물에 담가 20~30분간 불린다.

2

모둠 채소, 숙주는 작게 썬다.
작은 볼에 양념 재료를 섞는다.

3

냉동 새우살은 해동한다.
오징어, 새우살은 아이 한입 크기로 썬다.
＊오징어 손질 45쪽

4

달군 팬에 현미유, 다진 마늘,
모둠 채소를 넣고 중간 불에서 30초,
오징어, 새우를 넣고 2분간 볶는다.

5

쌀국수, 숙주, 양념의 1/2분량을 넣고
센 불에서 1분간 볶은 후
불을 끄고 들기름을 두른다.
부족한 간은 남은 양념을 조금씩
더하며 맞춘다.

두부 잔치국수

부드럽고 순한 맛의 잔치국수는
온 가족이 둘러앉아 함께 먹기에 참 좋지요.
뜨거운 국물이 생각날 때는 따뜻하게,
더운 날에는 시원하게, 멸치육수만 있다면
쉽게 만들 수 있답니다. 저는 여기에
두부를 잊지 않고 더해 단백질도 챙겼습니다.

부추 닭국수

닭가슴살 삶은 국물에 갖가지 재료와
쌀국수를 더해 깊은 감칠맛이 느껴집니다.
닭가슴살 대신 조개를 사용해도 맛있어요.
부추 닭국수의 핵심은 바로 부추.
평소 챙기기 힘든 철분을 채워주기에
참 좋은 재료이지요.

두부 잔치국수

부추 닭국수

✔ 필독! 유아식 전략

아이들은 엄마 아빠가 먹는 모습을 보며 식습관을
배워요. 따라서 아이용 음식이라고 해도
어른과 비슷한 모양이나 고명을 더해주면 좋답니다.

두부 잔치국수

🕐 15~20분
🍽️ 1~2인분

- 소면 1/2줌(또는 쌀국수, 35g)
- 두부 1/10모
  (또는 다른 두부, 30g)
- 모둠 채소 30g
  (당근, 애호박, 양파 등)
- 멸치육수 2컵
  (400㎖, 48쪽)
- 국간장 1/2~1작은술
  ▶ 어른이 함께 먹을 경우
  아이가 먹을 분량을 덜어둔 후
  국간장으로 간을 더하세요.

모둠 채소는 작게 채 썰고,
두부는 아이 한입 크기로 썬다.
＊아이의 월령, 편식 여부에 따라
크기를 조절하세요.

끓는 물(4컵)에 모둠 채소를 넣고
2분 30초간 익힌 후 체로 건져낸다.
채소 익힌 물에 소면을 2등분으로 부숴 넣고
2분 30초~3분간 저어가며 삶는다.
체에 밭쳐 찬물에 헹궈 물기를 뺀다.
＊삶는 도중 끓어오를 때마다
찬물(1컵)을 여러 번 나눠 넣으면
더 쫄깃하게 삶을 수 있어요.

냄비에 멸치육수, 두부, 국간장을 넣고
센 불에서 3분간 끓인다.
그릇에 모든 재료를 나눠 담는다.

부추 닭국수

🕐 20~25분
🍽️ 1~2인분
(+ 쌀국수 불리기 20~30분)

- 쌀국수 1줌(50g)
- 부추 2줄기
- 느타리버섯 1/2줌(25g)
- 멸치액젓 1/2작은술

국물
- 닭가슴살 1/2쪽
  (또는 닭안심 2쪽, 50g)
- 양파 1/4개(50g)
- 대파 5cm
- 물 3컵(600㎖)
  ▶ 어른이 함께 먹을 경우
  아이가 먹을 분량을 덜어둔 후
  소금으로 간을 더하세요.

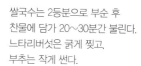

쌀국수는 2등분으로 부순 후
찬물에 담가 20~30분간 불린다.
느타리버섯은 굵게 찢고,
부추는 작게 썬다.

냄비에 국물 재료를 넣고 센 불에서
15분간 삶은 후 건더기만 건져낸다.
닭가슴살은 가늘게 찢는다.

②의 국물에 쌀국수, 부추,
느타리버섯, 닭가슴살, 액젓을 넣고
센 불에서 끓어오르면 1~2분간 끓인다.
그릇에 모든 재료를 나눠 담는다.

간단 우유 견과 콩국수

영양덩어리 우유와 연두부, 견과류,
딱 세 가지로 간편하게 콩국수를 만들어 보세요.
콩을 불리고, 삶고, 갈아야 하는 번거로움이 없어서
좋고, 성장에 꼭 필요한 중요 영양소인 단백질은
꽉꽉 채울 수 있으니 또 좋지요.

✓ 필독! 유아식 전략

성장기에 필요한 영양이 꽉 담긴 우유.
칼슘 함량이 특히 높은데요, 그냥 마셔도 좋지만
요리에도 다양하게 활용하도록 해주세요.

🕐 10~15분

🍴 1~2인분

- 소면 1/2줌(35g)
- 방울토마토 2개(30g)
- 채 썬 오이 1큰술(10g)
- 삶은 달걀 1/2개

국물
- 연두부 80g
- 우유 1컵
  (또는 두유, 200㎖)
- 견과류 2큰술
  (또는 검은깨, 통깨)
- 소금 약간

1 믹서에 국물 재료를 넣고 곱게 간 후 냉장실에 넣어 차게 한다.

2 방울토마토, 삶은 달걀은 각각 2~4등분한다.
*달걀 삶기 41쪽

3 끓는 물(4컵)에 소면을 2등분으로 부숴 넣고 센 불에서 2분 30초~3분간 저어가며 삶는다.
*삶는 도중 끓어오를 때마다 찬물(1컵)을 여러 번 나눠 넣으면 더 쫄깃하게 삶을 수 있어요.

4 체에 밭쳐 찬물에 헹군 후 물기를 뺀다.

5 그릇에 모든 재료를 나눠 담는다.

국물 활용하기
재료에서 소금을 생략하고, 바나나를 더해 함께 갈면 간식, 식사로 두루두루 좋은 '바나나스무디'로 즐길 수 있어요.

온콩국수

간단 버전의 콩국수(350쪽)를 만나봤다면, 정석 콩국수도 한번 배워볼까요?
노력과 시간이 꽤 드는 편이지만 국물의 진하기는 어떤 것과도 비교할 수 없지요.
백태 대신 검은콩을 써도 좋고, 믹서에 갈 때 견과류를 추가해도 좋아요.

[함께 먹으면 좋은 새콤 오이무침 161쪽]

✔️ 필독! 유아식 전략

콩물을 만들기 위해 콩을 불려야 해요.
이런 경우 전날 미리 불려두면 더 수월하지요.

352

- 소면 1/2줌(35g)
- 채 썬 애호박 1/2줌(20g)
- 달걀 1개 (또는 두부)
- 김가루 약간
- 현미유 약간

콩물
(냉장 2~3일 보관 가능)
- 백태 1/2컵
  (65g, 불린 후 150g)
- 생수 2컵(400ml)
- 검은깨 1작은술
  (또는 견과류)

1 백태는 씻은 후 잠길 만큼의 물에 담가
1일 동안 불린 다음 체에 밭쳐 물기를 뺀다.
크기가 2배 이상 커지고,
쉽게 으깨지면 잘 불려진 것이다.
＊더운 여름에는 냉장실에서 불리세요.

2 끓는 물(4컵)에 불린 백태를 넣고
센 불에서 15~20분간
비린맛이 없어질 때까지 삶는다.
체에 밭쳐 물기를 빼고 한 김 식힌다.

3 믹서에 콩물 재료를 넣고
곱게 간 다음 체에 거른다.
＊걸쭉한 식감을 좋아한다면
체에 거르는 과정을 생략해도 돼요.

4 끓는 물(4컵)에 소면을
2등분으로 부숴 넣고 센 불에서
2분 30초~3분간 저어가며 삶는다.
체에 밭쳐 찬물에 헹궈 물기를 뺀다.
＊삶는 도중 끓어오를 때마다
찬물(1컵)을 여러 번 나눠 넣으면
더 쫄깃하게 삶을 수 있어요.

5 달군 팬에 현미유, 애호박을 넣고
중약 불에서 1분간 볶은 후
한쪽으로 밀어둔다.
달걀을 넣고 저어가며 1분간 익힌다.

6 그릇에 모든 재료를 나눠 담는다.
부족한 간은 소금으로 더한다.

Tip
콩물 건더기 활용하기
과정 ③에서 체에 걸러진 콩물 건더기는
다진 채소, 돼지고기나 쇠고기와
함께 섞어 전으로 부쳐 먹거나,
볶음밥, 된장찌개에 넣어도 좋아요.

매생이 굴떡국

철분, 엽산뿐만 아니라 비타민까지 풍부해
성장기 아이들에게 참 좋은 매생이.
부드러운 식감 덕분에 전이나 탕으로
주로 즐기는데요, 떡국으로 만들어 보세요.
아이들이 계절의 변화를 식탁에서
직접 느낄 수 있을 거예요.

새우볼 떡국

달콤함과 함께 탱글탱글 씹는 재미까지
일품인 새우. 각종 채소와 함께 새우볼을
만들면 아이들의 채소 섭취를 도울 수 있지요.
떡국 떡이나 소면을 넣어도 좋고요,
밥과 함께 즐기는 국으로도 딱이랍니다.

✔ 필독! 유아식 전략

바다의 우유라 불리는 굴! 제철 겨울의 굴은
아이들이 꼭 맛볼 수 있도록 해주세요.
단, 쉽게 상하는 편이므로 신선한 것을 구입하세요.

매생이 굴떡국

🕐 15~20분
🍴 1~2인분

- 떡국 떡 1컵(100g)
- 무 지름 5cm, 두께 1cm
  (또는 당근, 애호박 등, 50g)
- 굴 1/2컵(또는 새우, 50g)
- 매생이 1/3컵(50g)
- 멸치육수 1컵(200㎖, 48쪽)
- 참기름 1/2큰술
  ▶ 어른이 함께 먹을 경우
  아이가 먹을 분량을 덜어둔 후
  소금으로 간을 더하세요.

Tip 매생이 보관 & 대체하기
제철인 겨울에 매생이를 구입.
손질한 후 한 번 먹을 분량씩 지퍼백에
담아 냉동(3개월). 해동 없이 사용하세요.
건매생이, 냉동 매생이로 대체해도 돼요.

1 떡국 떡, 무는 아이 한입 크기로 썬다.
굴은 크기가 큰 것을 2~3등분하고,
매생이는 가로로 잘게 다진다.
*굴, 매생이 손질 45쪽

2 달군 냄비에 참기름, 무를 넣고
중간 불에서 1~2분간 볶은 후
멸치육수를 넣는다.

3 끓어오르면 떡국 떡, 굴, 매생이를 넣고
센 불에서 2~3분간 끓인다.

새우볼 떡국

🕐 15~20분
🍴 2~3인분

- 떡국 떡 1컵(100g)
- 멸치육수 3컵(600㎖, 48쪽)
- 국간장 약간
- 참기름 약간

새우볼
- 다진 냉동 생새우살 1/2컵(100g)
- 잘게 다진 모둠 채소 1/5컵
  (당근, 양파, 애호박 등, 20g)
- 녹말가루 1/2큰술
  ▶ 어른이 함께 먹을 경우
  아이가 먹을 분량을 덜어둔 후
  국간장으로 간을 더하세요.

Tip 새우볼 냉동하기
숟가락으로 모양을 만든 후 평평한
그릇에 펼쳐 담고 냉동해요(2주).
완전히 얼면 다시 지퍼백에 옮겨 담아요.
해동 없이 요리에 활용하세요.

1 떡국 떡은 아이 한입 크기로 썬다.
볼에 새우볼 재료를 넣고
5분 정도 충분히 치댄다.

2 냄비에 멸치육수를 넣고
센 불에서 끓어오르면 ①의 반죽을
아이 한입만큼 숟가락으로 떠 담아
국물에 넣고 중간 불에서 2~3분간 끓인다.
*숟가락에 담긴 반죽은 다른 숟가락
뒷면으로 밀면 쉽게 떼어낼 수 있어요.

3 떡국 떡을 넣고 센 불에서 2~3분간
끓인 후 국간장, 참기름을 더한다.

시금치좋아 당근좋아 수제비

바쁜 평일에 수제비를 만드는 것은 부담스러울 수 있지만 주말에 아이와 함께
놀이를 한다고 생각하면 딱히 어려울 것도 없지요. 조물조물~ 반죽 만드는 것부터 시작해서
뚝뚝~ 수제비 뜨는 재미까지! 아이도 직접 만들었으니 평소보다 잘 먹을 거예요.
반죽에 시금치, 당근을 갈아 넣어서 색도, 영양도 업그레이드했어요.

✔ 필독! 유아식 전략

시금치, 당근 외에도 비트, 단호박 등의 채소로
수제비의 색을 더 다양하게 만들어보세요.
아이의 창의력 발달에 도움이 된답니다.

- 감자 1/2개(100g)
- 애호박 1/5개(약 50g)
- 멸치육수 4컵
  (800㎖, 48쪽)
- 국간장 1/2작은술
- 소금 약간

당근 반죽
- 당근 1/7개(30g)
- 물 2큰술(30㎖)
- 밀가루 1/2컵(50g)

시금치 반죽
- 시금치 15g
- 물 2큰술(30㎖)
- 밀가루 1/2컵(50g)
  ▶ 어른이 함께 먹을 경우
  아이가 먹을 분량을 덜어둔 후
  국간장으로 간을 더하세요.

1 당근 반죽, 시금치 반죽 재료의
당근과 물, 시금치와 물을 각각 믹서에 간다.
2개의 큰 볼에 3큰술씩 담는다.

2 각각의 볼에 분량의 밀가루를 넣고
매끈해질 때까지 5분 정도 치댄다.
위생팩에 넣어 냉장실에
10분간 숙성 시킨다.
＊반죽 도중 수분이 부족하면
과정 ①에서 남은 재료를 조금씩 더하세요.

3 감자, 애호박은 아이 한입 크기로 썬다.
＊아이의 월령, 편식 여부에 따라
크기를 조절하세요.

4 냄비에 멸치육수, 감자를 넣고
센 불에서 2분, 중간 불로 줄여
②의 반죽을 얇게 떼 넣으며 끓인다.
＊반죽이 질다면 손에 밀가루를
약간 묻혀도 좋아요.

5 애호박, 국간장, 소금을 넣고
반죽이 떠오를 때까지
중간 불에서 5~8분간 끓인다.

닭다리 감귤 삼계탕

귤이 제철인 겨울이 되면 친정엄마가 손주들을 위해 꼭 만드시는 보양식이에요.
부드러운 닭다리를 찹쌀과 함께 폭 익히기만 하면 되니 이보다 편할 수 없죠.
여기서 포인트 하나! 감귤을 더해 닭 특유의 냄새를 없애고, 귤의 단맛과 향도 더하는 것!
푹 끓인 닭과 귤의 조화를 꼭 만나 보세요.

✔ **필독! 유아식 전략**

이왕이면 껍질을 그대로 즐길 수 있는
무농약 귤을 사용, 껍질까지 함께 넣도록 하세요.
귤의 향과 맛이 훨씬 더 진해진답니다.

① 40~50분

🍴 3~4인분

- 닭다리 4~6개(500g)
- 찹쌀 1컵(불리기 전, 160g)
- 귤 1개(생략 가능)
- 양파 1/2개(100g)
- 마늘 6쪽(30g)
- 물 8컵(1.6ℓ)
- 다진 부추 2큰술(생략 가능)
- 소금 1/2작은술(생략 가능)

  ● 어른이 함께 먹을 경우
  아이가 먹을 분량을 덜어둔 후
  소금으로 간을 더하세요.

찹쌀을 누룽지로 대체하기
시판 누룽지 1/2컵(40g)으로 대체해도
돼요. 재료의 찹쌀을 생략하고
과정 ④까지 진행한 후 누룽지를
더해요. 누룽지가 퍼질 때까지
5~10분 정도 끓입니다.

껍질 벗긴 귤, 양파는 2등분한다.

＊무농약 귤이라면 껍질째로 넣어도 돼요.

끓는 물(6컵)에 닭다리를 넣어
1분간 데친 후 체에 받쳐 물기를 뺀다.

＊삶기 전에 먼저 데치면
기름기와 잡내를 없앨 수 있어요.

큰 냄비에 부추, 소금을 제외한
모든 재료를 넣고 센 불에서 끓어오르면
뚜껑을 덮는다.

귤, 양파, 마늘을 중간중간
주걱으로 으깨가며
중간 불에서 30분간 뭉근하게 끓인다.

불을 끄고 부추, 소금을 넣는다.

감자피자

감자가 제철인 여름이면 쪄서, 구워서, 볶아서 다양하게 먹지요. 이때 빠질 수 없는 게
바로 감자피자! 감자를 최대한 가늘게 채 썰어 바삭하게 구운 다음 치즈를 올리면 영양만점
홈메이드 피자가 완성됩니다. 여기에 엄마표 토마토 소스까지 더하면 금상첨화!

떠먹는 고구마피자

삶아 으깬 고구마를 피자 도우로 활용했어요. 뜨거울 때 후후
불어 먹는 재미가 쏠쏠하지요. 그릇에 담는 대신 또띠아에 재료를
펴 발라 구워도 맛있답니다. 아이가 편식하는 채소가 있다면
잘게 다져 넣어주세요. 아무것도 모른 채 엄청 잘 먹을 거예요.

떠 먹는 고구마피자

감자피자

✔ 필독! 유아식 전략

단백질, 칼슘이 풍부한 치즈! 이왕이면
나트륨 함량이 적은 아기치즈를 추천합니다.

360

감자피자

⏱ 15~20분

🍴 지름 20cm 1장

- 감자 1/2개(100g)
- 녹말가루 2큰술
- 소금 약간
- 슬라이스 아기치즈 2장
  (또는 피자치즈 1/2컵)
- 토마토 소스 4큰술
  (생략 가능, 337쪽)
- 현미유 2큰술

감자는 최대한 가늘게 채 썰어
10분 정도 찬물에 담가둔다.
＊미리 물에 담가두면 감자의 전분이
없어져 더 바삭하게 만들 수 있어요.

체에 밭쳐 흐르는 물에 헹군 후
키친타월로 감싸 물기를 없앤다.
볼에 감자, 녹말가루, 소금을 넣고 섞는다.

달군 팬에 현미유를 두르고 ②를 얇게 펼친다.
약한 불에서 앞뒤로 뒤집고
꾹꾹 누르면서 4~5분간 노릇하게 굽는다.
불을 끈 후 토마토 소스,
아기치즈를 올려 남은 열로 녹인다.
＊아이 한입 크기로 구워도 좋아요.

떠먹는 고구마피자

⏱ 10~15분

🍴 1~2인분

- 익힌 고구마 1개
  (또는 감자, 200g)
- 굵게 다진 모둠 채소 4/5컵
  (애호박, 양파, 버섯 등, 80g)
- 토마토 소스 5큰술(337쪽)
- 슈레드 피자치즈 1/2컵
  (또는 슬라이스 아기치즈, 50g)
- 현미유 약간

익힌 고구마는 뜨거울 때 껍질을 벗긴다.
내열용기에 담아 포크로 으깬 후 펼친다.
＊고구마 익히기 41쪽
＊고구마가 차가운 상태라면
전자레인지에서 1~2분간 데워서
사용하세요.

달군 팬에 현미유, 다진 모둠 채소를 넣고
중간 불에서 3분간 볶는다.

①에 ②의 볶은 채소 → 토마토 소스 →
피자치즈 순으로 올린다.
전자레인지에서 치즈가 녹을 정도로
1~2분간 익힌다.

자투리채소 프리타타

프리타타(Frittata)는 달걀에 채소, 고기, 치즈 등의
재료를 넣어 만든 이탈리아식 오믈렛이에요.
영양만점 달걀에 편식하는 재료를 숨기기 참 좋은
요리랍니다. 스무디, 작게 썬 과일과 함께 담아보세요.
우리 아이만을 위한 특별한 브런치가 완성돼요.

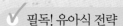 필독! 유아식 전략

아이들은 어른들의 행동을 따라 하길 좋아해요. 멋진 카페에서
즐기는 것처럼 요리에 음료나 디저트를 함께 담아보세요.
사소한 것 같지만 아이에겐 특별한 식탁이 될 거예요.

⏱ 20〜30분

🍴 1〜2인분

- 달걀 2개
- 우유 1/4컵(50㎖)
- 토마토 1/2개(70g)
- 모둠 채소 50g
  (양파, 브로콜리, 버섯 등)
- 냉동 생새우살 2마리
  (40g, 생략 가능)
- 소금 약간
- 현미유 약간
  ▶ 어른이 함께 먹을 경우
  아이가 먹을 분량을 덜어둔 후
  소금으로 간을 더하세요.

1 냉동 새우살은 해동한다.
토마토, 모둠 채소, 새우살은
아이 한입 크기로 썬다.
＊아이의 월령, 편식 여부에 따라
크기를 조절하세요.

2 볼에 달걀, 우유, 소금을 넣고 섞는다.

3 달군 팬에 현미유를 두른다.
새우살을 넣고 중간 불에서 1분,
토마토, 모둠 채소를 넣고 1분간 볶는다.

4 불을 아주 약한 불로 줄인 후
②의 달걀물을 붓고 펼친다.
＊지름 20〜22cm 팬을 추천해요.

5 뚜껑을 덮어 10〜12분간 익힌 후
한입 크기로 썬다.
＊바닥이 노릇하게 익을 정도로만
익히세요. 쉽게 탈 수 있으므로
중간중간 확인해주세요.

카레떡볶이

적은 양의 카레가루로 이국적인 향과 맛을 낸
떡볶이예요. 재료의 카레가루를 생략하고
크림 소스 떡볶이로 즐겨도 되지요. 치즈떡,
색깔떡, 고구마떡 등 다양한 종류의 떡을 넣으면
간편하게 색다른 맛을 낼 수 있답니다.

저수분 간장떡볶이

국민 간식 떡볶이! 맵지 않아 좋은 간장떡볶이를
소개합니다. 두 가지 포인트가 있는데요,
하나, 저수분 조리법으로 물을 적게 넣은 대신
채소가 익으면서 나온 물이 수분 조절과 함께
감칠맛을 더한 것! 둘, 뚜껑만 덮어두면
알아서 익는 간편 요리라는 것이지요.

카레떡볶이

저수분 간장떡볶이

✓ 필독! 유아식 전략

떡볶이의 핵심은 떡! 냉동실의 딱딱한 떡이라면 끓는 물에 데치기,
전자레인지에 넣어 해동하기, 찬물에 담가두기와 같이
다양한 해동법으로 말랑하게 만든 후 요리에 더하세요.

364

카레떡볶이

⏱ 15~20분
🍴 1~2인분

- 방울 떡 1컵(또는 떡국 떡, 100g)
- 다진 돼지고기 50g
- 양파 1/10개(20g)
- 브로콜리 1/7개(송이 부분, 30g)
- 파프리카 1/10개(20g)
- 우유 1컵(200㎖)
- 카레가루 1작은술
- 슬라이스 아기치즈 1장
- 현미유 약간
- 다진 마늘 약간
- 후춧가루 약간
  ◐ 어른이 함께 먹을 경우
  아이가 먹을 분량을 덜어둔 후
  카레가루로 간을 더하세요.

Tip 채소 대체하기
양파, 브로콜리, 파프리카 대신
동량(70g)의 양배추, 애호박, 버섯 등으로
대체해도 돼요.

1
양파, 브로콜리, 파프리카는
아이 한입 크기로 썬다.
다진 돼지고기는 키친타월로 감싸
핏물을 없앤다.
＊아이의 월령, 편식 여부에 따라
크기를 조절하세요.

2
달군 팬에 현미유, 다진 돼지고기,
양파, 다진 마늘을 넣고
중간 불에서 1분간 볶는다.

3
떡, 우유, 카레가루, 후춧가루를 넣고
센 불에서 끓어오르면
브로콜리, 파프리카를 넣는다.
중약 불로 줄여 3분간 끓인 다음
불을 끄고 아기치즈를 섞는다.

저수분 간장떡볶이

⏱ 20~25분
🍴 1~2인분

- 떡국 떡 1컵(100g)
- 쇠고기 샤부샤부용 50g
- 모둠 채소 130g
  (양파, 당근, 파프리카, 버섯 등)

양념
- 양조간장 1작은술
- 올리고당 1작은술
- 참기름 1작은술
- 통깨 부순 것 약간
  ◐ 어른이 함께 먹을 경우
  아이가 먹을 분량을 덜어둔 후
  양조간장, 올리고당으로 간을 더하세요.

1
쇠고기는 작게 썬 후 양념 1작은술과
버무린다. 모둠 채소는 작게
채 썰거나 찢는다.
＊아이의 월령, 편식 여부에 따라
크기를 조절하세요.

2
바닥이 두꺼운 작은 냄비에 물(2큰술) →
쇠고기 순으로 넣는다.
양념을 제외한 모든 재료를 올린다.
＊바닥이 얇은 냄비는 재료가 쉽게
탈 수 있어요. 종이포일을 깔고 재료를 넣고,
물 2~3큰술 더 넣도록 하세요.

3
뚜껑을 덮어 중간 불에서 5분,
아주 약한 불로 줄여 8~10분간 익힌다.
불을 끄고 남은 양념을 넣어 섞는다.

chapter 5

밥보다 만들기 쉬운

초간단 간식

아이들이 밥 말고 빵이나 떡을 더 잘 먹는 것에 대해
고민하는 엄마들이 많습니다. 생각해보면 어른들도
밥보다 빵이 좋을 때가 있는데, 아이들도 마찬가지 아닐까요?

빵, 떡 역시 어떻게 영양가 있게 먹이느냐를 안다면 너무 걱정할 필요 없어요.
양질의 단백질, 채소를 더하고, 좀 더 건강하게 만든다면 말입니다.
정석대로 만들진 않지만 그 맛과 영양만은 최고인,
밥보다 만들기 쉬운 홈메이드 빵과 떡, 간식을 소개할게요.

핵심 전략 알아보기

1 ──── 천연의 단맛이 나는 재료(바나나, 단호박 등)를 더하세요

2 ──── 으깨기, 반죽하기와 같은 과정은 아이와 함께 만들어보세요.
직접 만들었기에 더 관심을 갖고 먹을 거예요

3 ──── 찌고, 굽고, 데치고, 다양한 조리법을 사용하면
맛이 더 다양해져요

4 ──── 넉넉하게 만들어 냉동해두면 좋아요

바나나떡

잘 익은 바나나 하나로 단맛과 쫄깃한 식감을 낸 엄마표 떡이에요.
반죽을 뭉치고, 동그란 모양을 만드는 과정을 아이들과 함께 놀이처럼 해보세요.

🕐 15~20분
🍴 **지름 2~3cm 12개분**

- 잘 익은 바나나 1~2개
- 찹쌀가루 1컵
  (건식 또는 습식, 130g)
- 소금 약간
- 볶은 콩가루 적당량
  (또는 곱게 간 검은깨, 통깨)

1 큰 볼에 바나나를 넣고 포크로 으깬다.

2 ①의 볼에 찹쌀가루, 소금을 넣고 말랑말랑한 상태가 되도록 섞는다.
　　*반죽의 상태를 보며 으깬 바나나의 양을 조절하세요.

3 지름 2~3cm 크기로 동그랗게 빚는다.

4 끓는 물(3컵)에 ③을 넣고 센 불에서 3분, 떡이 물에 떠오를 때까지 1분간 삶는다.

5 체로 건져 차가운 생수에 담가 식힌 후 물기를 뺀다. 볶은 콩가루를 묻힌다.

Tip

바나나 사용하기 덜 익은 바나나는 수분이 적고 단맛이 약해요. 이럴 때는
껍질을 벗겨 볼에 담아 전자레인지에서 1~2분 정도 돌린 후 사용하세요.

찹쌀가루 구입하기 마트에는 수분이 없는 건식 찹쌀가루를,
방앗간에서는 수분이 있는 습식 찹쌀가루를 주로 판매해요.

고구마 팬케이크

밀가루를 전혀 넣지 않은 착한 팬케이크예요. 간식으로, 아침 식사로도 제격이지요.
떠먹는 요거트를 뿌리거나 과일을 올려 단맛을 더해도 좋아요.

🕐 **10~15분**

🍴 **지름 5~8cm 10~12개분**

- 익힌 고구마 1개(200g)
- 달걀 2개
- 우유 4큰술
- 올리고당 2작은술
- 소금 약간
- 현미유 약간

1 익힌 고구마는 껍질을 벗긴 후 뜨거울 때 볼에 담는다. 포크로 으깬 다음 한 김 식힌다.
  *고구마 익히기 41쪽
  *고구마가 뜨거워야 잘 으깨져요.
  차가운 상태라면 전자레인지에서 1~2분간 데워서 사용하세요.

2 ①의 볼에 달걀, 우유, 올리고당, 소금을 넣고 섞어 떠먹는 요거트 농도가
  되도록 한다. *반죽의 수분이 부족하면 우유를 더하세요.

3 달군 팬에 현미유를 두르고 ②를 1/2국자씩 떠 담아
  지름 5~8cm, 두께 1cm 크기로 만든다.

4 뚜껑을 덮고 약한 불에서 1분 30초, 뒤집어서 뚜껑을 열고 1~2분간 익힌다.

당근잼 롤식빵

시중에 판매하는 잼은 당도가 높고, 장기간 보관을 위해 첨가물을 더하는
경우가 있어요. 그러다 보니 아이에게 주기 꺼려질 때가 많지요.
전자레인지를 활용해 엄마표 건강한 잼을 손쉽게 만들어 보세요.

🕐 **15~20분**(+ 차게 만들기 10분)
🍴 **5~6개분**

- 식빵 2장
- 슬라이스 아기치즈 2장

당근잼(냉장 1~2일 보관 가능)
- 당근 1개(200g)
- 설탕 2~3큰술
- 소금 약간
- 레몬즙 1큰술(생략 가능)

1 당근은 작게 썬 후 원당, 소금과 함께 내열용기에 넣고 버무린다.

2 전자레인지에서 6~8분간 돌려 당근을 완전히 익힌다.

3 ②를 푸드프로세서에 넣고 곱게 간 후 레몬즙과 섞어 당근잼을 만든다.

4 식빵은 가장자리를 잘라낸 후 밀대로 얇게 밀어편다.

5 랩을 펼친 후 식빵 1장 → 당근잼 약간 → 슬라이스 아기치즈 1장 순으로 올려 돌돌 만다.
같은 방법으로 1개 더 만든다.

6 냉장실에서 10분 이상 둬 차게 한 후 한입 크기로 썬다.

견과류 찹쌀파이

다진 견과류를 듬뿍 넣어 고소함이 참 좋은 찹쌀파이예요.
아이들뿐만 아니라 연세 지긋하신 어르신들도 잘 드시는 간식이랍니다.

🕐 **45~55분**

🍴 **지름 22cm, 높이 2.5cm 1개분**

- 건식 찹쌀가루 350g
- 설탕 3큰술
- 베이킹파우더 5g
- 소금 1작은술
- 건포도 1/3컵(30g)
- 다진 견과류 1컵(100g)
- 우유 2컵
  (또는 두유, 400㎖.
  찹쌀가루 상태에 따라 가감)
- 현미유 약간

1 건포도는 잠길 만큼의 물에 담가 10분간 불린 후 물기를 꼭 짠다.
　　*재료 손질 전 오븐은 190℃로 예열해요.

2 큰 볼에 찹쌀가루, 설탕, 베이킹파우더, 소금, 건포도, 다진 견과류를 넣는다.
　　우유를 조금씩 부어가며 되직한 농도가 될 때까지 섞는다.

3 원형 팬에 현미유를 펴 바른 후 ②를 붓는다. 2.5cm 정도 높이가 되도록 펼친다.

4 190℃로 예열한 오븐의 가운데 칸에서 25~30분간 젓가락으로 찔렀을 때
　　반죽이 묻어 나오지 않을 때까지 굽는다. 완전히 식힌 후 썬다.

Tip **찹쌀가루 구입하기** 마트에는 수분이 없는 건식 찹쌀가루를,
방앗간에서는 수분이 있는 습식 찹쌀가루를 주로 판매해요.

습식 찹쌀가루로 대체하기 습식 찹쌀가루를 사용한다면 재료의 소금을 생략하고,
레시피에 소개한 우유보다 훨씬 적은 양이 들어가므로 반죽의 상태를 보며 조절하세요.

냉동 보관하기 랩으로 1개씩 감싸 냉동(2주). 찜기, 전자레인지로 해동해요.

밥솥 약밥

어른들이 먹는 약밥은 아이가 먹기에 너무 간이 세거나 달 수 있어요.
그래서 만든 아이용 약밥입니다. 고구마로 단맛과 영양을 채웠습니다.

🕐 **50~60분(+ 찹쌀 불리기 6시간)**

🍴 **13×18×5cm 1개분**

- 찹쌀 2컵(320g, 불린 후 400g)
- 대추 10개(40g)
- 고구마 1개
  (또는 밤 20알, 200g)
- 건포도 2큰술(20g)
- 다진 견과류 1/4컵(45g)
- 대추 끓인 물 1과 3/4컵(350㎖)
- 설탕 2큰술
- 양조간장 1큰술

1 찹쌀은 잠길 만큼의 물에 담가 6시간 이상 불린 후 체에 밭쳐 물기를 뺀다.
　*전날 밤에 미리 불려두면 더 편해요.

2 고구마는 굵게 다진다.

3 냄비에 대추, 물 3컵(600㎖)을 넣고 중간 불에서 10분간 끓인다.
　대추는 씨를 없앤 후 굵게 다지고, 대추 끓인 물 1과 3/4컵(350㎖)은 따로 둔다.

4 밥솥에 모든 재료를 넣고 섞은 후 평소와 동일하게 밥(백미 취사)을 짓는다.

5 낮고 넓은 사각 그릇에 참기름(약간)을 펴 바른다.
　④가 뜨거울 때 붓고 펼쳐 한 김 식힌 다음 원하는 모양으로 썬다.
　*손이나 칼날에 참기름을 바르면 달라붙는 것을 막을 수 있어요.
　*손에 참기름(약간)을 발라가며 아이 한입 크기로 동그랗게 만들어도 돼요.

냉동 보관하기 랩으로 1개씩 감싸 냉동(2주). 찜기, 전자레인지로 해동해요.

감자 샌드위치

고소하고 부드러운 감자를 듬뿍 더한 샌드위치입니다.
평소 편식이 심한 채소가 있다면 잘게 다져 더해보세요.

🕐 **10~20분**

🍴 **2~3인분**

• 식빵 2장

속재료
• 익힌 감자 1과 1/2개
  (또는 고구마, 300g, 41쪽)
• 삶은 달걀 1개(41쪽)
• 다진 파프리카 2큰술(20g)
• 다진 오이 2큰술(20g)
• 슬라이스 아기치즈 1/2장
• 올리고당 1큰술
• 소금 1/3작은술
  (기호에 따라 가감)

1 익힌 감자는 뜨거울 때 볼에 담아 포크로 으깬다.
  *감자 익히기 41쪽
  *감자가 뜨거워야 잘 으깨져요.
  차가운 상태라면 전자레인지에서 1~2분간 데워서 사용하세요.

2 ①의 볼에 나머지 속재료를 모두 넣고 섞는다.

3 식빵에 ②를 펴 바른 후 다른 식빵으로 덮는다. 먹기 좋은 크기로 썬다.

Tip

감자샐러드로 즐기기 과정 ②까지 진행한 후 마요네즈, 머스터드, 올리고당 등을 취향에 따라 더해요.

사과 가지 브레드푸딩

부드러운 식빵과 달큰한 사과는 아이들이 참 좋아하는 조합이지요.
편식 대표 재료 중 하나인 가지를 다져 넣은 덕분에 가지인지 모르고 잘 먹는답니다.

🕐 **30~40분**

🍴 **2~3인분**

- 가지 1/3개(50g)
- 사과 1/4개(50g)
- 식빵 2장(90g)
- 달걀 1개
- 우유 1/2컵(100mℓ)
- 슬라이스 아기치즈 1장

1 가지, 사과는 굵게 다진다. 식빵은 믹서에 갈아 빵가루를 만든다.
  *맛, 영양을 위해 사과는 껍질째 넣어도 좋아요.
  *재료 손질 전 오븐은 200℃로 예열해요.

2 마지막에 뿌릴 빵가루 약간을 덜어둔다.
  큰 볼에 나머지 빵가루, 달걀, 우유를 넣고 섞는다.

3 내열용기에 가지와 사과를 담는다. ②를 사이사이에 담은 후
  덜어뒀던 빵가루를 윗면에 뿌린다.

4 슬라이스 아기치즈를 조금씩 떼서 올린 다음
  200℃로 예열한 오븐의 가운데 칸에서 18~20분간 노릇하게 굽는다.

요거트 찜케이크

폭신폭신한 식감의 찜케이크예요.
식으면 식감이 퍽퍽하게 되므로 따뜻할 때 맛보도록 하세요.

⏱ 25~35분
🍴 지름 7cm 머핀틀 2~3개분

- 건식 쌀가루 30g
- 떠먹는 요거트 1개(80g)
- 달걀 1개
- 바나나 1개
  (또는 익힌 고구마, 단호박, 100g)

1 큰 볼에 달걀을 넣고 잘 풀어준 후 바나나를 더해 포크로 으깨가며 섞는다.

2 쌀가루, 요거트를 넣고 섞는다.

3 실리콘 머핀 틀에 ②를 80% 정도까지 채운다.

4 김이 오른 찜기에서 넣고 젓가락으로 찔렀을 때
반죽이 묻어나오지 않을 때까지 15~20분간 찐다.

더 건강하게 즐기기 다진 견과류나 작게 썬 익힌 고구마나 단호박, 바나나를
반죽에 더해도 좋아요. 단, 총량이 약 1컵(100g)이 넘지 않도록 해주세요.

건식 쌀가루 구입하기 마트, 백화점, 온라인에서 이유식용 건식 쌀가루를 구입할 수 있어요.

SOS! 아픈 아이를 위한 요리

탈수에는? 엄마표 이온음료

배탈이 잦은 아이라면 탈수를 막기 위해 이온음료가 필요한 때가
자주 있어요. 체내 수분과 전해질을 보충해 주기에 일반 물에
비해 큰 도움이 되거든요. 국제보건기구의 권장 방법은
물 5컵(ℓ) + 소금 1작은술 + 설탕 6작은술이지만
저는 새콤한 레몬청을 더해 더욱 마시기 좋게 만들었어요.

약 500㎖ / 냉장 1주

- 물 2와 1/2컵(500㎖)
- 소금 약간
- 레몬청 1큰술(또는 설탕)

1 모든 재료를 병에 담고 잘 섞어준다.

감기 뚝! 밥솥 콩나물식혜

기침, 기관지에 좋은 콩나물을 더한 식혜예요.
식혜는 엿기름을 사용하는 정석 레시피도 있지만
저는 좀 더 간단 버전으로 만들었지요.
콩나물식혜 2~3큰술 정도를 물에 희석시켜 마시면 돼요.

약 300㎖ / 냉장 2주

- 콩나물 1봉지(500g)
- 무 지름 10cm, 두께 5cm(또는 배 1개, 500g)
- 조청 6큰술

1 콩나물은 머리를 떼고, 무는 얇게 썬다.

2 전기밥솥에 채반을 넣고 콩나물 1/2분량 →
　 무 → 조청 → 남은 콩나물을 펼쳐 담는다.

3 10~12시간 보온기능으로 둔다. 꼭 짜 액체만 거른다.
　 *저녁에 보온한 후 아침에 먹으면 좋아요.

아픈 아이를 볼 때면 대신 아파 주고 싶은 게 부모의 마음이죠.
이럴 때, 적절한 음식을 잘 해 먹이는 것이 무엇보다 중요하답니다.

장 튼튼! 과일 채소 스무디

요리를 만들고 나면 늘 남기 마련인 브로콜리 줄기를
스무디로 활용해볼까요? 브로콜리 줄기 1개 + 바나나 1개를
기본으로 하되 각종 과일을 더하면 돼요. 채소에 익숙하지
않은 아이라면 과일의 양을 더 늘려주는 것도 방법이지요.
엄마 아빠도 함께 마셔 온 가족 변비 탈출도 해보세요!

약 450㎖
- 브로콜리 줄기 1개(또는 시금치, 케일 등, 약 100g)
- 바나나 1개(100g)
- 냉동 블루베리 1컵(또는 다른 과일, 100g)
- 물 1컵(200㎖)

1 모든 재료는 작게 썬다.
2 믹서에 브로콜리, 바나나, 냉동 블루베리를 넣고
물을 더해 최대한 곱게 간다.

다방면으로 참 좋은, 배죽

아플 때 많이 먹게 되는 흰죽. 밍밍함 때문인지
아이들이 거부하는 경우가 있지요. 은은한 단맛이 더해진
배죽을 만들어보세요. 아이가 있는 집이라면
늘 구비하고 있는 파우치형 배즙 하나면
죽이 필요한 순간에 큰 도움이 된답니다.

1~2회분
- 멥쌀 1/3컵(50g, 불린 후 60g)
- 배즙 1/2컵(100㎖)
- 물 2컵(400㎖))
- 참기름 약간

1 쌀은 잠길 만큼의 물에 담가 한 시간 정도 불린 다음
체에 밭쳐 물기를 뺀다.
2 달군 팬에 참기름을 두른 후 쌀을 넣고
중약 불에서 2~3분간 투명해질 때까지 볶는다.
3 배즙, 물을 넣고 중약 불에서 10분간
쌀이 퍼질 때까지 저어가며 익힌다.

주재료별

주재료별

〈 진짜 기본 베이킹책 〉
월간 수퍼레시피 지음 / 296쪽

베이킹을 한 번도 해본 적 없는 엄마들도
이 한 권이면 기본 베이킹은 진짜 끝!

☑ '진짜 기본'이 되는 베이킹책을 만들기 위해 레시피팩토리
  독자기획단 101명과 함께 고르고 기획한 기본 메뉴

☑ 작은 과자, 머핀, 파운드 케이크, 타르트, 파이, 빵까지
  더 이상 더할 것도, 뺄 것도 없는 111개 레시피

☑ 베이킹 왕초보 엄마도 성공 가능한 정확한 분량, 온도, 시간 표기

☑ 기본 반죽을 재료, 필링, 토핑 등으로 다양하게 응용 가능

☑ 재료 특성과 보관법, 도구 고르는 법, 관리법까지 정보 총망라

평범했던 집밥, 비슷했던 도시락을
더욱 맛있고 특별하게 해줄 별미 한입밥

☑ 레팩 테스트키친 팀장으로 일한 요리연구가의 노하우

☑ 아이들이 환호하는 별미김밥, 각양각색 주먹밥, 토핑이
  근사한 유부초밥 등 총 48가지 레시피

☑ 아이들을 위해 매운 맛의 메뉴는 맵지 않게 만드는 팁

☑ 달고 짠 시판 재료들은 조금 더 건강한 홈메이드로

☑ 한입밥이 더 푸짐해지는 국물과 사이드 메뉴까지 소개해
  집밥과 도시락까지 가분하게 준비 가능

〈 매일 만들어 먹고 싶은 별미김밥 / 주먹밥 / 토핑유부초밥 〉
정민 지음 / 136쪽

〈 추억을 만드는 귀여운 도시락, 캐릭터 콩콩도시락 〉
김희영 지음 / 176쪽

나들이, 홈소풍이 근사해지는
엄마표 캐릭터 도시락

☑ 도시락 하나로 91만 팔로워와 소통하는 파워 인플루언서
　 콩콩도시락 책 2탄

☑ 재료, 조리법, 모양내기가 간편해 아이들과 함께
　 준비하기 좋은 캐릭터 도시락 40여 가지

☑ 동물, 과일, 리본, 별, 하트 등 아이들은 물론 청소년,
　 어른들도 좋아하는 인기 캐릭터 소개

☑ 주먹밥, 김밥, 볶음밥, 덮밥 등 밥 도시락과 빵 도시락까지

☑ 만들기 쉽고 식어도 맛있는 20여 가지 도시락 반찬도 수록

아이들이 먹는 음식에 교육적 의미 담은
세상 하나뿐인 엄마표 교육밥상

☑ 재미있게 먹으면서 창의력, 사고력 쑥쑥 키우는
　 60가지 레시피

☑ 창의력, 사고력, 상식, 과학, 독후 활동 5가지 테마로 구성

☑ 5~12세 아이 눈높이에 맞춰 재미나게 먹으면서
　 자연스럽게 키우는 '생각하고 기억하는 힘'

☑ 아주 간단한 아이템부터 조금 난이도 높은 메뉴까지

☑ 식사 집중력이 약한 아이, 편식 있는 아이에게도
　 준비해줄 수 있는 특별한 식사

〈 두 아이 영재로 키운 엄마표 교육밥상, 에듀푸드 〉
곽윤희 지음 / 216쪽

성공 전략 & 레시피 216

이유식 끝나자마자 시작하는

15~50개월
기본 유아식

1판 1쇄 펴낸 날 2020년 3월 25일
1판 4쇄 펴낸 날 2024년 2월 7일

편집장   김상애
레시피 검증   석슬기
디자인   원유경
사진   김덕창(Studio DA, 어시스턴트 엄승재) · 정택
스타일링   김형남(어시스턴트 임수영)
기획 · 마케팅   정남영 · 엄지혜

편집주간   박성주
펴낸이   조준일

펴낸곳   (주)레시피팩토리
주소   서울특별시 용산구 한강대로 95 래미안용산더센트럴 A동 509호
대표번호   02-534-7011
팩스   02-6969-5100
홈페이지   www.recipefactory.co.kr
애독자 카페   cafe.naver.com/superecipe
출판신고   2009년 1월 28일 제25100-2009-000038호

제작 · 인쇄   (주)대한프린테크

값 24,000원

ISBN 979-11-85473-58-1

독자 서포터즈

강경남 · 김기혜 · 김선주 · 김세리 · 김슬기 · 김운영 · 김은별 · 문은진 · 박미나 · 박은정
박지영 · 신나영 · 윤효정 · 이다희 · 이유리 · 이주연 · 전가희 · 조은아 · 최인영 · 황인경